U0341234

北京乡土植物

熊佑清　李春玲　主编

图书在版编目（CIP）数据

北京乡土植物／熊佑清，李春玲主编．-- 北京：中国林业出版社，2015.4
ISBN 978-7-5038-7864-0
Ⅰ．①北… Ⅱ．①熊… ②李… Ⅲ．①野生植物－介绍－北京市 Ⅳ．①Q948.521

中国版本图书馆CIP数据核字（2015）第033771号

选题策划：刘先银
责任编辑：徐小英　曹　慧

出　版　中国林业出版社（100009　北京西城区刘海胡同7号）
http://lycb.forestry.gov.cn
E-mall:forestbook@163.com　电话：(010)83143548
发　行　中国林业出版社
设计制作　北京捷艺轩彩印技术制版有限公司
印　刷　北京中科印刷有限公司
版　次　2015年4月第1版
印　次　2015年4月第1次
开　本　210mm×285mm
字　数　1225千字　插图约2000幅
印　张　32
定　价　398.00元

《北京乡土植物》编委会

北京百花山

序 一

《北京乡土植物》一书是编著者在近三十年时间内，对北京及华北等地的植物资源进行了较为系统研究（实地考察、引种优选、植物学特征和生物学特性观察、繁殖栽培试验、部分植物抗逆性理化指标测定分析、应用等）的基础上总结出的丰硕成果。

本着建设优良生态环境、宜居城市的精神及简约原则，本书在选用植物方面有以下特点：

一、突出地方资源植物，除已广泛应用的物种外，力倡选用“野树、野花、野草”，如荆条、蒲公英和苦菜等，主荐它们在城市特殊边缘环境中发挥更为突出的作用。

二、探索开发北京不同特色小气候环境下已经获得栽培成功的各类物种，为本地植物资源发展增添新品种，如蜡梅、石楠和女贞等。

三、以敏锐的视觉发掘天然群体或杂交后代中潜在优势性状的个体，获得新品种，丰富种质多样性，如白花荆条、粉花黄芩和粉花千屈菜等。

四、大量选择与乡土植物有着密不可分亲缘关系的变种、类型或品种（即“回娘家”植物），如大花萱草、海棠、美人梅、月季和碧桃等。

五、通过近三十年的观察实践，认为一些外来物种已经适应北京不同的气候条件和生态环境，拟成为北京生态环境中的“新落户者”！如银边翠、茑萝和虞美人等（落户北京地区至少已在50年以上）。

由于长期地理气候环境的变化，与之相随的植物种属成分也会发生很大变化，加之人为的干预更加剧了这种进程。人们站在不同角度对乡土植物解释的不同，是可以理解的。书中所列植物，具有适应性广，抗逆性和自生繁衍能力强，栽培管理粗放、绿化美化效果显著等优良特性，其广泛应用能突显生物多样性，必将为北京不同的环境地带展现出具有鲜明地方特色的生态景观。

2014年12月6日于北京香山“龙吟词苑”

北京西山

序二

当前，北京地区正大力开展节约型园林绿化建设，以提高生态环境效益，促进生态文明建设。乡土植物由于经过长期特定的自然选择演替，已能很好地适应当地的土壤和气候等自然环境条件，普遍具有适应性广、抗逆性强、自生繁衍能力强、绿化效果显著等诸多优点。在园林绿化中应用乡土植物，对于增强生物多样性、保持生态系统的稳定性、维持城市的生态平衡具有重要作用。同时，乡土植物的应用对于体现北京地域特色和反映悠久历史、灿烂文化具有积极意义。在园林绿化建设中大量应用乡土植物已成为社会共识，在此背景下《北京乡土植物》一书应运而生。

该书收集北京乃至华北地区乡土植物 709 种，并对其中许多植物进行了抗逆性指标测定和适应性方面研究，有助于促进乡土植物的科学合理应用。通过不同植物种类的配置和不同立地环境条件下生态景观的示范，对于园林绿化设计者们具有启发和参考价值。书中通过图文对照的形式，对一些形态相似或易于混淆的植物种类进行形态描述，有助于帮助读者识别或鉴别；书中还对一些植物的食用、药用、香用等功能用途进行了推介，有助于挖掘乡土植物的经济价值，进一步促进乡土植物的开发利用。该书图文并茂，通俗易懂，实用性强，既是一本适合园林绿化设计、施工和养护管理人员使用的工具书，也是一本适合植物爱好者使用的科普书。

相信该书的出版，能更好地帮助人们认识乡土植物，进一步促进乡土植物在北京地区的推广应用，促进生态环境的改善和提高。

张树林

2015 年 1 月

前　言

加快环境治理，提高生态环境质量，建设生态文明，已成为社会共识。环境绿化美化作为生态环境建设的主体，对于改善和提高生态环境效益具有重要的作用，是一项长期重要的任务。北京作为国际大都市，要建成和谐宜居之都，开展环境绿化美化尤为重要。海淀区委区政府一直非常重视环境绿化美化，通过大力开展生态海淀、森林海淀和绿色海淀建设，着力把海淀的环境打造成一张“金名片”，为北京建设和谐宜居之都提供生态保障。

北京地形复杂，生态环境多样化，植物种质经过长期特定的自然选择演替后，已能很好的适应当地的土壤和气候等自然环境条件，形成了类型多样、变异丰富、特点突出的乡土植物种质资源。这些是生态环境建设的构成元素，是增强生物多样性、保持生态系统的稳定性、提高生态环境效益、体现地域风情和文化特色的物质基础。因此，为满足生态环境建设的需求，加强对乡土植物进行系统性研究和保护性开发十分迫切，意义重大。

北京市海淀区植物组织培养技术实验室多年来致力于开展乡土植物研发工作，在野生植物资源考察与引种、生物学特性和生境习性方面的观察、田间栽培试验筛选、变异与杂交育种选育、繁殖栽培技术试验、部分植物抗逆性的理化指标测定分析、示范展示和景观应用等方面进行了较为系统的研究，取得了一些成果。尤其是优选出的奥运乡土花卉，在2008年北京奥运会城市绿化美化中得到了广泛应用，赢得了社会各界的充分肯定和高度评价。近些年来，我们进一步对北京地区乡土植物种质资源进行了较为系统的调查和分析评价，取得了新成果。在这些研究工作基础上，编写了《北京乡土植物》一书。

本书选用了北京地区709种乡土植物，配有约2000幅精美图片，绝大部分为首次发表。全书共五篇，第一篇为综述，主要介绍北京的自然概况、生态环境的变迁、乡土植物的应用现状和本书的主要特点；第二至第五篇分别介绍一二年生草本植物59种，多年生草本植物381种，水生植物46种，灌木223种（包括小乔木以及作灌木状栽培的圆柏、侧柏和榆树）。乔木在本书中未被列入。这些乡土植物具有适应性广、抗逆性强、自生繁衍能力强、栽培管理粗放、绿化美化效果显著等优良特性，主要应用于花坛、花境、地被、岩石、垂直、丛植、片植、林下和湿地。其中，一些植物具有功能用途，包括食用95种、饲用41种、药用251种、香用31种、蜜源66种和工业原料57种。

本书对每种植物的种名、学名、科属、植物学特征、产地分布、习性、成株生长发育节律、繁殖栽培技术要点和应用进行了较为详细的阐述，并附有反映其主要特征的图片，有助于直观和形象地识别或鉴别。本书图文并茂，内容新颖，通俗易懂，实用性强，力求科学性、实用性和普及性相统一。一些图片还具有较高的艺术鉴赏性。

希望通过本书的推介，促进乡土植物的开发和应用。进一步重视生物多样性，按照自然植被或植物群落的理念，因地制宜，因时制宜，将乔、灌、花、草等植物合理配植，实现错落有致、多层混交、季相交替、色彩丰富和四季有景的自然生态景观，保持生态系统的稳定性，提高生态环境质量和水平。

在相关研究和本书编写的过程中，得到了北京市科学技术委员会、北京市园林绿化局、中关村科技园区海淀园管委会科技发展处、北京市海淀区园林绿化局、中国科学院植物研究所分类与植物园（室）以及北京首钢园林绿化公司（研究所）等部门的大力支持；得到了中国科学院植物研究所龙雅宜先生的审稿和极大帮助；得到了中国工程院院士陈俊愉先生、北京园林学会张树林名誉理事长和徐佳秘书长、哈尔滨师范大学刘鸣远教授、北京市园林科学研究所陈自新教授、北京林业大学苏雪痕教授、北京山水心源景观设计院丘荣教授等专家的指导和帮助；得到了中国林业出版社的大力协助。在此一并感谢！

本书的编写和出版得到了北京市海淀区农村工作委员会项目资助。

由于时间仓促，水平有限，书中出现的错误和不妥，恳请读者朋友们予以指正。

编　者

2014年秋

总目录

目　录

第一篇 | 综　述

综 述

一、北京自然概况

北京是世界著名的历史文化名城。位于北纬 39° 54′ 27″，东经 116° 23′ 17″，雄踞华北大平原北端，西临黄土高原，北接内蒙古高原，在我国三级地势阶梯的交接处，面积约 16800km^2，其中平原面积约占 38%，山区面积约占 62%。北京的西部、北部和东北部群山环绕，属于山区；东南部和南部属于华北大平原。西部山区为西山，属于太行山脉；北部山地为军都山，属于燕山山脉；两条山脉在南口相交汇合，形成一个向东南展开的半圆形大山湾。导致北京大气流动性差，无风无雨的气候易造成环境质量较差。山地大部分海拔在 1000m 以下，最高峰为东灵山，海拔高达 2303m。山区和平原交界处，有海拔 200m 以下的丘陵地带，自西北向东南形成平缓降落的坡度。综观北京地形，依山襟海，形势雄伟。境内贯穿有五大河，为永定河、拒马河、潮白河、温榆河和汤河。

北京的气候四季分明。冬季受来自西伯利亚和西北部的蒙古高原寒流的影响，寒冷而干燥；夏季受来自东南部海洋暖湿气流的影响，温和而湿润，春秋季较短，是典型温带大陆性季风气候。年平均气温 11.8℃，最冷月份为 1 月，平均气温 -4.7℃，极端最低气温 -27.4℃；最热月份为 7 月，平均气温 26.1℃。极端最高气温 42℃以上；3～4 月气温急剧上升，10～11 月突然下降，这些都说明北京具有大陆性气候的特点。全年无霜期 180～200 天，山区的无霜期较短。年平均降水量 638mm，多集中在夏季，6～8 月的降水量约占全年降水总量的 75%，其中 7 月份降水量最大，而且多为暴雨。冬季降水量约 2%，春季降水量约 10%，秋季降水量约 13%。所以，春旱严重是北京气候显著的一个特征。夏季高温多雨，与植物的生长季节相适应，是植物繁衍的有利条件。

二、北京生态环境的变迁

北京生态环境的历史演变过程从永定河的变迁可以得到诠释。永定河是流经北京地区最大的一条河流，远古时代它已形成出山后的基本流向。由于地质构造运动与河流从上游夹带的泥沙淤积河床等原因，造成河道迁徙，为北京远古先民提供了水源，使他们世代地繁衍下去。距今五十万年以前，就有地球上最早的人类祖先之一"北京人"在北京地区生活。据史料记载，在汉晋时期，它尚有"清泉河"的美称，有北京的"摇篮"之称。

但近几百年来，由于森林遭受大规模破坏造成水土流失严重，永定河逐渐成为"害河"之名闻名于世，它水性浑浊，暴涨暴落，决口泛滥，致使河道迁徙无常。近代以来，河道长年断流，两边土地沙化，加之沙石采盗猖獗，致使河道内沟壑遍布，每到冬春季节，西北风顺河道而下，京城顿时风沙弥漫。由于过度砍伐超过了森林自然更生的能力，使得史籍中记载的"幽冀之区，郁郁葱葱"、"峰峦秀拔，林木森密"的景象，变成明、清以来的"千山童童，幼树稀稀"。到 1949 年，北京地区森林覆盖率仅为 1.3%。

新中国成立以后，特别是改革开放以来，北京的生态环境建设得到了很大发展。近些年来，北京市投入巨资对永定河进行治理，经过整治后的永定河流域生态得到了较好的恢复，并形成了五大湖面和十大公园。到 2013 年，全市森林覆盖率达到 40%。随着北京城市规模的不断扩大，人口数量的不断增多，北京的生态环境建设遇到了极大的挑战。主要表现为：一是近 80%的人口集聚在占全市国土面积 1/3 的平原区内，能源和资源消费量大且相对集中；城市基础设施建设特别是污水和垃圾处理设施的建设速度相对滞后，环境污染负荷超载严重。二是由于水资源的短缺，湖库缺水、河流断流，水河流长度、湖库水域面积和水资源量的水网密度指数也较差，人均水资源占有量为 300m^3，占全国的 1/8，占世界的 1/32，这是北京生态环境状况较差的重要影响因素。三是人口快速增长，城镇开发强度不断扩大，大量侵占自然和半自然生态系统，湿地面积逐渐缩小，草地、水域及未利用土地只占 11.83%。四是生态环境容量明显不足，生态系统服务功能整体呈现下降趋势，生物丰度指数和植被覆盖指数均较低。

因此，开展生态环境建设，改善和提高生态环境效益是当前乃至今后相当长时期内的一项重要任务。

三、乡土植物的应用现状

我国地域辽阔，自然环境复杂，植物资源种类繁多、变异丰富、特点突出，是世界上植物资源最为丰富的国家之一，拥有高等植物达 3 万多种，居世界第 3 位，有观赏价值的园林植物达 6000 种以上，素有"世界园林之母"之称。观赏植物种质资源是我国的宝贵财富，是发展生态环境的物质基础。

北京地形复杂，生态环境多样化，植物区系绝大部分属于北极植物区的中国 - 日本植物亚区，少数来源于中亚 - 西亚植物亚区和古热带植物区的东南亚植物亚区。由于经过长期的地史变迁，种属成分已发生很大变化。有残留的种类，如构树 *Broussonetia papyrifera*、山桃 *Prunus davidiana*、栾树 *Koelreuteria paniculata* 等；有热带迁移来的种类，如荆条 *Vitex nigondo* var. *heterophylla*、鸡麻 *Rhodotypos scandens*、薄皮木 *Leptodermis oblonga* 等；有通过蜂、鸟、虫、风、水等媒介传播来的种类，如蛇莓 *Duchesnea indica*、风毛菊 *Saussurea japonica*、山丹 *Lilium pumilum* 等；有人为引种和育种等活动产生的种类，如木槿 *Hibiscus syriacus*、火炬树 *Rhus typhina*、月季 *Rosa chinesis* 等。这些植物种类经过长期特定的自然选择演替后，已能很好的适应当地的土壤和气候等自然环境条件，形成了较为复杂的植物区系成分，种类和类型多样，种质资源丰富。

新中国成立以来，北京在野生植物的种类、分布、生境、生物学特性和引种繁殖栽培技术等方面做了很多研究工作。如张德舜等以百花山、雾灵山为代表，采用生态学系统布点的方法，对北京山区的野生观赏植物资源进行了详细调查；赵良成等对北京野生植物资源进行了调查与评价；龙雅宜对我国野生观赏植物种质资源的保护和利用亦有著述。据北京市园林绿化局 2010 年园林绿化普查统计，北京城市绿地中已应用植物 615 种，占北京植物种数的 1/4，但是乡土植物应用较少。

当前，一些园林景观往往注重形式，造成乔、灌、花、草比例失调，植物多样性缺乏，生态环境脆弱，园林景观对城市历史、文化的表达欠缺等问题。其主要原因是由于对乡土植物资源的开发应用缺乏认识，乡土植物引种驯化和育种工作严重滞后，大量种类仍然处于野生状态；缺乏规模化、产业化、标准化生产；应用不当或具有盲目性，一些植物在园林绿地养护中甚至被当作杂草清除，得不到合理的利用，如苦菜 *Ixeris chinensis*、地黄 *Rehmannia glutinosa*（图组 1）；繁殖栽培应用缺乏科学的参考标准和依据。

因此，应进一步重视乡土植物研发工作，开展资源考察，摸清家底，加强和完善乡土植物的自然保护；在就地保存和移地保存相结合的基础上积极引种，开展乡土植物的种质资源研究和选育；建立繁殖栽培应用技术规范，通过科学合理的应用体现出乡土植物的优良特性；开展以乡土植物为主体的景观建设，体现乡土风情和文化特色，有效地提高生态环境质量和水平。

四、本书的主要特点

近 30 年来，我们多次对华北、东北、西北、西南和黄河流域等地的野生植物资源进行考察与引种，在植物学特征、生物学特性和生境习性方面的观察，田间栽培试验筛选，变异与杂交育种选育，繁殖栽培技术试验，部分植物耐寒性、耐阴性、抗旱性、抗高温高湿、抗污染和食用功能性相关理化指标的测定分析，示范展示和景观应用等方面进行了较为系统的研究，取得了一些成果。在此工作基础上，编写了《北京乡土植物》一书。本书选用了 709 种乡土植物，配有约 2000 幅精美图片，绝大部分为首次发表。

地黄

苦菜

图组 1

本书包括一二年生草本植物 59 种，多年生草本植物 381 种，水生植物 46 种，灌木 223 种（包括小乔木以及作灌木状栽培的。由于圆柏、侧柏和榆树在园林应用中常作灌木状栽培，如绿篱，因此，这三种乔木在本书中列入），乔木在本书中未被列入。这些乡土植物具有适应性广、抗逆性强、自生繁衍能力强、栽培管理粗放、绿化效果显著等优良特性，主要应用于花坛、花境、地被、岩石、垂直、丛植、片植、林下和湿地等。其中，一些植物具有功能用途，包括食用 95 种、饲用 41 种、药用 251 种、香用 31 种、蜜源 66 种和工业原料 57 种。

本书具有以下三方面特点：

（一）依托课题研究成果

通过承担 20 多项相关课题，对乡土植物进行了较为系统的研究。

在引种驯化研究方面，注重对植物形态、花色、花期、适应性和抗逆性等方面的研究[1][2]，如狼尾花 *Lysimachia barystachys*、荻 *Miscanthus sacchariflorus*、胡枝子 *Lespedeza bicolor* 和荆条 *Vitex negundo* var. *heterophylla*。如图组 2。

野生状狼尾花　栽培状狼尾花

野生状胡枝子　栽培状胡枝子

图组 2（1）

野生状荻

栽培状荻

野生状荆条

栽培状荆条

图组 2（2）

在品种优选研究方面，注重开展杂交选育和自然变异优选。

通过杂交选育，选育出在春夏秋季均能正常开花（用作切花和地被）的“夏切 1 号”（*D. hybridum*‘Xiaqie N1’）菊花[3]。如图组 3。

图组 3
夏切 1 号

通过开展自然变异优选，优选出——‘粉花’黄芩 *Scutellaria baicalensis cv.* ‘Pink flower’，‘淡蓝’黄芩 *Scutellaria baicalensis cv.* ‘Pale blue ’，‘复色’黄芩 *Scutellaria baicalensis cv.* ‘Complex Color’；‘红花’射干 *Belamcanda chinensis cv.* ‘Red Flower’；重瓣串叶松香草 *Silphium cv.* ‘Incomparabilis’；‘粉花’千屈菜 *Lythrum salicaria cv.* ‘Pink Flowers’；‘白花’荆条 *Vitex negundo cv.* ‘White’，粉花荆条 *Vitex negundo cv.* ‘Pink Flowers’；‘大穗’狼尾草 *Pennisetum alopecuroides cv.* ‘Big ear’穗大，浅紫色；重瓣黑心菊 *Rudbeckia cv.* ‘Incomparabilis’；‘新红衣主教’月季（芽变）*Rosa chinesis cv.* ‘New Kardinal’花大，花色鲜艳，耐寒性强[4]。如图组 4。

‘复色’黄芩 ‘粉色’黄芩 ‘淡蓝’黄芩

‘红花’射干 重瓣串叶松香草

图组 4（1）

‘白色’荆条

‘大穗’狼尾草

‘粉色’荆条

‘粉色’千屈菜

重瓣黑心菊

‘新红衣主教’月季

图组 4（2）

在适应性、抗逆性和功能性研究方面，开展了显微结构与理化指标测定分析研究工作。

在耐寒性研究上，对大叶黄杨 *Euonymus japonicas*、冰凉花 *Adonis amurensis*、芸香 *Ruta graveolens* 研究结果表明：其抗寒性强[5][6][7][8]。大叶黄杨是北京难得的常绿阔叶植物；冰凉花是北京露地开花最早的花卉，能在冰雪中开花；芸香是北京开花最晚的花卉，花期至 12 月份。如图组 5。

芸香
冰凉花
大叶黄杨

图组 5

在耐阴性研究上，对玉簪 *Hosta plantaginea*、紫花地丁 *Viola yedoensis*、连钱草 *Glechoma longituba* 和蛇莓 *Duchesnea indica* 等 8 种植物研究结果表明：紫花地丁、连钱草和蛇莓既耐阴又喜阳 [9]。如图组 6。

连钱草

紫花地丁

蛇莓

图组 6

在抗污染研究上，对构树 *Broussonetia papyrifera* 和毛白杨 *Populus tomentosa* 研究结果表明：构树吸滞粉尘、吸收二氧化硫和氯气等有毒气体物质的能力强于毛白杨[10]。如图组 7。

构树 林下 叶面具柔毛 根系

图组 7

在抗旱性研究上，对欧李 *Prunus humilis*、构树 *Broussonetia papyrifera*、榆树 *Ulmus pumila*、地被菊 *Dendranthema hybridum* ‘Ground-cover’和金鸡菊 *Rudbeckia laciniata* 研究结果表明：欧李、构树、榆树、地被菊和金鸡菊均表现出了较强的抗旱性。木本植物构树和榆树的抗旱性强于欧李；草本植物地被菊的抗旱性强于金鸡菊。

在抗高温高湿研究上：对矮牵牛 *Petunia hybrida*、夏菊 *Dendranthema hybridum* ‘Morifolium’和藤本月季 *Rosa hybridum* ‘Climbing’研究结果表明：夏菊和藤本月季抗高温高湿的能力比矮牵牛强，夏菊不受光周期的影响能正常开花[11]。

在食用功能性研究上，对紫苏 *Perilla frutescens*、荆芥 *Nepeta cataria*、薄荷 *Mentha haplocalyx*、霍香 *Agastache rugosa* 和蒲公英 *Taraxacum mongolicum* 等植物研究结果表明：它们含有维生素、β-胡萝卜素、蛋白质和挥发油等较为丰富的有效营养成分。

在繁殖栽培技术研究方面，根据植物的生态习性和生长发育节律特点，提出了适宜的繁殖栽培枝术与方法。

在繁殖技术与方法研究上，包括播种、扦插、分株（球）、组培、嫁接和孢子（蕨类）等繁殖方法。

在栽培技术与方法研究上，由于不同的种或品种在耐寒、喜阳、耐阴、耐热、耐湿、耐旱、耐瘠薄、耐碱盐、耐修剪等方面存在很大的差异，其栽培技术不同。

在奥运花卉研究方面，针对北京夏季炎热高温高湿，开花植物较少，优选出了乡土花卉 130 多个种、260 多个品种，于 2005～2007 年进行了示范展示，在北京奥运会期间得到了广泛应用开花品质较差的现状，并在社会上产生了良好的反响。编写了《奥运花卉》图册和《夏季花卉》书籍。如图组 8。

2005 年奥运花卉示范展示

2006 年奥运花卉示范展示

图组 8（1）

2007 年奥运花卉示范展示

图组 8（2）

（二）内容新颖，通俗易懂，实用性强

本书对每种植物的种名、学名、科属、植物学特征、生物学特性、产地分布、习性、成株生长发育节律、繁殖栽培技术要点和应用进行了较为系统的阐述，并附有反映其主要特征的图片，有助于直观和形象地识别或鉴别。本书图文并茂，内容新颖，通俗易懂，实用性强，力求科学性、实用性和普及性相统一。

在植物学特征研究方面，注重对形态相似或易混淆的植物进行明确的描述。

如甘野菊 *Chrysanthemum* var.*seticuspe* 与菊花脑 *Chrysanthemum nankingense* 之间的差异：①叶色：甘野菊叶面为浅绿色；菊花脑叶面为深绿色。②叶缘：甘野菊叶缘缺刻状锯齿或全裂，比菊花脑缺刻状锯齿深，菊花脑叶缘缺刻状锯齿或二回羽状裂，比甘野菊缺刻锯齿浅，花序下叶无缺刻。③花期：甘野菊比菊花脑早半个月左右。如图组 9。

图组 9

菊芋 *Helianthus tuberosus* 和日光菊 *H. scabrat* 之间的差异：①株高：菊芋 200～300cm，日光菊 70～150cm。②块茎：菊芋有块茎，日光菊没有块茎。③茎叶硬毛：菊芋有硬毛，日光菊没有硬毛。如图组 10。

菊芋 菊芋

日光菊 日光菊

图组 10

酢浆草 *Oxalis corniculata* 与直酢浆草 *O.stricta* 之间的差异：酢浆草多分枝，直立或匍匐，匍匐茎节上生根；直酢浆草茎直立，不分枝或分枝少，叶紫色。如图组 11。

直酢浆草

酢浆草

图组 11

牵牛 *Pharbitis nil*、圆叶牵牛 *P. purpurea* 和裂叶牵牛 *P. hederacea* 之间的差异：牵牛叶宽卵形或近圆形，常为 3 裂，先端裂片长圆形或卵圆形，侧裂片较短，三角形，被柔毛；圆叶牵牛叶圆心形，全缘。裂叶牵牛：叶 3～5 裂，中裂片的基部向内凹陷，深至中脉，花大。如图组 12。

图组 12

卷丹 *Lilium lancifolium* 与山丹 *Lilium pumilum* 之间的差异：卷丹花被片披针形，反卷，橙红色，有紫黑色斑点；叶腋有珠芽。山丹花下垂，花被反卷，色鲜红。如图组 13。

卷丹 山丹

图组 13

大叶黄杨 *Euonymus japonicus*、北海道黄杨 *E.* ‘Hokkaido boxwood’ 和卫矛 *Euonymus alatus* 之间的差异：大叶黄杨分蘖强，分枝多；叶革质，倒卵形至狭椭圆形，先端钝或渐尖，基部楔形或急尖，边缘具钝锯齿，叶厚，有光泽，中脉在两面均凸出，侧脉多条，通常两面均明显；常绿。北海道黄杨茎挺拔，分蘖性稍差；叶革质，边缘微向上反卷，叶脉明显；常绿。卫矛枝斜展，具 2～4 纵裂的栓质阔翅；分蘖强，分枝多；叶椭圆形或菱状倒卵形，边缘有细锯齿；霜后叶变紫红色；半常绿。如图组 14。

北海道黄杨

图组 14（1）

大叶黄杨

卫矛

（秋冬季）

图组 14（2）

小叶黄杨 *Buxus microphylla*、朝鲜黄杨 var. *koreana* 和锦熟黄杨 *Buxus sempervirens* 之间的差异：小叶黄杨枝四棱形；叶倒卵形，先端圆或微凹，基部渐窄呈楔形，表面亮绿色，背面黄绿色，幼时下面中脉被柔毛。朝鲜黄杨：叶片细小，呈广椭圆形或广倒卵形，上面绿色，下面黄绿色，叶柄及叶背中脉密生毛。锦熟黄杨小枝近四棱形，分枝紧密，具条纹；叶长椭圆形或卵状椭圆形，中部以下较宽，叶面暗绿色光亮，中脉突起，叶背苍白色，中脉扁平，叶缘有向后反卷的腺状边。如图组 15。

小叶黄杨　朝鲜黄杨　锦熟黄杨

图组 15

侧柏 *Platycladus orientalis* 与圆柏 *Sabina chinensis* 之间的差异：侧柏叶全为鳞片状，交互对生，小枝中央的叶的露出部分呈倒卵状菱形或斜方形，背面中间有条状腺槽。圆柏叶二型，刺叶生于幼树之上，老龄树则全为鳞叶；叶刺为三枚轮生或交互对生，窄披针形，先端锐尖成刺，上面有两条白色粉带。鳞形叶菱卵形。如图组 16。

侧柏　圆柏

图组 16

在物候学研究方面，注重同一种植物在不同季节表现出的特性。

如荻 *Miscanthus sacchariflorus* 春夏郁郁葱葱，秋季似纱幔摇曳，冬季瑟瑟红叶；鸡树条荚蒾 *Viburnum sargentii* 春季玉盏琼浆，夏末秋初玲珑红宝，深秋灿若晚霞；红瑞木 *Cornun alba* 春夏玉簪锦族，秋季紫曼罗兰，冬季血色黄昏。如图组 17。

荻（夏季）

秋季

深秋初冬

图组 17（1）

鸡树条荚迷（春季）

夏末秋初

深秋

红瑞木（春季）

冬季

秋季

图组 17（2）

在功能用途研究方面，着重植物的食用（图组 18）、饲用（图组 19）、药用（图组 20）、香用（图组 21）、蜜源（图组 22）和工业原料（图组 23）功能用途。

荷花　芡实　桔梗　回回苏　荆芥　欧李　黄花菜　猕猴桃　蒲公英

图组 18

薄皮木
小冠花
苦参
葛藤
黄花草木犀
狗尾草
直立黄芪
胡枝子
大油芒

图组 19

金银花　丹参　景天三七　枸杞　夏枯草　山杏　岩青兰　黄芩　地黄

图组 20

玫瑰
薰衣草
香荚蒾
香青兰
黄花龙牙
暴马丁香
北柴胡
藿香
多花胡枝子
东北天南星

图组 21

花木兰　花苜蓿

荆条　甘野菊

山桃　蔷薇

苦菜　毛刺槐　小冠花

图组 22

商陆（农药）

蓬子菜（染料）

省沽油（油漆）

红瑞木（工业油）

山葡萄（色素）

紫穗槐（农药）

图组 23（1）

构树（造纸）

荆条（造纸）

南蛇藤（造纸）

狭叶荨麻（造纸）

芦苇（造纸）

罗布麻（造纸）

图组 23（2）

在意境表现方面，通过图片生动形象地反映植物的风韵和品格。如“小荷才露尖尖角”（荷花）、蹁跹舞者（虞美人）和虬枝踏雪（龙爪槐）三幅作品（图组 24）。

虬枝踏雪（龙爪槐）

“小荷才露尖尖角”（荷花）

蹁跹舞者（虞美人）

图组 24

（三）利用案例表现乡土植物的应用

本书选用了部分景观案例，注重生物多样性，按照自然植被或植物群落的理念，根据植物不同的形态特征，运用高低、姿态、叶形叶色、花形花色的对比手法，因地制宜，因时制宜，将乔、灌、花、草合理配植，实现错落有致、多层混交、季相交替、色彩丰富和四季有景的自然生态景观。应用形式多样，包括对植、列植、丛植、群植、花境、地被、缀花草地、垂直绿化、岩石和造型等形式。

1. 不同季节的应用

北京四季分明，春、夏、秋三季植物品种丰富分别如图组 25、图组 26、图组 27。花灌木类植物绝大部分在春季开花，多年生草本类植物主要在夏季开花，秋季多为彩色植物。冬季以松柏类常绿针叶植物和少数几种（如小叶黄杨 *Buxus microphylla*、大叶黄杨 *Euonymus japonicas*、北海道黄杨 *Euonymus* ‘Hokkaido Boxwood’、卫矛 *Euonymus alatus* 和小叶扶芳藤 *Euonymus fortunei* var.radicans 等）常绿阔叶植物为主（图组 28）。在此，介绍几种常绿阔叶植物在北京小气候条件下栽培了 20 多年，耐寒性状表现良好的常绿阔叶植物（图组 29），如女贞 *Ligustrum lucidum*、石楠 *Photinia serrulata*、棕榈 *Trachycarpus fortunei* 和广玉兰 *Mangnolia grandiflora*（大乔木）。另外，由于栽培方式等原因，大叶黄杨 *Euonymus japonicas* 主要用于绿篱和黄杨球等造型，而用于乔木栽培应用的很少；实际上，大叶黄杨具有良好的乔木状特性。

一年生草本（二月兰）

多年生草本（蒲公英）

图组 25（1）

花灌木（山桃、山杏）

花灌木（迎春、连翘、榆叶梅）

花灌木（月季）

图组 25（2）

多年生草本（林下鼠尾草）

一年生草本（波斯菊）

多年生草本（金鸡菊）

图组 26（1）

林缘花境（蓍草、紫斑风铃草、日光菊、千屈菜、紫菀等）

多年生草本（金莲花、地榆、长尾婆婆纳）

花灌木（紫薇）

图组 26（2）

多年生草本（高羊茅）花灌木（紫叶小檗、小叶黄杨、紫叶矮樱）

花灌木（金银木）

图组 27（1）

一二年生草本（虎眼金光菊）花灌木（紫叶李）

多年生草本（甘野菊）花灌木（黄栌）

图组 27（2）

大叶黄杨

北海道黄杨

小叶扶芳藤

卫矛

小叶黄杨

图组 28

棕榈

女贞

广玉兰

石楠

图组 29

2. 不同配植形式的应用

不同的乔、灌、花草等植物，运用不同的配植应用形式，可形成丰富的生态景观（图组 30）。

在形式上，主要有花境（图组 31）、地被（图组 32）、缀花草地（图组 33）、垂直绿化（图组 34）、岩石（图组 35）、造型（图组 36）和片植（图组 37）。

水生植物（荇菜、睡莲、荷花、水葱、黄菖蒲、野慈姑、香蒲等）乔灌木（水杉）

一二年生草本（波斯菊）多年生草本（夏菊、长尾婴、大花旋覆花）花灌木（胡枝子、金叶莸）

多年生草本（蓍草、千屈菜、日光菊）花灌木（鞑靼忍冬、西府海棠）

图组 30（1）

多年生草本（高羊茅、细叶芒、萱草、串叶松香草、花叶芦竹）花灌木（金叶榆、柽柳、紫叶稠李）

多年生草本（玉带草、狼尾草、芒、萱草）花灌木（金叶连翘、连翘、矮紫杉）

多年生藤本（地锦）灌木（迎春）

图组 30（2）

大尺度花境（大花马齿苋、波斯菊、天人菊、金鸡菊、东北婆婆纳）

小尺度花境（花叶玉簪、落草、木茼蒿、金鸡菊、锦葵）

小尺度花境（玉带草、日光菊、凤尾兰、荆条）

图组 31（1）

自然式花境（红花酢浆草、细叶婆婆纳、白屈菜、大花美人鱼、紫薇）

田园式花境（薰衣草、福禄考、翠菊）

图组 31（2）

一二年生草本（波斯菊）

多年生草本（金鸡菊、松果菊）

草类（狼尾草）

多年生草本（三七景天、福禄考、鸢尾）

多年生草本（金娃娃萱草）

灌木（小叶扶芳藤）

图组 32

多年生草本（蒲公英、针茅、草地早熟禾、委陵菜、无芒雀麦）

林下（地黄、紫花地丁、连线草、山麦冬）

一二年生草本、多年生草本(石竹、金鸡菊、无人菊、卷耳)

多年生草本（金莲花、地榆、华北兰盆花、叉分蓼）

图组 33

地锦

圆叶牵牛

小叶扶芳藤

美国凌霄

紫藤

山荞麦

藤本月季

金银花

图组 34

垂盆草、牡丹
小冠花
拟景天、狼尾草
狼尾草、芒

图组 35

紫薇

荆条

木槿

图组 36

丁香

金叶榆、紫叶稠李

月季、矮紫杉

图组 37

3. 湿地和林下的应用

近几年来，北京湿地逐渐恢复，呈现出了良好的湿地生态景观，如永定河、昆明湖和翠湖国家城市湿地公园等。如图组 38。

永定河

翠湖国家城市湿地公园

昆明湖

图组 38（1）

黄菖蒲、蒲苇

荇菜、水葱

唐菖蒲、千屈菜、花叶芦竹、芦苇、蒲苇、柽柳

金莲花、地榆

溪荪、花菖蒲、蒲苇

荷花

图组 38（2）

北京现有大量的林地，充分利用林下的生态环境，因地制宜进行生态景观提升，既能增加林地生物多样性，还能发挥林地生态良好、空气清新、环境宜人的优势，发展旅游观光和休闲度假。如图组 39。

春季

蛇莓、芍药、红宝石海棠

二月兰

蛇莓、鸢尾

芍药

夏季

地黄、紫花地丁、山麦冬、大花旋覆花、大车前

林下鼠尾草

图组 39（1）

夏季

蛇莓、荚果蕨、玉簪、金叶风箱果

蛇莓、重瓣棣棠、鸡树条荚蒾

秋季

蛇莓、山麦冬、鸢尾、连线草

落葵薯

金叶风箱果、西府海棠

图组 39（2）

第二篇 | 一二年生草本植物

波斯菊

紫苏

裂叶牵牛

红蓼

花菱草

二月兰

蛇目菊

狭叶珍珠菜 *Lysimachia pentapetala*

科属：报春花科珍珠菜属

【植物学特征】二年生草本，株高 40～80cm。根及茎基部木质化；叶狭披针形，长 3～5cm，顶端渐尖，基部狭窄成短柄，表面绿色，背面浅绿色。总状花序密集成头状，白色或粉红色。蒴果，圆球形。

【产地分布】原产我国；分布东北、华北、华东、华南和西南等地。

【习性】耐寒，耐热，耐旱，稍耐阴，宜较湿润富含腐殖质肥沃的沙质土壤。

【成株生长发育节律】北京地区自播或秋播，绿期至 12 月；翌年 3 月下旬萌动返青；花期 7～9 月，果期 9～10 月。

【繁殖栽培技术要点】春季萌动时分株或秋季播种，栽培管理简易。

【应用】花境、地被、丛植和蜜源。在应用中，既可单独应用，也可与紫花地丁或蒲公英或二月兰混播应用，形成春夏秋三季有景观的效果。

裂叶荆芥 *Schizonepeta tenuifolia* 又名小茴香

科属：唇形科裂叶荆芥属

【植物学特征】一年生草本，株高 50～100cm。茎多分枝，被灰白色短柔毛。叶常为指状 3 裂，小裂片为披针状条形，中间的较大，全缘，两面被柔毛，下面有腺点。轮伞花序，多花，组成顶生 5～15cm 间断的假穗状花序；花青紫色。小坚果。

【产地分布】原产我国；分布于东北、华北、西北和西南等地，蒙古和俄罗斯等也有分布。

【习性】喜阳，稍耐阴，耐热，耐干旱，耐贫瘠，耐湿，适应性强，耐修剪，对土壤要求不严。

【成株生长发育节律】北京地区自播或春播，绿期至 11 月。花期 7～9 月，果期 9～11 月。

【繁殖栽培技术要点】春季播种或自播。一次或多次修剪。栽培管理简单粗放，在生长期需要适当浇灌水。

【应用】花坛、花境、地被、丛植、食用和药用。在应用中，既可单独应用，也可与紫花地丁或蒲公英和草木犀混播应用，形成春夏秋三季有景观的效果。

紫苏 *Perilla frutescens* 又名白苏和苏子

科属：唇形科紫苏属

【植物学特征】一年生草本，株高 50～150cm。茎四棱形，具槽，多分枝，密被长柔毛，芳香。叶片阔卵形、卵状圆形，长 7～15cm，宽 4～13cm，先端短尖或突尖，基部圆形或阔楔形，边缘具粗锯齿，两面绿色或紫色，或仅下面紫色。轮伞花序，2 花，组成偏向一侧成假总状花序；花冠唇形，白色或紫红色。小坚果，近球形。

回回苏 var. *crispa*

叶具狭而深的锯齿，常为紫色，叶皱。

【产地分布】原产我国；分布全国大部分地区。

【习性】喜阳，稍耐阴，耐热，耐干旱，耐贫瘠，耐湿，适应性强，耐修剪，自播繁衍能力强，对土壤要求不严。

【成株生长发育节律】北京地区自播或春播，绿期至 11 月。花期 8～9 月，果期 10～11 月。

【繁殖栽培技术要点】春季播种或自播。一次或多次修剪。栽培管理简单粗放，根据旱情可适当浇灌水。

【应用】花坛、花境、地被、点缀、食用、蜜源和药用。在应用中，既可单独应用，也可与紫花地丁或蒲公英混播应用，形成春夏秋三季有景观的效果。

回回苏

香青兰 *Dracocephalum moldavica*

科属：唇形科青兰属

【植物学特征】一年生草本，株高 15～40cm。植株被倒向的小毛。基生叶卵圆三角形，叶缘具圆齿，具长柄；茎生叶为披针形线状披针形，先端钝或稍尖，基部圆形或宽楔形，下面有腺点，边缘具三角形牙齿或疏锯齿，有时叶基 2 齿具长刺。轮伞花序通常 4～6 花；花淡蓝紫色。小坚果，长圆形，光滑。

【产地分布】原产我国；分布东北、西北和华北等地；俄罗斯西伯利亚和东中欧也有分布。

【习性】喜阳，稍耐阴，耐热，耐干燥，耐瘠薄，喜凉爽，耐碱盐，适应性强，自生繁衍能力强，对土壤要求不严。

【成株生长发育节律】北京地区自播或秋播，绿期至 11 月。花期 6～8 月，果期 9～10 月。

【繁殖栽培技术要点】春季播种或自播。栽培管理简单粗放，根据旱情可适当浇灌水。

【应用】花境、地被、点缀（河滩）、蜜源和香料。在应用中，既可单独应用，也可与紫花地丁或蒲公英和旋覆花或波斯菊混播应用，形成春夏秋三季有景观的效果。

益母草 *Leonurus japonicus*

科属：唇形科益母草属

【植物学特征】二年生草本，株高 80～100cm。茎四棱，通常分枝，被倒向短柔毛。叶轮廓变化很大，中部叶全 3 裂，裂片长圆状菱形，又羽状分裂，裂片宽线形，叶裂片全缘或具稀少牙齿。轮伞花序，腋生，具 8～15 花；花粉红至淡紫红色。小坚果，长圆状三棱形。

【产地分布】原产我国；全国各地均有分布，俄罗斯远东地区、朝鲜和日本也有分布。

【习性】喜阳，稍耐阴，耐热，耐旱，耐瘠薄，耐碱盐，适应性强，自生繁衍能力强，对土壤要求不严。

【成株生长发育节律】北京地区自播或秋播，绿期至 12 月；翌年 3 月下旬萌动返青；花期 7～9 月，果期 9～10 月。

【繁殖栽培技术要点】春季播种或自播。栽培管理简单粗放，根据旱情可适当浇灌水。

【应用】花境和药用。在应用中，既可单种，也可与紫花地丁或蒲公英和旋覆花混播应用，形成春夏秋三季有景观的效果。

红果蓖麻 *Ricinus communis*

科属：大戟科蓖麻属

【植物学特征】一年生草本，株高150～250cm。茎直立，分枝，中空，枝杆红色。叶盾形，直径20～60cm，掌状5～11裂，裂片卵形或窄卵形，缘具齿，无毛，叶柄长，叶脉红色。聚伞圆锥花序，长约20cm，顶生或与叶对生；花单性，雌雄同株，无花瓣，花柱羽毛状，与幼果穗均为红色。蒴果，红色。

【产地分布】原产非洲；常有栽培。

【习性】喜阳，耐热，耐干旱，耐瘠薄，耐湿，适应性强，观果期长，有自播繁衍能力，对土壤要求不严。

【成株生长发育节律】北京地区自播或春播，绿期至10月。花期6～8月，果期7～10月。

【繁殖栽培技术要点】春季播种或自播。栽培管理简单粗放，在生长期需要适当浇灌水。

【应用】花境和食用。在应用中，既可单独应用，也可与二月兰或紫花地丁或蒲公英和柳穿鱼或波斯菊混播应用，形成春夏秋三季有景观的效果。

银边翠 *Euphorbia marginata*

科属：大戟科大戟属

【植物学特征】一年生草本，株高50～70cm。茎直立，茎内具乳汁，全株具柔毛。叉状分枝，叶卵形或椭圆状披针形，先端急尖，基部宽楔形，顶端的叶轮生或对生，叶边缘或全叶变白色，宛如层层积雪。杯状聚伞花序，着生于分枝上部的叶腋处，有白色花瓣状附属物，花小。蒴果，扁圆形，银白色。

【产地分布】原产北美洲；常见栽培。

【习性】喜阳，稍耐阴，耐旱，耐瘠薄，适应性强，自生繁衍能力强，对土壤要求不严。

【成株生长发育节律】北京地区自播或春播，绿期至11月。花期6～9月，果期9～11月。

【繁殖栽培技术要点】春季播种或自播。一次或多次修剪。栽培管理简单粗放，在生长期需要适当浇灌水。

【应用】花坛、花境和地被。在应用中，既可单独应用，也可与紫花地丁或蒲公英和硫华菊混播应用，形成春夏秋三季有景观的效果。

黄花草木犀 *Melilotus officinalis*

科属：豆科草木犀属

【植物学特征】一年生或二年生草本，株高 100～150cm。圆柱形中空，多分枝，有香气。三出羽状复叶，中间小叶具短柄，小叶椭圆形至窄倒披针形，先端钝圆，基部楔形，边缘有锯齿，两面有毛；托叶三角状锥形。总状花序，腋生；花小，多数，黄色。荚果，椭圆状球形。

【产地分布】原产我国；我国东北、华北、西北和西南等地有分布。

【习性】较耐寒，喜阳，耐热，耐湿，耐干旱，耐瘠薄，耐碱盐，自生繁衍能力强，对土壤要求不严。

【成株生长发育节律】北京地区自播或春秋播，绿期至 11 月。花期 6～8 月，果期 9～10 月。

【繁殖栽培技术要点】春季播种或自播。一次或多次修剪。栽培管理简单粗放，根据旱情可适当浇灌水。

【应用】地被、饲用、绿肥和蜜源。在应用中，既可单独应用，也可与紫花地丁或蒲公英混播应用，形成春夏秋三季有景观的效果。

白花草木犀 *Melilotus albus*

科属：豆科草木犀属

【植物学特征】一年生或二年生草本，株高 100～150cm。圆柱形中空，多分枝，有香气。三出羽状复叶，小叶椭圆形、长圆形、卵状长圆形或倒卵状长圆形，先端钝圆，截形，基部楔形，边缘有锯齿，两面有毛；托叶锥形或线状披针形。总状花序，腋生；花小，多数，白色。荚果，卵形或椭圆状球形。

【产地分布】原产欧亚；我国东北、华北、西北和西南等地有分布。

【习性】较耐寒，喜阳，耐热，耐湿，耐干旱，耐瘠薄，耐碱盐，自生繁衍能力强，对土壤要求不严。

【成株生长发育节律】北京地区自播或春秋播，绿期至 11 月。花期 6～8 月，果期 9～10 月。

【繁殖栽培技术要点】春季播种或自播。一次或多次修剪。栽培管理简单粗放，根据旱情可适当浇灌水。

【应用】地被、饲用、绿肥和蜜源。在应用中，既可单独应用，也可与紫花地丁或蒲公英混播

应用，形成春夏秋三季有景观的效果。

达乌里黄耆 *Astragalus dahuricus*

科属：豆科黄芪属

【植物学特征】一年生或二年生草本，株高 40～80cm。全株有白色柔毛。茎直立，有分枝。羽状复叶有 11～19（23）小叶，小叶长圆形、倒卵状长圆形或长圆形，先端圆，有短尖，基部钝或近楔形，上面近无毛，下面有柔毛。总状花序，腋生，花多而密；花萼钟状；花冠宽椭圆形，紫红色。荚果，线状圆柱形。

【产地分布】原产我国；分布东北、华北、西北和西南等地。

【习性】较耐寒，喜阳，稍耐阴，耐热，耐干旱，耐瘠薄，耐碱盐，自生繁衍能力强，对土壤要求不严。

【成株生长发育节律】北京地区自播或春秋播，绿期至 11 月。花期 6～8 月，果期 9～10 月。

【繁殖栽培技术要点】春季播种或自播。一次或多次修剪。栽培管理简单粗放，根据旱情可适当浇灌水。

【应用】地被、饲用、绿肥和蜜源。在应用中，既可单独应用，也可与紫花地丁或柳穿鱼或波斯菊混播应用，形成春夏秋三季有景观的效果。

凤仙花 *Impatiens balsamina* 又名指甲花

科属：凤仙花科凤仙花属

【植物学特征】一年生草本，株高 60～100cm。茎叶多汁，光滑。叶披针形或阔披针形，长 4～12cm，宽 1.5～3cm，端尖，基部楔形，边缘有锐锯齿，两面无毛或被疏柔毛，上面有浅沟，两侧具数对具柄的腺体。花单生或 2～3 朵簇生于叶腋；白色、粉红色或紫色，单瓣或重瓣。蒴果，宽纺锤形。

【产地分布】原产我国和印度；全国南北各地分布。

【习性】喜阳，稍耐阴，耐旱，耐瘠薄，适应性强，自生繁衍能力强，对土壤要求不严。

【成株生长发育节律】北京地区自播或春播，绿期至 11 月。花期 7～9 月，果期 9～11 月。

【繁殖栽培技术要点】春季播种或自播。一次或多次修剪。栽培管理简单粗放，在生长期需要适当浇灌水。

【用途】花坛、花境和地被。在应用中，既可单独应用，也可与紫花地丁或柳穿鱼和波斯菊混播应用，形成春夏秋三季有景观的效果。

狗尾草 *Setaria viridis*

科属：禾本科狗尾草属

【植物学特征】一年生草本，株高 15～100cm。秆直立或基部膝曲。叶鞘松驰，边缘具较轻的密绵毛状纤毛；叶舌极短，边缘有纤毛；叶片扁平，长三角状狭披针形或线状披针形，先端长渐尖，基部钝圆形，边缘粗糙。圆锥花序紧密呈圆柱状或基部稍疏离，直方或稍弯垂，主轴被较长柔毛，长 2～15cm，粗糙，直或稍扭曲，通常绿色或褐黄到紫红或紫色；小穗 2～5 个簇生于主轴上在短小枝上，椭圆形。颖果灰白色。

【产地分布】原产我国；分布全国大部分地区。

【习性】耐寒，喜阳，耐热，耐干旱，耐瘠薄，耐湿，耐盐碱，抗逆性强，对土壤要求不严。

【成株生长发育节律】北京地区自播或春播，绿期至 11 月。花果期 7～10 月。

【繁殖栽培技术要点】秋季播种或春季萌动时分株，栽培管理简易。

【应用】花境、地被、饲用（嫩叶）和造纸。

野西瓜苗 *Hibiscus trionum* 又名香铃草

科属：锦葵科木槿属

【植物学特征】一年生草本，株高 20～50cm。植株横卧，被有白粗毛。叶掌状裂，再羽状深裂，叶外形极像西瓜，称为野西瓜苗。下部叶 5 浅裂，上部叶 3 深裂，中裂最长，裂片具齿，下面具疏硬毛。花单生于叶腋；花白色。蒴果，圆球形。

【产地分布】原产我国；分布全国南北各地。

【习性】喜阳，耐热，耐湿，抗旱，耐瘠薄，耐碱盐，适应性强，有自生繁衍能力，对土壤要求不严。

【成株生长发育节律】北京地区自播或春播，绿期至 10 月。花期 7～9 月，果期 9～10 月。

【繁殖栽培技术要点】春季播种或自播。栽培管理简单粗放，根据旱情可适当浇灌水。

【用途】花境和地被。在应用中，既可单独应用，也可与二月兰或大花旋覆花混播应用，形成春夏秋三季有景观的效果。

钝叶瓦松 *Orostachys malacophyllus*

科属：景天科瓦松属

【植物学特征】二年生肉质草本。第一年仅生出莲座状叶，叶片矩圆形至卵形，先端钝；第二年抽出花茎，茎叶互生，接近，无柄，匙状倒卵形、矩圆状披针形或椭圆形，较莲座状叶大，两面有紫红色斑点。花序密集，穗状或总状；花白色或带绿色。蓇葖果。

【产地分布】原产我国。分布东北、华北和西北等地。

【习性】耐寒，耐热，喜阳，稍耐阴，耐旱，耐瘠薄，怕涝，适应性强，对土壤要求不严。

【成株生长发育节律】北京地区自播或秋播，绿期至 12 月；翌年 3 月下旬萌动返青；花期 7～9 月，果期 8～10 月。

【繁殖栽培技术要点】春秋季分株或扦插，栽培管理粗放。

【应用】屋顶和岩石。

匍根风铃草 *Campanula rapunculoides*

科属：桔梗科风铃草属

【植物学特征】二年生草本，株高约 60～90cm。茎常簇生，全株具毛。基生叶狭三角形，茎生叶披针形，基部渐尖，长 15～25cm，叶缘具钝锯齿；茎生叶披针状长圆形，长 7～12cm，叶缘具钝锯齿或稍波状。花直立或稍斜伸，小花 1 或 2 簇生，组成顶生的疏总状花序；花蓝紫色、淡红色或白色等。蒴果。

【产地分布】原产南欧；常见栽培。

【习性】较耐寒，喜阳，稍耐阴，耐旱，耐湿，有自播繁衍能力，对土壤要求不严。

【成株生长发育节律】北京地区自播或秋播，绿期至 12 月；翌年 3 月下旬萌动返青；花期 6～8 月，果期 7～8 月。

【繁殖栽培技术要点】春季播种或自播。一次或多次修剪。栽培管理简单粗放，在生长期需要适当浇灌水。

【应用】花坛、花境和地被。在应用中，既可单独应用，也可与紫花地丁或蒲公英和波斯菊或硫华菊混播应用，形成春夏秋三季有景观的效果。

翠菊 *Callistephus chinensis* 又名江西腊

科属：菊科翠菊属

【植物学特征】一年生或二年生草本，株高 30～90cm。茎直立，多分枝，有白色糙色。中部茎叶卵形、匙形或近圆形，先端渐尖，基部近截形或宽楔形，叶缘具粗锯齿，两面被疏短硬毛。头状花序，顶生；有单瓣、半重瓣和重瓣，花色有红、黄、蓝、紫或白色。瘦果。

【产地分布】原产我国；分布东北、华北、西北和西南等地，朝鲜和日本也有分布。

【习性】喜阳，耐旱，耐瘠薄，忌高温高湿，有自生繁衍能力，对土壤要求不严。

【成株生长发育节律】北京地区自播或春播，花期 7～9 月，果期 9～10 月。

【繁殖栽培技术要点】春季播种或自播。栽培管理简单粗放，在生长期需要适当浇灌水。

【应用】花坛和花境。在应用中，既可单独应用，也可与紫花地丁或蒲公英和波斯菊混播应用，形成春夏秋三季有景观的效果。

飞廉 *Carduus crispus*

科属：菊科飞廉属

【植物学特征】二年生草本，株高 50～80cm。主根肥厚，伸直或偏斜。茎直立，具纵棱，棱有绿色间歇的三角形刺齿状翼。叶互生；通常无柄而抱茎；下部叶椭圆状披针形，羽状深裂，裂片常大小相对而生，边缘刺，上面绿色，具细毛或近乎光滑，下面初具蛛丝状毛，后渐变光滑。头状花序，总苞钟状；花紫红色。瘦果。

【产地分布】原产我国、欧洲、北非和西伯利亚；全国各地均有分布。

【习性】耐寒，喜阳，稍耐阴，耐热，耐湿，耐旱，耐瘠薄，耐碱盐，适应性强，自生繁衍能力强，对土壤要求不严。

【成株生长发育节律】北京地区自播或秋播，绿期至 12 月；翌年 3 月下旬萌动返青；花期 5～8 月，果期 7～10 月。

【繁殖栽培技术要点】春季播种或自播。栽培管理简单粗放，根据旱情可适当浇灌水。

【应用】花境、地被和药用。在应用中，既可单独应用，也可与紫花地丁或蒲公英或硫华菊混播应用，形成春夏秋三季富有野趣景观的效果。

飞蓬 *Erigeron acer*

科属：菊科飞蓬属

【植物学特征】二年生草本，株高 30～50cm。茎密被伏柔毛并混生硬毛。叶两面被硬毛，基生叶与茎下部叶倒披针形，先端钝或稍尖，基部渐狭成具翅的长叶柄，全缘；中部叶和上部叶披针形或线状长圆形。在茎顶排列成密集的狭圆锥花序；花粉色。瘦果。

【产地分布】原产我国；分布东北、华北、西北和西南等地，日本、俄罗斯和北美洲也有分布。

【习性】耐寒，喜阳，耐旱，耐瘠薄，适应性强，对土壤要求不严。

【成株生长发育节律】北京地区自播或秋播，绿期至 12 月；翌年 3 月下旬萌动返青；花期 6～8 月，果期 9～10 月。

【繁殖栽培技术要点】春秋季播种或春季分株，栽培管理粗放。

【用途】花境、地被和香用。在应用中，既可单独应用，也可与紫花地丁或蒲公英和波斯菊混播应用，形成春夏秋三季有景观的效果。物候季相变化，因地理气候变化而有早晚差异。

狗哇花 *Heteropappus hispidus*

科属：菊科狗哇花属

【植物学特征】一年生或二年生草本，株高 20～30cm。被粗毛或腺点。基生叶倒坡针形，长 4～10cm，开花时枯死。茎生叶狭长圆形或倒披针形，长 5～7cm，先端钝或渐尖，基部渐狭，全缘而稍反卷，两面有疏硬毛或无毛，边缘有伏硬毛，无叶柄。头状花序在茎上部排成圆锥伞房状；花淡红色或白色。瘦果，倒卵形。

【产地分布】原产我国；分布东北、华北、西北和江南等地，朝鲜、日本和俄罗斯也有分布。

【习性】耐寒，喜阳，耐热，耐旱，耐贫瘠，耐碱盐，自生繁衍能力强，对土壤要求不严。

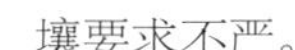

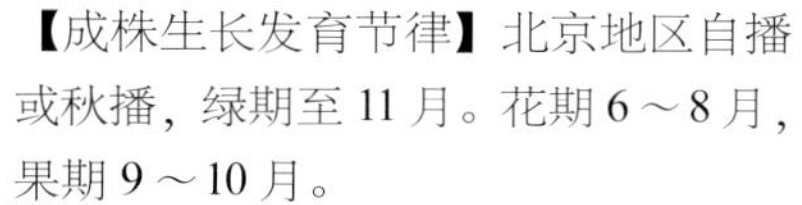

【成株生长发育节律】北京地区自播或秋播，绿期至 11 月。花期 6～8 月，果期 9～10 月。

【繁殖栽培技术要点】春季播种或自播。一次或多次修剪。栽培管理简单粗放，根据旱情可适当浇灌水。

【应用】花境和地被。在应用中，既可单独应用，也可与紫花地丁或蒲公英和大花旋覆花混播应用，形成春夏秋三季有景观的效果。

孔雀草 *Tagetes patula* 又名臭芙蓉

科属：菊科万寿菊属

【植物学特征】一年生草本，株高 20～50cm。茎直立，多分枝。叶对生，羽状全裂，裂片线状披针形，叶缘具锯齿，齿端常有长细芒，具透明油腺。头状花序，顶生；花黄色或橙黄，带有红褐色斑，重瓣。瘦果，线形。

【产地分布】原产中美洲地带；常见栽培。

【习性】喜阳，耐热，耐干旱，耐修剪，适应性强，有自生繁衍能力，对土壤要求不严。

【成株生长发育节律】北京地区春自播或春夏播，绿期至 11 月。花期 5～10 月，果期 8～11 月。

【繁殖栽培技术要点】春季播种或自播。一次或多次修剪。栽培管理简单粗放，在生长期需要适当浇灌水。

【应用】花坛和花境。在应用中，既可单独应用，也可与紫花地丁或蒲公英和波斯菊或草木犀混播应用，形成春夏秋三季色彩各异的景观效果。

虎眼金光菊 *Rudbeckia hirta*

科属：菊科金光菊属

【植物学特征】一或二年生草本，株高 60～100cm。茎不分枝或上部分枝，全株被短粗毛。下部叶长卵圆形，先端尖或渐尖，边缘具锯齿；上部叶长圆披针形，边缘具疏齿或全缘。头状花序，单生枝顶；花金黄色，总苞半球形，似虎眼。瘦果。

【产地分布】原产北美洲；广泛栽培。

【习性】喜阳，稍耐阴，耐热，耐旱，耐瘠薄，耐修剪，适应性强，对土壤要求不严，但喜疏松、排水良好的沙质土壤。

【成株生长发育节律】北京地区自播或春播，绿期至 11 月；花期 6～10 月，果期 8～11 月。

【繁殖栽培技术要点】春季播种或自播，栽培管理粗放。

【用途】花境和地被。在应用中，既可单独应用，也可与紫花地丁或蒲公英混播应用，形成春夏秋三季相变化的景观效果。

波斯菊 *Cosmos bipinnatus* 又名秋英

科属：菊科秋英属（波斯菊属）

【植物学特征】一年生草本，株高60～100cm。茎直立，有分枝，无毛或微被柔毛。叶对生，二回羽状分裂，裂片线形或丝状线形，全缘。头状花序，单生；花有红、紫、粉和白等色。瘦果，黑紫色。

【产地分布】原产墨西哥；广泛栽培。

【习性】喜阳，耐热，耐干旱，耐瘠薄，耐湿，耐修剪，适应性强，自生繁衍能力强，对土壤要求不严。

【成株生长发育节律】北京地区自播或春夏播，绿期至11月。花期5～10月，果期8～11月。

【繁殖栽培技术要点】春季播种或自播。一次或多次修剪。栽培管理简单粗放，在生长期需要适当浇灌水。

【应用】花坛、花境、片植（公路旁）和地被。在应用中，既可单独应用，也可与紫花地丁或蒲公英或二月兰混播应用，形成春夏秋三季有景观的效果。

林下

蛇目菊 *Coreopsis tinctoria* 又名两色金鸡菊

科属：菊科金鸡菊属

【植物学特征】一年生草本，株高30～70cm。茎基部光滑，上部稍分枝，无毛。叶对生，下部和中部叶具长柄，2回羽状全裂，裂片线形或线状披针形，全缘；上部叶片无叶柄而有翅状柄，线形。头状花序，常数个花序组成疏伞房状；花单轮，黄色，基部或中下部红褐色，管状花紫褐色。瘦果，纺锤形。

【产地分布】原产北美洲；常见栽培。

【习性】喜阳，耐热，耐干旱，耐修剪，有自生繁衍能力，对土壤要求不严。

【成株生长发育节律】北京地区自播或春播，花期6～10月，果期7～11月。

【繁殖栽培技术要点】春季播种或自播。一次或多次修剪。栽培管理简单粗放，在生长期需要适当浇灌水。

【应用】花坛和花境。在应用中，既可单独应用，也可与紫花地丁或蒲公英或二月兰和硫华菊混播应用，形成春夏秋三季有景观的效果。

紫茉莉 *Mirabilis jalapa* 又名胭脂花

科属：紫茉莉科紫茉莉属

【植物学特征】多年生草本，常作一二年生栽培，株高50～80cm。茎直立，圆柱形，多分枝，无毛或疏生细柔毛，节稍膨大。叶卵形或卵状三角形，先端渐尖，基部截形或心形，全缘，两面均无毛，脉隆起。花常数朵簇生枝端，萼片呈花瓣样，裂片三角状卵形；花被紫红色、黄色、白色或杂色，有香气。瘦果，球形。

【产地分布】原产南美洲；广泛栽培。

【习性】喜阳，稍耐阴，耐热，耐湿，耐旱，耐瘠薄，自生繁衍能力强，对土壤要求不严。

【成株生长发育节律】北京地区3月下旬萌动，绿期至12月，花期7～10月，果期9～11月。

【繁殖栽培技术要点】春季播种，栽培管理粗放。

【应用】花境、点缀地被和工业用途，可与二月兰、孔雀草混播，形成三季有花的景观。

地肤 *Kochia scoparia* 又名扫帚菜

科属：藜科地肤属

【植物学特征】一年生草本，株高 50～100cm。茎直立，多斜向上分枝成扫帚状，也呈卵形、倒卵形或椭圆形，分枝多而密，具多数纵棱。叶披针形或线状披针形，先端短渐尖，基部渐狭，常具 3 条明显的主脉，边缘具疏生的锈色绢状缘毛。春季叶嫩绿，秋季叶色变红。花两性或雌性，常 1～3 个簇生于叶腋，构成穗状圆锥花序。胞果，扁球形。

【产地分布】原产我国；分布全国南北各地。

【习性】喜阳，耐炎热，耐旱，耐湿，耐瘠薄，耐盐碱，适应性强，自生繁衍能力强，对土壤要求不严。

【成株生长发育节律】北京地区自播或春播，绿期至 11 月。花期 9～10 月，果期 10～11 月。

【繁殖栽培技术要点】春季播种或自播。一次或多次修剪。栽培管理简单粗放，根据旱情可适当浇灌水。

【应用】花境、地被、食用和药用。在应用中，既可单株种植、群植或片植，也可与紫花地丁或蒲公英和波斯菊或硫华菊混播应用，形成春夏秋自然色彩变化的景观效果。

碱蓬 *Suaeda glauca*

科属：藜科碱蓬属

【植物学特征】一年生草本，株高30～100cm。茎圆柱形，具细条纹，上部多分枝，斜伸或开展。叶线形，半圆柱状，肉质，长1.5～5cm，先端尖锐，灰绿色，光滑或微被白粉。花单生或2～5朵，簇生于叶腋的短柄上，排列成聚伞花序。胞果，扁球形。

【产地分布】原产我国；分布东北、西北、华北和黄河流域等地。

【习性】喜阳，耐炎热，喜高湿，耐旱，耐瘠薄，耐盐碱，适应性强，自生繁衍能力强，对土壤要求不严。

【成株生长发育节律】北京地区自播或春播，绿期至11月，秋季植株变红。花期7～8月，果期9～10月。

【繁殖栽培技术要点】春季播种或自播。一次或多次修剪。栽培管理简单粗放，根据旱情可适当浇灌水。

【应用】地被（盐碱地）和食用。在应用中，既可单独应用，也可与紫花地丁或蒲公英和大花旋覆花混播应用，形成春夏秋三季有景观的效果。

红蓼 *Polygonum orientale* 又名狗尾巴花

科属：蓼科蓼属

【植物学特征】一年生草本，株高 150～200cm。茎粗壮，直立，上部多分枝，密生柔毛。叶大，宽椭圆形、宽披针形或近圆形，长 7～20cm，宽 4～10cm，先端渐尖，基部圆形或略成心脏形，全缘，有时成浅波状，两面有毛。圆锥花序，顶生或腋生；每苞内可出多朵花，开花时花穗下垂；花红色。瘦果，近圆形。

白蓼 *P.* 'Album'

花白色。

【产地分布】原产我国；全国南北各地均有分布。

【习性】喜阳，耐热，耐干旱，耐贫瘠，耐湿，耐盐碱，适应性强，自播繁衍能力强，对土壤要求不严。

【成株生长发育节律】北京地区自播或春播，绿期至 11 月。花期 7～9 月，果期 9～11 月。

【繁殖栽培技术要点】春季播种或自播。栽培管理简单粗放，根据旱情可适当浇灌水。

【应用】地被、点缀、沼泽湿地、食用、蜜源和药用。在应用中，既可单独应用，也可与紫花地丁或蒲公英和二月兰混播应用，形成春夏秋三季有景观的效果。

白蓼

粉色

丛枝蓼 *Polygonum caespitosum*

科属：蓼科蓼属

【植物学特征】一年生草本，株高 40～80cm。茎平卧或斜生，无毛，近基部多分枝，无明显的主茎。叶宽披针形或卵状披针形，长 3～7cm，宽 1～3cm，先端尾状渐尖，基部楔形，全缘，具疏缘毛。花序穗状，顶生或腋生；花排列稀疏，花序下部间断。花粉红色。瘦果，三棱形。

【产地分布】原产我国；全国南北各地均有分布。

【习性】喜阳，耐热，耐干旱，耐贫瘠，耐湿，耐盐碱，适应性强，自播繁衍能力强，对土壤要求不严。

【成株生长发育节律】北京地区自播或春播，绿期至 11 月。花期 6～8 月，果期 9～11 月。

【繁殖栽培技术要点】春季播种或自播。栽培管理简单粗放，根据旱情可适当浇灌水。

【应用】点缀、地被、湿地、食用、蜜源和药用。在应用中，既可单独应用，也可与紫花地丁或蒲公英和二月兰混播应用，形成春夏秋三季有景观的效果。

苦荞麦 *Fagopyrum tataricum*

科属：蓼科荞麦属

【植物学特征】一年生草本，株高 50～100cm。茎直立，分枝，下部略带紫红色，具细纵条纹，中空。叶三角形，有时戟形，先端短尖，基部心形，全缘及脉上被短柔毛，顶端叶狭窄，无柄，基部抱茎；上面绿色，下面淡绿色。花序排列成顶生或腋生的总状花序；花白色。瘦果，三棱形。

【产地分布】原产我国；分布东北、华北和西北等地。

【习性】喜阳，耐热，耐干旱，耐贫瘠，耐湿，耐盐碱，适应性强，自播繁衍能力强，对土壤要求不严。

【成株生长发育节律】北京地区自播或春播，绿期至 11 月。花期 9～10 月，果期 10～11 月。

【繁殖栽培技术要点】春季播种或自播。栽培管理简单粗放，根据旱情可适当浇灌水。

【应用】花境、地被、食用、蜜源和药用。在应用中，既可单独应用，也可与紫花地丁或蒲公英和二月兰混播应用，形成春夏秋三季有景观的效果。

月见草 *Oenothera biennis* 又名夜来香

科属：柳叶菜科月见草属

【植物学特征】二年生草本，株高 60～100cm。茎多分枝，全株具毛。叶狭倒披针形，边缘有不整齐疏齿，近平滑不皱。花单生叶腋；花黄色，有香气。蒴果。

【产地分布】原产北美洲；广泛栽培。

【习性】耐寒，喜阳，稍耐阴，耐旱，耐碱盐，有自播繁衍能力，对土壤要求不严。

【成株生长发育节律】北京地区自播或秋播，绿期至 12 月；翌年 3 月下旬萌动返青；花期 6～9 月，果期 9～10 月。

【繁殖栽培技术要点】秋季播种或自播。一次或多次修剪。栽培管理简单粗放，在生长期需要适当浇灌水。

【应用】花坛、花境和地被。在应用中，既可单独应用，也可与紫花地丁或波斯菊混播应用，形成春夏秋三季有景观的效果。

半支莲 *Portulaca grandiflora* 又名死不了

科属：马齿苋科马齿苋属

【植物学特征】一年生肉质草本，株高 10～25cm。茎匍生或斜生，具毛。叶散生，肉质，圆柱形，先端急尖，在花下常具显著叶状的总苞，叶上具束生长毛。花单生或簇生于枝的顶端；花瓣有单瓣、半重瓣、重瓣；花红、黄、粉、白等色。蒴果。

【产地分布】原产南美洲；广泛栽培。

【习性】喜阳，耐热，耐干旱，耐瘠薄，耐湿，耐修剪，耐碱盐，适应性强，自播繁衍能力强，对土壤要求不严。

【成株生长发育节律】北京地区自播或春夏播，绿期至 11 月。花期 5～10 月，果期 8～11 月。

【繁殖栽培技术要点】春季播种或自播。栽培管理简单粗放，根据旱情可适当浇灌水。

【应用】花坛、花境、地被和蜜源。在应用中，既可单独应用，也可与紫花地丁或柳穿鱼混播应用，形成春夏秋三季有景观的效果。

毛曼陀罗 *Datula innoxia*

科属：茄科曼陀罗属

【植物学特征】一年生草本，株高 100～150cm。密被腺毛和短柔毛。叶宽卵形，先端渐尖，基部楔形或不对称近圆形，边缘有不规则的疏齿，侧脉每边 7～10 条；有柄。花单生枝叉处和叶腋；花萼圆筒状；花冠漏斗状，长 15～20cm，直径约 8cm，下半部带绿色，上部白色，花开放后成喇叭状，边缘具 10 尖头。蒴果。

【产地分布】原产我国；分布全国南北各地，欧亚和美洲也有分布。

【习性】喜阳，耐热，耐旱，耐瘠薄，忌湿积涝，耐碱盐，适应性强，自生繁衍能力强，对土壤要求不严。

【成株生长发育节律】北京地区自播或春播，绿期至 10 月。花期 6～8 月，果期 9～10 月。

【繁殖栽培技术要点】春季播种或自播。栽培管理简单粗放，根据旱情可适当浇灌水。

【应用】花境、点缀、地被和药用。在应用中，既可单独应用，也可与紫花地丁和尾穗苋混播应用，形成春夏秋三季有景观的效果。

野胡萝卜 *Daucus carota*

科属：伞形科胡萝卜属

【植物学特征】二年生草本，株高 50～120cm。有白色粗硬毛。根生叶有长柄，基部鞘状；叶片 2～3 回羽状分裂，最终裂片线形或披针形；茎生叶的叶柄较短，叶羽状分裂，裂片线形，边缘膜质，有细柔毛。复伞形花序，有花 15～25 朵；花白色。双悬果，卵圆形。

【产地分布】原产欧洲、亚洲、北非和美洲等；世界各地均有分布。

【习性】耐寒，喜阳，耐阴，喜凉爽干燥环境和排水通畅的沙质土壤。

【成株生长发育节律】北京地区自播或秋播，绿期至 12 月；翌年 3 月下旬萌动返青；花期 5～7 月，果期 7～8 月。

【繁殖栽培技术要点】春秋季播种或春季分株，适宜栽培在排水良好的土壤。

【应用】花境、疏林下、片植、地被、蜜源和药用。在应用中，既可单独应用，也可与二月兰混播应用，形成三季有花的效果。

华北糖芥 *Erysimum macilentum*

科属：十字花科糖芥属

【植物学特征】一年生草本，株高 30～80cm。茎直立，通常不分枝或上部分枝，被伏贴 2～3 叉状毛。基生叶及茎下部叶有明显柄，叶片长圆形或长圆状披针形，基部渐狭，先端稍钝，边缘浅波状，有时靠近叶片基部较深裂；茎上部叶较小，无柄或近无柄，有不明显的牙齿，具伏贴 3～5 叉状毛。总状花序，分枝或不分枝；萼片披针形；花瓣线状长圆形或近长圆形，黄色。长角果，线形，四棱状。

【产地分布】原产我国；分布华北等地。

【习性】喜阳，稍耐阴，耐热，耐旱，耐瘠薄，适应性强，对土壤要求不严，自生繁衍能力强。

【成株生长发育节律】北京地区自播或秋播，绿期至 10 月。花期 7～8 月，果期 9～10 月。

【繁殖栽培技术要点】春季播种或自播。栽培管理简单粗放，在生长期需要适当浇灌水。

【应用】花境、地被和蜜源。在应用中，既可单独应用，也可与蒲公英和波斯菊混播应用，形成春夏秋三季有景观的效果。

二月兰 *Orychophragmus violaceus* 又名诸葛菜

科属：十字花科诸葛菜属

【植物学特征】二年生草本，株高 20～70cm。茎直立常不分枝，无毛。基生叶和下部茎生叶羽状分裂，顶裂片近圆形或卵形，基部心形，叶缘有钝齿；上部茎生叶长圆形或窄卵形，基部抱茎呈耳状，叶缘有不整齐的状锯齿。总状花序，顶生，着生 5～20 朵；花瓣中有幼细的脉纹；花萼细长呈筒状；花多为蓝紫色、淡粉色和白色。长角果，圆柱形。

【产地分布】原产我国；分布东北、华北、西北、黄河和长江流域等地 。

【习性】耐寒，喜阳，耐阴，耐旱，耐瘠薄，适应性强，自生繁衍能力强，对土壤要求不严。

【成株生长发育节律】北京地区自播或秋播 8 月萌动，绿期至 12 月；翌年 3 月上旬萌动返青，花期 4～6 月，果期 6～7 月。

【繁殖栽培技术要点】春季播种或自播。栽培管理简单粗放，根据旱情可适当浇灌水。

【应用】花境、地被、林下、嫩茎叶食用和蜜源。在应用中，既可单独应用，也可与紫花地丁或蒲公英或波斯菊或硫华菊混播应用，形成春夏秋三季有景观的效果。

林下

板蓝根 *Isatis tinctoria* 又名菘蓝

科属：十字花科菘蓝属

【植物学特征】二年生草本，株高 30～80cm。主根圆柱形，外皮灰黄色。茎直立，上部多分枝，无毛或稍有柔毛。基生叶莲座丛状，倒卵形至长圆状倒披针形，先端稍尖，全缘，少有呈啮蚀状。茎生叶长圆形至长圆状披针形，基部箭形，叶耳锐形，抱茎，全缘或有不明显的细锯齿。总状花序呈圆锥状：黄色。短角果，长圆。

【产地分布】原产欧洲；常见栽培。

【习性】耐寒，喜阳，稍耐阴，耐旱，耐瘠薄，适应性强，有自生繁衍能力，对土壤要求不严。

【成株生长发育节律】北京地区自播或秋播 8 月萌动，绿期至 12 月；翌年 3 月上旬萌动返青，花期 5～6 月，果期 6～7 月。

【繁殖栽培技术要点】春季播种或自播。栽培管理简单粗放，根据旱情可适当浇灌水。

【应用】花境、地被、林下、食用、蜜源和药用。在应用中，既可单独应用，也可与紫花地丁或蒲公英或波斯菊或硫华菊混播应用，形成春夏秋三季有景观的效果。

荠菜 *Capsella bursa - pastoris* 又名地米菜

科属：十字花科荠菜属

【植物学特征】一年生或二年生草本，株高 10～40cm。茎直立，单一或下部分枝，被单毛。基生叶莲座状，大头羽状分裂或羽状分裂，偶有全缘；顶生裂片较大，卵形至长圆形；侧裂片 3～8 对，长圆状卵形，浅裂或有不规则锯齿或近全缘；茎生叶狭披针形，基部箭形，抱茎，边缘有缺刻状锯齿。总状花序，顶生或腋生；花白色。短角果，倒三角形。

【产地分布】原产我国；分布遍及全国 。

【习性】耐寒，喜阳，稍耐阴，耐旱，适应性强，自生繁衍能力强，对土壤要求不严。

【成株生长发育节律】北京地区自播或春秋季播，3 月上旬萌动返青，绿期至 11 月；花期 4～6 月，果期 6～7 月。

【繁殖栽培技术要点】春秋季播种或自播。栽培管理简单粗放，根据旱情可适当浇灌水。

【应用】地被和嫩茎叶食用。在应用中，既可单独应用，也可与紫花地丁或蒲公英或波斯菊或硫华菊混播应用，形成春夏秋三季有景观的效果。

花穗

尾穗苋 *Amaranthus caudatus*

科属：苋科苋属

【植物学特征】一年生草本，株高 80～120cm。茎粗壮，绿色或紫红色，具棱角，分枝，无毛或上部微有柔毛。叶菱状卵形或长圆状披针形，长 3～10cm，宽 2～4cm，先端急尖或渐尖，具小芒尖，基部楔形，全缘或波状，上面常带紫色。圆锥花序顶生，下垂，由多数穗状花序组成；紫红色或黄色。胞果，近球形。

【产地分布】原产热带地区，我国热带地区有野生分布。

【习性】喜阳，耐热，耐干旱，耐贫瘠，耐湿，耐盐碱，适应性强，自播繁衍能力强，对土壤要求不严。

【成株生长发育节律】北京地区自播或春播，绿期至 11 月。花期 7～9 月，果期 9～10 月。

【繁殖栽培技术要点】春季播种或自播。栽培管理简单粗放，一次或多次修剪，在生长期需要适当浇灌水。

【应用】花坛、花境、点缀、食用和药用（根）。在应用中，既可单独应用，也可与蒲公英或二月兰混播应用，形成春夏秋三季有景观的效果。

野鸡冠花 *Celosia argentea* 又名青葙

科属：苋科青葙属

【植物学特征】一年生草本，株高 30～80cm。茎直立，有分枝，绿色或红色，具明显条纹。叶椭圆状披针形或披针形，长 5～8cm，宽 1～3cm，顶端急尖或渐尖，基部渐狭。茎顶端或枝端成单一的无分枝的塔状或圆柱状穗状花序，初为白色顶端带红色，或全部粉红色。胞果，卵形。

鸡冠花 *C. critata*

茎直立，粗壮，无分枝或少有分枝，无毛。叶卵形、卵状披针形或披针形，全缘。花有红、玫红、紫红、黄等色。

【产地分布】原产印度；我国各地均有分布。

【习性】喜阳，耐热，耐旱，有自播繁衍能力，宜疏松肥沃排水良好的土壤。

【成株生长发育节律】北京地区自播或春播，绿期至 10 月。花期 7～10 月，果期 9～10 月。

【繁殖栽培技术要点】春季播种或自播。栽培管理简单粗放，一次或多次修剪，在生长期需要适当浇灌水。

【应用】花坛、花境、地被和药用。在应用中，既可单独应用，也可与蒲公英或二月兰和草木犀混播应用，形成春夏秋三季有景观的效果。

鸡冠花

华北马先蒿 *Pedicularis tatarinowii*

科属：玄参科马先蒿属

【植物学特征】一年生草本，株高 20～40cm。茎中上部多分枝，枝 2～4 枚轮生，有 4 条毛线，常红紫色。叶通常 4 枚轮生，叶片轮廓长圆形或披针形，羽状全裂，裂片披针形，再羽状浅裂或深裂，小裂片边缘有白色胼胝质齿。花序生于茎枝端，下部花轮有间断；花堇紫色。蒴果，歪卵形。

穗花马先蒿 *P. spicata*

株高 30～45cm。茎生叶 4 枚轮生；叶片长圆状披针形或线状披针形，羽状浅裂至中裂，缘有刺尖及锯齿。穗状花序生于茎顶或下部间断生于叶腋成花轮，花冠紫红色。蒴果，狭卵形。

【产地分布】原产我国；分布华北和西北等地。

【习性】喜光，稍耐阴，有自播繁衍能力，喜冷凉气候。适宜腐生质丰富、排水良好的土壤。

【成株生长发育节律】北京地区自播和春播，绿期至 11 月。花期 7～8 月，果期 8～9 月。

【繁殖栽培技术要点】春季播种或自播。栽培宜腐生质丰富的沙壤土在生长期需要适当浇灌水。

【应用】花境和地被。在应用中，既可单独应用，也可与蒲公英或大花旋覆花和波斯菊混播应用，形成春夏秋三季有景观的效果。

穗花马先蒿

中国马先蒿 *Pedicularis chinensis*

科属：玄参科马先蒿属

【植物学特征】一年生草本，株高 10～30cm。叶基生与茎生；叶披针状长圆形至线状长圆形，羽状浅裂至中裂，7～13 对，长圆状卵形，先端钝，边缘有重锯齿，无毛。花序常占植株的大部分，有时近基处叶腋中亦有花；花黄色。蒴果，长圆状披针形。

【产地分布】原产我国；分布华北、西北和西南等地。

【习性】喜光，稍耐阴，喜冷凉气候，适宜腐生质丰富、排水良好的土壤。有自播繁衍能力。

【成株生长发育节律】北京地区自播和春播，绿期至 11 月。花期 7～8 月，果期 8～9 月。

【繁殖栽培技术要点】春季播种或自播。栽培宜腐生质丰富的沙壤土，在生长期需要适当浇灌水。

【应用】花境和点缀。在应用中，既可单独应用，也可与蒲公英或大花旋覆花和波斯菊混播应用，形成春夏秋三季有景观的效果。

毛蕊花 *Verbascum thapsus*

科属：玄参科毛蕊花属

【植物学特征】二年生草本，株高 100～150cm。全株被密而厚的浅灰黄色星状毛。基生叶和下部的茎生叶倒披针状矩圆形，基部渐狭成短柄状，长达 15cm，宽达 5～7cm，边缘具浅圆齿，上部茎生叶逐渐缩小而渐变为矩圆形至卵状矩圆形，基部下延成狭翅。穗状花序圆柱状，长达 30cm；花密集，数朵簇生在一起，黄色。蒴果，卵形。

【产地分布】原产我国；分布西北和西南等地，南欧和俄罗斯西伯利亚也有分布。

【习性】较耐寒，喜阳，耐阴，耐热，忌水湿，有自播繁衍能力，对土壤要求不严。

【成株生长发育节律】北京地区自播或秋播，绿期至 12 月；翌年 3 月下旬萌动返青；花期 6～8 月，果期 9～10 月。

【繁殖栽培技术要点】春季播种或自播。栽培管理简单粗放，一次或多次修剪，在生长期需要适当浇灌水。

【应用】花坛、花境、丛植和药用。在应用中，既可单独应用，也可与蒲公英或蓝刺头和波斯菊混播应用，形成春夏秋三季有景观的效果。

牵牛 *Pharbitis nil* 又名喇叭花

科属：旋花科牵牛花属

【植物学特征】一年生草质藤本，植物体被毛。叶宽卵形或近圆形，常为3裂，稀为5裂，先端裂片长圆形或卵圆形，侧裂片较短，三角形，被柔毛。花序腋生，也有单生于叶腋的，有1～3朵花；花冠漏斗状，花径4～5cm，有红、紫、粉、蓝和白等色，花的冠檐不具白色或紫色的边。蒴果，近球形。

圆叶牵牛 ***P. purpurea***

叶圆心形，全缘，萼片为椭圆形。

裂叶牵牛 ***P. hederacea***

叶3～5裂，中裂片的基部向内凹陷，深至中脉；萼片向外反卷，基部密被黄色毛或白色毛；花大。

大花牵牛 ***P. limbata***

叶心状宽卵形，先端裂片长圆形，两侧裂片常不规则，先端裂片两面被长柔毛；花径8～12cm，花的冠檐常具白色或紫色皱褶或波浪状。

【产地分布】原产美洲；我国南北各地都有分布。

【习性】喜阳，稍耐阴，耐热，耐干旱，耐瘠薄，耐湿，适应性强，自生繁衍能力极强，在强光条件下花朵闭合，对土壤要求不严。

【成株生长发育节律】北京地区自播或春播，绿期至10月。花期6～10月，果期8～10月。

【繁殖栽培技术要点】春季播种或自播。栽培管理简单粗放，根据旱情可适当浇灌水。

【应用】花坛、花境、地被和药用。在应用中，既可单独应用，也可与短尾铁线莲和茑萝混播应用，形成春夏秋三季有景观的效果。

圆叶牵牛

圆叶牵牛

大花牵牛

裂叶牵牛

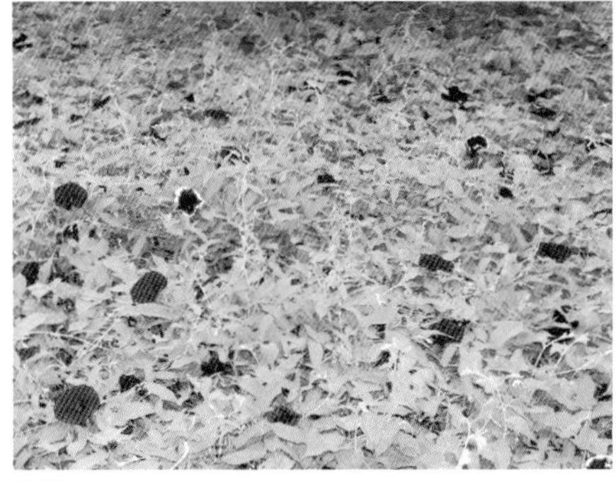
地被

茑萝 *Quamoclit pennata* 又名羽叶茑萝

科属：旋花科茑萝属

【植物学特征】一年生草质藤本，无毛。叶互生，羽状深裂，长 4～7cm，裂片条形，叶脉羽状，基部常具假托叶。聚伞花序，腋生，有花数朵；花冠高脚碟状，檐部浅裂呈五角星状，直径 2～3cm；花深红色。蒴果。

裂叶茑萝 *Q. lobata*

叶掌状深裂，裂片披针形，花冠较大。

槭叶茑萝 *Q. sloteri*

叶掌状深裂，先端细长而尖，基部 2 裂。

【产地分布】原产美洲；常见栽培。

【习性】喜阳，稍耐阴，耐热，耐干旱，耐瘠薄，耐湿，适应性强，自生繁衍能力强，在强光条件下花朵闭合，对土壤要求不严，但须排水好。

【成株生长发育节律】北京地区自播或春播，绿期至 10 月。花期 6～10 月，果期 9～10 月。

【繁殖栽培技术要点】春季播种或自播。栽培管理简单粗放，根据旱情可适当浇灌水。

【应用】地被和攀缘。在应用中，既可单独应用，也可与短尾铁线莲和牵牛混播应用，形成春夏秋三季有景观的效果。

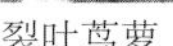

裂叶茑萝

槭叶茑萝

打碗花 *Calystegia hederacea*

科属：旋花科打碗花属

【植物学特征】一年生藤本，全株无毛。茎具细棱，匍匐或攀缘，常基部分枝。叶三角状戟形或三角状卵形，侧裂片近三角形，中裂片圆状披针形，先端渐尖，叶基微心形，全缘，两面无毛。花单生于叶腋；花冠漏斗形（喇叭状），粉红色或淡紫色色。蒴果，卵圆形。

【产地分布】原产我国；分布全国各地。

【习性】喜阳，稍耐阴，耐热，耐旱，耐瘠薄，耐碱盐，适应性强，自生繁衍能力强，对土壤要求不严。

【成株生长发育节律】北京地区4上旬萌动，绿期至11月。花期7～9月，果期9～10月。

【繁殖栽培技术要点】春秋季播种，栽培管理粗放。

【应用】地被、攀缘和药用。

小黄紫堇 *Corydalis ochotensis*

科属：罂粟科紫堇属

【植物学特征】二年生草本，株高60～90cm。茎直立，具棱，中部以上分枝。叶轮廓三角形或宽卵形，2～3回羽状分裂，小裂片倒卵形、菱状倒卵形或卵形，先端圆或钝，具尖头，背面具白粉；茎生叶多数，下部者具长柄，上部者具短柄。总状花序，顶生或腋生；花，黄色。蒴果，圆柱形。

【产地分布】原产我国；分布东北、华北和华东等地，朝鲜和俄罗斯东西伯利亚也有分布。

【习性】耐寒，喜阳，稍耐阴，以喜温暖湿润的气候，排水良好的壤土栽培为宜。

【成株生长发育节律】北京地区自播或秋播，生长期至11月，花期6～7月，果期7～8月。

【繁殖栽培技术要点】秋季播种，适宜栽培在排水良好的土壤。

【应用】林缘下、地被和药用。

珠果紫堇 *Corydalis pallida*

科属：罂粟科紫堇属

【植物学特征】二年生草本，株高 30～60cm。光滑，表面稍带粉白色，基生叶莲座状，每一莲座状叶簇生 1～5 条茎，茎直立或斜上，上部分枝不多；茎生叶密生，茎下部叶有柄，上部叶无柄，叶片 2～3 回羽状全裂，1 回裂片椭圆形有短柄，2 回裂片无柄，卵形或椭圆形，再次羽裂为线形，椭圆形，锯齿缘，稀全缘，背面有白粉。总状花序顶生或腋生，花排列较疏散；苞片披针形或椭圆形，先端尖；花黄色，上花瓣的冠檐大，卵圆形，先端钝，显著长于下花瓣，末端膨大，稍下弯。蒴果，线形串珠状。

刻叶紫堇 *C. incisa*

块茎狭椭圆形，密生须根，有纵棱；叶 3 出 2 回羽状分裂，裂片长圆形，又作羽状深裂，小裂片顶端有缺刻；花瓣粉色和紫蓝色等，向下弯曲，下面花瓣稍呈囊状。

伏生紫堇 *C. decumbens*

块茎近球形或椭圆形，茎细弱；叶片下面有白粉，轮廓近三角有，常有 2～3 缺刻；花瓣浅粉、紫色和蓝色等，顶部微凹，边缘波状，距圆筒形。

【产地分布】原产我国；分布东北和华东等地，俄罗斯西伯利亚和朝鲜也有分布。

【习性】耐寒，喜阳，稍耐阴，忌炎热水涝，自生繁衍能力强，对土壤要求不严。

【成株生长发育节律】北京地区自播或秋播，绿期至 12 月；翌年 3 月下旬萌动返青；花期 4～6 月，果期 6～7 月。

【繁殖栽培技术要点】春季播种或自播。栽培管理简单粗放，在生长期需要适当浇灌水。

【应用】花境、岩石、地被、林缘下和药用。在应用中，既可单独应用，也可与紫花地丁或蓍草混播应用。

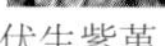

伏生紫堇

刻叶紫堇

虞美人 *Papaver rhoeas*

科属：罂粟科罂粟属

【植物学特征】二年生草本，株高40～90cm。茎直立，被淡黄色刚毛，有乳汁。叶羽状深裂或全裂，长3～15cm，宽1～6cm，边缘有不规则的锯齿，叶脉在背面突起，在表面略凹。花单生于茎和分枝顶端；花蕾长圆状倒卵形，下垂；萼片2，宽椭圆形，外面被刚毛；花瓣4，圆形、横向宽椭圆形或宽倒卵形；花有红、紫、粉、白和复等色。蒴果，宽倒卵形。

【产地分布】原产欧亚温带大陆；栽培品种。

【习性】喜阳，喜凉爽温暖，耐旱，耐瘠薄，适应性强，自生繁衍能力强，对土壤要求不严。

【成株生长发育节律】北京地区秋播或春播，绿期至8月。花期5～7月，果期7～8月。

【繁殖栽培技术要点】春季播种或自播。栽培管理简单粗放，在生长期需要适当浇灌水。

【应用】花坛、花境和地被。在应用中，既可单独应用，也可与蒲公英和波斯菊或大花旋覆花混播应用，形成春夏秋三季有景观的效果。

花菱草 *Eschscholtzia californica*

科属：罂粟科花菱草属

【植物学特征】二年生草本，株高 30～60cm。植株被白粉，分枝多，单叶，互生，具长柄，基生叶长 10～30cm，灰绿色，多回三出羽状细裂，小裂片线形；茎生叶较小。花单生于茎和分枝顶端，花梗长 5～15cm；花萼卵珠形；花瓣三角状扇形，黄色或橘黄色。蒴果，狭长圆柱形。

【产地分布】原产北美洲；常见栽培。

【习性】耐寒、喜阳，喜凉爽温暖，耐旱，耐瘠薄，适应性强，自生繁衍能力强，对土壤要求不严。

【成株生长发育节律】北京地区自播或秋播，绿期至 12 月；翌年 3 月下旬萌动返青，花期 5～6 月，果期 7～8 月。

【繁殖栽培技术要点】春季播种或自播。栽培管理简单粗放，在生长期需要适当浇灌水。

【应用】花坛、花境和地被。在应用中，既可单独应用，也可与蒲公英和波斯菊或大花旋覆花混播应用，形成春夏秋三季有景观的效果。

角蒿 *Incarvillea sinensis*

科属：紫葳科角蒿属

【植物学特征】一年生草本，株高 30～80cm。茎具细条纹。全株被细毛。基生叶为对生，分枝上的叶为互生；叶为 2～3 回羽状深裂或全裂，羽片 4～7 对，最终裂片为条形或线状披针形，叶缘具短毛。花红色，多朵组成的顶生总状花序，花柄短，密被短毛；花萼钟状，被毛；花冠二唇形，内侧有时具黄色斑点。蒴果，长角状弯曲。

【产地分布】原产我国；分布东北、华北、西北和西南等地，俄罗斯远东地区和蒙古也有分布。

【习性】喜阳，稍耐阴，耐干旱，有自播繁衍能力，对土壤要求不严。

【成株生长发育节律】北京地区自播和春播，绿期至 11 月。花期 5～8 月，果期 7～9 月。

【繁殖栽培技术要点】春季播种或自播。栽培管理简单粗放，在生长期需要适当浇灌水。

【应用】花境和地被。在应用中，既可单独应用，也可与蒲公英或大花旋覆花和波斯菊混播应用，形成春夏秋三季有景观的效果。

黄花角蒿 *Incarvillea sinensis* var. *przewalskii*

科属：紫葳科角蒿属

【植物学特征】一二年生草本，株高 60～80cm。叶互生，不聚生于茎的基部，2～3 回羽状细裂，形态多变异，小叶不规则细裂，末回裂片线状披针形，具细齿或全缘。顶生总状花序，疏散，长达 20cm；花萼钟状，花淡黄色，钟状漏斗形。蒴果。

【产地分布】原产我国；分布西北和西南等地。

【习性】耐寒，喜阳，耐旱，忌水涝，宜富含腐殖质、肥沃的土壤。

【成株生长发育节律】北京地区 4 月上旬萌动，绿期至 11 月。花期 7～9 月，果期 9～11 月。

【繁殖栽培技术要点】春秋季播种，适宜栽培在排水良好的土壤。

【用途】花坛、花境和地被。

第三篇 多年生草本植物

林下鼠尾草

三七景天

天人菊、婆婆纳、玉带草

黑心菊

东方罂粟

玉簪 *Hosta plantaginea* 又名玉春棒

科属：百合科玉簪属

【植物学特征】多年生草本，株高 40～80cm。根状茎粗壮。叶大，基生成丛，卵形至心状卵形，先端近渐尖，基部心形，叶缘波状，两侧具 6～10 对脉，无毛，具长柄。总状花序，顶生，高出叶面，花莛上具 9～15 朵花；花被筒长漏斗状，形似簪，白色，具浓香气。蒴果，圆柱形。

园艺品种很多，叶色变化丰富，是阴生植物主要品种。

'万魏' 玉簪 *H.* 'Van Wade'

叶片深绿色、边缘乳黄色，叶卵形，先端短尖；夏季叶片浅绿色、边缘黄色、不规则、常有黄条纹沿叶脉方向伸入叶心的现象，叶脉 7～8 对，花淡紫色。

'爱国者' 玉簪 *H.* 'Patriot'

叶蓝堇色，叶缘白边，白线条和青灰、淡绿色条纹随叶脉伸入绿色部分，叶脉 8 对。

'洒黄边' 玉簪 *H.* 'Yellow Splash Rim'

幼株叶狭长，成株呈长卵形，绿叶黄边（初生时白边、后逐渐变黄），叶脉 5 对，花漏斗形紫色。

'北方之光' 玉簪 *H.* 'Northen Exposure'

属大型玉簪，叶大而厚，蓝绿色，叶脉 14～15 对，边缘波状，有乳黄色不规则花纹，入夏以后黄色变白。

'雪白' 玉簪 *H.* 'Snow White'

叶形奇特，边缘波状而先端扭曲，叶色白绿，边缘黄绿，在玉簪品种中少见。

'山中脊' 玉簪 *H.* 'Middle Ridge'

叶卵状心形，中部白色，两侧夹杂黄绿、绿色及深绿色不规则条纹，形成别致的花叶品种，叶缘稍有波状，叶脉 9 对，叶先端反卷，花漏斗形紫色。

'中西部之王' 玉簪 *H.* 'Midweast Majesty'

叶卵状心形，叶色黄绿，叶缘深绿色，不规则，有时条纹状伸入绿黄色中心，叶脉 8 对，花朵钟形紫色。

'八月美女' 玉簪 *H.* 'Augst Beauty'

属小型玉簪，株高仅 25cm，春季叶卵形，稍有泡状突起，夏季叶渐变成披针形，先端渐尖，基部下延。春季叶深绿色，黄边不规则，交界处条 5 纹交叉，夏季绿色变淡，与黄边对比稍差，叶脉 6～7 对，花淡紫色。

'哥仑布之旅' 玉簪 *H.* 'Columbus Cirele'

属大型玉簪，株高 65cm，叶片心形，叶脉 10～11 对，幼株叶长卵状心形，绿叶有明显的宽乳白边，不太规则，花茎上生长有叶与根基部出叶相同，立体效果好，叶缘白色，花白色。

'小妖精' 玉簪 *H.* 'Spritzer'

叶卵状披针形，先端细尖平展，黄绿色，叶脉 5 对，叶缘有波状起伏，有绿色及暗绿色条纹，叶脉 5 对，花浅紫色。

园艺品种

'月光失色' 玉簪 *H*. 'Lunar Eelipse'

叶淡黄绿色，如月光洒地，叶缘白色，春季幼叶格外鲜丽，夏季叶色更黄，叶 形呈心形，叶脉 9 对，花紫白色。

'金旗' 玉簪 *H*. 'Gold Standard'

叶黄绿色，卵状心形，叶缘有不规则的绿色，黄绿交界处有许多绿条纹沿叶脉 伸展，长短交错，叶脉 8 对，花漏斗形紫色。

'黄边山地' 玉簪 *H*. 'Aureomarginata'

原产于日本，幼株叶为长卵形，先端细尖下垂，成株叶片心形，基部下延，叶草绿色，有不规则黄边，向心叶扩展，呈条纹状，叶脉 8～10 对。

园艺品种

'旋饵' 玉簪 *H*. 'Pinners'

幼株叶狭心形，成株变成卵状形，白边，后变黄色，生长势强，花漏斗形紫色。

'李欧拉' 玉簪 *H*. 'Leola Fraim'

叶心形，绿色，叶缘有不规则的黄白边，叶面较粗皱，叶脉 11 对，花开漏斗形紫色。

【产地分布】原产我国和日本；常见栽培。

【习性】耐寒，喜阴，耐湿，忌强光直射，适应性强，宜土层深厚、肥沃湿润、排水良好的沙质土壤。

【成株生长发育节律】北京地区 3 月下旬萌动，绿期至 11 月。花期 6～8 月，果期 9～10 月。

【繁殖栽培技术要点】春季萌动时分栽或秋季播种，在生长期适时浇水，宜含腐殖质而排水良好的沙质土壤。

【应用】建筑物北侧、林下（花境、地被）和药用。

园艺品种

紫萼 *Hosta ventricosa* 又名紫玉簪

科属：百合科玉簪属

【植物学特征】多年生草本，株高 30～60cm。根状茎粗，常直生，须根被绵毛。叶基生，多数，卵形或卵圆形，先端骤狭渐尖，基部楔形或浅心形但下延，中肋和侧脉在上表面下凹，背面隆起，侧脉 7～11 对，弧形，其间横脉细密，叶面亮绿色，背面稍淡。花莛直立，总状花序，花莛上具 10～30 朵花；花紫色或淡紫色。蒴果，圆柱形。

【产地分布】原产我国；分布华北、西北、华东、中南和西南等地，日本也有分布。

【习性】耐寒，喜阴，耐湿，忌强光直射，适应性强，宜土层深厚、肥沃湿润、排水良好的沙质土壤。

【成株生长发育节律】北京地区 3 月下旬萌动，绿期至 11 月。花期 6～8 月，果期 9～10 月。

【繁殖栽培技术要点】春季萌动时分栽或秋季播种，在生长期适时浇水，宜含腐殖质而排水良好的沙质土壤。

【应用】建筑物北侧、林下（花境、地被）和药用。

玉竹 *Polygatum odoratum*

科属：百合科黄精属

【植物学特征】多年生草本，株高 20～60cm。根状茎圆柱形，具节。茎单一，具 7～12 叶。叶互生，无柄；叶片椭圆形至卵状长圆形，先端钝，基部楔形，全缘，上面绿色，下面灰色；叶脉隆起，平滑或具乳头状突起。花腋生，通常 1～3 朵簇生，无苞片或有线状披针形苞片；花被筒状，黄绿色至白色，裂片卵圆形。浆果，球形。

【产地分布】原产我国；分布全国南北各地。

【习性】耐寒，喜阴，耐湿，忌强光直射，适应性强，宜土层深厚、肥沃湿润、排水良好的沙质土壤。

【成株生长发育节律】北京地区 3 月下旬萌动，绿期至 11 月。花期 6～7 月，果期 7～9 月。

【繁殖栽培技术要点】春季萌动时分栽或秋季播种，在生长期适时浇水，宜含腐殖质而排水良好的沙质土壤。

【应用】林下（花境、地被）和药用。

铃兰 *Convallaria majalis*

科属：百合科铃兰属

【植物学特征】多年生草本，株高15～25cm。地下有多分枝而匍匐平展的根状茎。叶常2枚，基生，具长柄，椭圆形或椭圆状披针形，叶长13～15cm，宽7～8cm，先端急尖，基部楔形，基部抱有数枚鞘状叶，互相套迭成茎状，具光泽。花莛稍弯，总状花序偏向一侧；花钟状，着花6～10朵，乳白色，具芳香。浆果，球形，红色，有毒。

【产地分布】原产北半球温带；我国东北、西北、华北和长江流域等地有分布，欧洲、亚洲和北美洲也有分布。

【习性】耐寒，喜阴、凉爽湿润，忌强光直射，喜富含腐殖质、湿润而排水良好的沙质土壤。

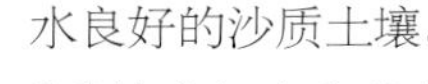

【成株生长发育节律】北京地区3月下旬萌动，绿期至11月。花期5～6月，果期6～7月。

【繁殖栽培技术要点】春季萌动时分栽或秋季播种，在生长期适时浇水，宜含腐殖质而排水良好的沙质土壤。

【应用】林缘、疏林下（花境、地被）、香用和药用。

鹿药 *Smilacina japonica*

科属：百合科鹿药属

【植物学特征】多年生草本，株高20～30m。根状茎横走，有时具膨大的结节。茎单生，直立，有粗毛，下部有膜质鞘。叶互生，着生于茎的上半部，通常4～7(9)片，卵状椭圆形或广椭圆形，长8～16cm，宽6～7cm，先端尖，基部圆形，边缘及两面密被粗毛；具短柄。圆锥花序，顶生，密生粗毛，具10～20朵花；花单生，白色。浆果，近球形，红色。

【产地分布】原产我国；分布东北、华北、西北和西南等地

【习性】耐寒，喜阳，耐阴，忌强光直射，耐干旱，耐湿，以疏松、排水良好的沙质土壤为宜。

【成株生长发育节律】北京地区3月下旬萌动，绿期至11月。花期6～7月，果期8～9月。

【繁殖栽培技术要点】春季萌动时分栽或秋季播种，在生长期适时浇水，宜含腐殖质而排水良好的沙质土壤。

【应用】林下（花境、地被）和药用。

卷丹 *Lilium lancifolium*

科属：百合科百合属

【植物学特征】多年生草本，株高 70～120cm。鳞茎宽卵状球形，白色，鳞片叶宽卵形。茎直立，带紫色条纹，具白色绵毛。叶互生，长圆状披针形或披针形，长 6～9cm，宽 1～2cm，两面近无毛，先端有白毛，边缘有乳头状突起，有 5～7 条脉，上部叶腋有珠芽。花 3～6 朵或更多；花被片披针形，反卷，橙红色，有紫黑色斑点。蒴果，狭长卵形。

【产地分布】原产我国；分布辽宁等，日本和朝鲜也有分布。

【习性】耐寒，喜阳，稍耐阴，耐湿，喜富含腐殖质、湿润而排水良好的沙质土壤。

【成株生长发育节律】北京地区 3 月下旬萌动，绿期至 11 月。花期 6～8 月，果期 9～10 月。

【繁殖栽培技术要点】春季萌动前分栽或秋季播种珠芽，在生长期适时浇水，宜含腐殖质而排水良好的沙质土壤。

【应用】花坛、花境、地被和药用。

兰州百合 *Lilium davidii var.unicolor*

科属：百合科百合属

【植物学特征】多年生草本，株高 50～100cm。鳞茎扁球形或宽卵形，鳞片白色。茎绿色。叶多数，散生，在中部密集，条形，先端急尖。总状花序，花朵数可达 20 余朵，下垂，橙色。蒴果。

【产地分布】原产我国；分布西北、黄河流域和西南等地。

【习性】耐寒，喜阳，稍耐阴，耐热，稍耐湿，以疏松、肥沃、排水良好的沙质土壤为宜。

【成株生长发育节律】北京地区 4 月上旬萌动，绿期至 11 月。花期 7～8 月，果期 9～10 月。

【繁殖栽培技术要点】春季萌动时分球或秋季播种，在生长期适时浇水，宜含腐殖质而排水良好的沙质土壤。

【应用】花坛、花境、地被、食用和药用。

有斑百合 *Lilium concolor var.pullchellum*

科属：百合科百合属

【植物学特征】多年生草本，株高 30～80cm。鳞茎卵球形，白色。肉质鳞片叶为披针形。叶互生，线状披针形，长 7～15cm，宽 (0.6～)1～2cm，先端渐尖，基部渐狭，稍具缘毛。花顶生，直立，不反卷，常具 2～3 朵花，红色或橘红色，具紫色斑点。蒴果，长圆形。

【产地分布】原产我国；分布东北、华北和黄河流域等，朝鲜和俄罗斯也有分布。

【习性】耐寒，喜阳，稍耐阴，稍耐湿，以疏松、肥沃、排水良好的沙质土壤为宜。

【成株生长发育节律】北京地区 4 月上旬萌动，绿期至 11 月。花期 6～7 月，果期 8～9 月。

【繁殖栽培技术要点】春季萌动前分球或秋季播种，在生长期适时浇水，宜含腐殖质而排水良好的沙质土壤。

【应用】花坛、花境、地被、食用和药用。

百合 *Lilium brownii var.viridulum*

科属：百合科百合属

【植物学特征】多年生草本，株高 70～150cm。鳞茎球形，白色，由多数肉质肥厚、卵匙形的鳞片聚合而成，形如莲座状。茎直立，圆柱形，常有紫色斑点，无毛。叶互生，倒披针形至或倒卵形，两色无毛，全缘。花大，1～3 朵，近平展，乳白色，具香气，外面稍带紫色，先端稍外弯，密腺两边具小乳头状突起。蒴果，长卵圆形，具棱。

【产地分布】原产我国；全国均有少量野生分布。常见栽培。

【习性】耐寒，喜阳，稍耐阴，耐湿，以疏松、肥沃、排水良好的沙质土壤为宜。

【成株生长发育节律】北京地区 4 月上旬萌动，绿期至 11 月。花期 5～7 月，果期 8～10 月。

【繁殖栽培技术要点】春季萌动前分球或春季播种，在生长期适时浇水，宜含腐殖质而排水良好的沙质土壤。

【应用】花坛、花境、地被、食用和药用。

山丹 *Lilium pumilum*

科属：百合科百合属

【植物学特征】多年生草本，株高 50～80cm，鳞茎卵形或圆锥形，鳞片矩圆形或长卵形，白色。茎直立。叶互生，线形，中脉下面突出，边缘有乳头状突起。花朵排列成总状花序，花下垂，花被反卷，色鲜红。蒴果，长圆形。

【产地分布】原产我国；分布东北、华北、西北和西南等地，朝鲜和俄罗斯也有分布。

【习性】耐寒，喜阳，稍耐阴，耐干旱，稍耐湿，以疏松、肥沃、排水良好的沙质土壤为宜。

【成株生长发育节律】北京地区 4 月上旬萌动，绿期至 11 月。花期 7～8 月，果期 9～10 月。

【繁殖栽培技术要点】春季萌动时分栽或春末播种，在生长期适时浇水，宜含腐殖质而排水良好的沙质土壤。

【应用】花坛、花境、地被和药用。

北重楼 *Paris verticillata*

科属：百合科重楼属

【植物学特征】多年生草本，株高 25～60cm。根状茎细长。茎单一，绿白色，有时带紫色。叶 5～8 枚轮生于茎顶；叶片披针形、狭长圆形、倒披针形或倒卵状披针形，先端渐尖，基部楔形，全缘，主脉三条基生；花柄单一，自叶轮中心抽出，顶生一花，外轮花被片绿色，叶状，内轮花被线形；子房近球形，紫褐色；花柱分枝 4～5 枚，分枝细长并向外反卷。蒴果，浆果状，不开裂。

【产地分布】原产我国；分布东北、华北、西北、西南和长江流域等地，朝鲜、日本和俄罗斯也有分布。

【习性】耐寒，耐热，喜阴凉，宜疏松、排水良好的沙质土壤。

【成株生长发育节律】北京地区 3 月下旬萌动，绿期至 11 月。花期 5～7 月，果期 7～9 月。

【繁殖栽培技术要点】秋季播种，栽培管理简单。

【应用】花境、地被、疏林下和药用。

石刁柏 *Asparagus officinalis* 又名芦笋

科属：百合科天门冬属

【植物学特征】多年生草本，株高 60～100cm。光滑无毛，稍带白粉，茎长而软。叶状枝丝状，每 3～6 枚成簇，近圆柱形，略有钝棱，常稍弧曲；鳞片状叶基具刺状短矩。花 1～4 朵，腋生；雌雄异株；花冠钟形，淡黄绿色。浆果，熟时红色，圆球形。

【产地分布】原产亚洲、欧洲；分布中国、德国、法国、美国和日本等国；常见栽培。

【习性】耐寒，喜阳，耐热，耐湿，耐旱，耐瘠薄，耐盐碱，抗病虫害，适应性强，对土壤要求不严。

【成株生长发育节律】北京地区 3 月中旬萌动，绿期至 11 月。花期 7～8 月，果期 9～10 月。

【繁殖栽培技术要点】春季萌动时分株或播种，在生长期适时浇水，栽培管理粗放。

【应用】花境、地被、岩石和食用（笋）。

野韭 *Allium ramosum* 又名山韭

科属：百合科葱属

【植物学特征】多年生草本，株高 25～50cm。具横生的粗壮根状茎，略倾斜。鳞茎近圆柱形。叶三棱状条形，背面具呈龙骨状隆起的纵棱，中空，比花序短，沿叶缘和纵棱具细糙齿或光滑。花莛圆柱状，具纵棱，有时棱不明显；花被片常具红色中脉；花白色，稀淡红色。蒴果。

韭菜 *A. tuberosum*

具倾斜的横生根状茎，鳞茎簇生，近圆柱形；叶线形，扁平，实心，比花莛短，边缘平滑；花莛圆柱状，常具 2 纵棱，下部被叶鞘；花被片常具绿色中脉；花白色。

【产地分布】原产我国；分布东北、华北和西北等地，俄罗斯西伯利亚地区和蒙古也有分布。

【习性】耐寒，喜阳，稍耐阴，耐干旱，耐瘠薄，适应性强，喜肥沃沙质土壤。

【成株生长发育节律】北京地区 3 月下旬萌动，绿期至 11 月。花期 7～9 月，果期 10～11 月。

【繁殖栽培技术要点】春季萌动时分株或秋季播种，在生长期适时浇水，栽培管理粗放。

【应用】花境、地被和食用。

韭菜

硬皮葱 *Allium ledebourianum*

科属：百合科葱属

【植物学特征】多年生草本，株高 40～80cm。鳞茎卵状柱形数枚聚生可单生。鳞茎外皮灰褐色，硬革质。叶基生，圆柱形，中空，比花莛短。花莛圆柱形，约 1/2 具叶鞘；伞形花序，近球形，多花，密集；花淡紫色。蒴果。

【产地分布】原产我国；分布东北、华北和西北等地，俄罗斯和蒙古也有分布。

【习性】耐寒，喜阳，稍耐阴，耐旱，忌积水，要求疏松肥沃的湿润沙壤土。

【成株生长发育节律】北京地区 3 月下旬萌动，绿期至 11 月。花期 6～7 月，果期 8～9 月。

【繁殖栽培技术要点】春季萌动时分株或秋季播种，在生长期适时浇水，宜疏松肥沃排水良好的土壤，夏季地上部分休眠。

【应用】点缀、花境和地被。

火炬花 *Kniphofia uvaria* 又名火把莲

科属：百合科火把莲属

【植物学特征】多年生草本，通常无茎。株丛高 50～80cm。根茎短，稍肉质。叶片线形，基部丛生。总状花序，着生数百朵筒状小花，呈火炬形；花莛长 80cm，密集总状花序长约 30cm，小花下垂，花冠橘红色。蒴果，黄褐色。

【产地分布】原产南非；常见栽培。

【习性】较耐寒，喜阳温暖，稍耐阴，稍耐旱，忌水湿，适宜疏松而排水良好的沙质土壤。

【成株生长发育节律】北京地区 4 月上旬萌动，绿期至 11 月。花期 6～7 月，果期 8～9 月。

【繁殖栽培技术要点】春季分株或秋季播种，在生长期适时浇水，栽培管理粗放。

【应用】丛植、花境和地被。

萱草 *Hemerocallis fulva*

科属：百合科萱草属

【植物学特征】多年生草本，株高 50～100cm。具短根状茎和粗壮的纺锤形肉质根。叶基生，排成两列，条带状披针形，长 20～50cm，宽 2～3cm，背面有龙骨突起。花莛粗壮，由聚伞花序组成圆锥花序，具花 6～12 朵或更多；花大，漏斗形，直径 10cm，花被裂片长圆形，内轮花被片裂，下部合成花被筒有彩斑，上部开展而反卷，边缘皱状，橘红色或橘黄色。蒴果，长圆形。

【产地分布】原产我国；分布全国各地，欧洲南部、亚洲北部和日本也有分布。

【习性】耐寒，耐热，喜阳，稍耐阴，耐干旱，耐盐碱，适应性强，对土壤要求不严。

【成株生长发育节律】北京地区 3 月下旬萌动，绿期至 11 月。花期 6～8 月，果期 8～9 月。

【繁殖栽培技术要点】春季萌动时分株，在生长期适时浇水，栽培管理粗放。

【应用】花坛、花境、地被和药用。

北黄花菜 *Hemerocallis lilio asphodelus*

科属：百合科萱草属

【植物学特征】多年生草本，株高 50～80cm。根状茎短；根常稍肥厚。叶基生，排成二列，线形，长 20～80cm，基部抱茎，先端渐尖，全缘，两面光滑。花莛由叶丛中抽出，光滑；花 4～10 朵排成假二歧状的总状花序或圆锥花序；花漏斗形，淡黄色或黄色，芳香。蒴果，椭圆形。

【产地分布】原产我国；东北、西北、华北、华东和西南等地，俄罗斯（西伯利亚和远东地区）和欧洲也有分布。

【习性】耐寒，耐热，喜阳，稍耐阴，耐干旱，耐盐碱，适应性强，对土壤要求不严。

【成株生长发育节律】北京地区 3 月下旬萌动，绿期至 11 月。花期 6～8 月，果期 8～9 月。

【繁殖栽培技术要点】春季萌动时分株，在生长期适时浇水，栽培管理粗放。

【应用】花坛、花境、地被、食用和药用。

黄花菜 *Hemerocallis citrina* 又名金针菜

科属：百合科萱草属

【植物学特征】多年生草本，株高 50～100cm。具短根状茎，根肉质肥大，膨大成纺锤形。叶基生，排成二列，线形，向上渐平展，长 40～60cm，宽 2～4cm，全缘，中脉于叶下面凸出。花莛自叶腋抽出，长短不一，基部三角形，具分枝；有花数朵，花被淡黄色。蒴果，钝三角状椭圆形。

【产地分布】原产我国；分布全国各地。

【习性】耐寒，耐热，喜阳，稍耐阴，耐干旱，耐盐碱，适应性强，对土壤要求不严。

【成株生长发育节律】北京地区 3 月下旬萌动，绿期至 11 月。花期 6～8 月，果期 8～9 月。

【繁殖栽培技术要点】春季萌动时分株，在生长期适时浇水，栽培管理粗放。

【应用】花坛、花境、地被、食用、药用和造纸。

金娃娃萱草 *Hemerocallis hybrida* 'Stella deoro'

科属：百合科萱草属

【植物学特征】多年生草本，株高 30～50cm。地下具根状茎和肉质肥大的纺锤状块根。叶基生，呈条带状披针形，排成两列，长 15～30cm。螺旋状聚伞花序，顶生，每序着花 2～6 朵；花冠呈长漏斗形，花径约 7～8 cm，黄色。蒴果。

【产地分布】园艺品种，常见栽培。

【习性】耐寒，耐热，喜阳，稍耐阴，耐干旱，耐盐碱，适应性强，对土壤要求不严。

【成株生长发育节律】北京地区 3 月下旬萌动，绿期至 11 月。花期 5～8 月，果期 8～9 月。

【繁殖栽培技术要点】春季萌动时分株，在生长期适时浇水，栽培管理粗放。

【应用】花坛、花境和地被。

大花萱草 *Hemerocalli*hybrida*

科属：百合科萱草属

【植物学特征】多年生草本，株高 50～80cm。肉质根茎较短，全株光滑无毛。叶基生，排成二列，线形，叶脉平行，长 30～45cm，宽 2～2.5cm。花茎由叶丛抽出，聚伞花序，数朵出于顶端，花大，有芳香；花冠漏斗状至钟状，裂片外弯，花序着花可达 40 多朵，花瓣长 8～10cm；花红、黄、金黄、橘黄、橙、雪青、玫红、粉等色。蒴果，椭圆形。

杂种重瓣萱草 var. *kwarsa*

花重瓣，黄色和红色。

【产地分布】园艺品种，常见栽培。

【习性】耐寒，耐热，喜阳，稍耐阴，耐旱，耐盐碱，适应性强，对土壤要求不严，但喜疏松、排水良好的沙质土壤。

【成株生长发育节律】北京地区 3 月下旬萌动，绿期至 11 月。花期 6～8 月，果期 8～9 月。

【繁殖栽培技术要点】春季萌动时分株，在生长期适时浇水，栽培管理粗放。

【应用】花坛、花境和地被。

重瓣萱草

葡萄风信子 *Muscari botryoides* 又名葡萄水仙、葡萄百合和串铃花

科属：百合科蓝壶花属

【植物学特征】多年生草本，株高 15～25cm。鳞茎近似球形，外被白色皮膜。叶基生，线状披针形，稍肉质，暗绿色，边缘常内卷，长 15～20cm。花茎自叶丛中抽出，1～3 支，花莛高 15～25cm；总状花序，小花多数密生而下垂，花朵呈葡萄粒状，整个花序则犹如一串葡萄；花色有白、蓝紫、浅蓝等色。蒴果。

【产地分布】原产欧洲中部；常见栽培。

【习性】耐寒，喜阳，耐阴，性喜温暖凉爽气候，宜疏松、肥沃、排水良好的土壤。

【成株生长发育节律】北京地区秋冬生根，3 月中旬萌动，在小气候条件下冬季半常绿，夏季休眠。花期 4～5 月。

【繁殖栽培技术要点】秋季分球，在生长期适时浇水，宜疏松肥沃排水良好的土壤，夏季地上部分休眠。

【应用】花坛、花境、地被、岩石和疏林。

沿阶草 *Ophiopogon japonicus*

科属：百合科沿阶草属

【植物学特征】多年生草本，株高 20～50cm。根较粗，在近末端或中部常膨大成为纺锤形肉质小块根。地下匍匐茎细长。茎短，包于叶基中。叶丛生于基部，禾叶状，下垂，常绿，长 10～50cm，具 3～7 脉。花莛较叶鞘短，长 6～30cm；总状花序，花白色或淡紫色，常 2～4 朵簇生于苞片腋内。浆果，蓝黑色。

'矮生'沿阶草 *O. japonicas* 'Dwarf Lilyturf Root'

株高 15～30cm。

【产地分布】原产我国；分布华北以南地区。

【习性】耐寒，喜阳，耐阴，耐热，耐湿，耐旱，耐贫瘠，适应能力强，对土壤要求不严。

【成株生长发育节律】北京地区小气候条件下常绿。花期 5～8 月，果期 8～10 月。

【用途】地被、岩石和林荫下。

'矮生'沿阶草

‘矮生’麦冬

山麦冬 *Liriope spicata* 又名丹麦草

科属：百合科山麦冬属

【植物学特征】多年生草本，株高15～25cm。根稍粗，近末端处常膨大成矩圆形、椭圆形或纺锤形的肉质小块根；根茎短，木质，具地下走茎。叶先端急尖或钝，基部常包以褐色的叶鞘，具4～6条脉，中脉比较明显。花莛通常长于或几等长于叶，少数稍短于叶，花莛长6～25cm，花稍疏生；具多数花，花淡紫色或淡蓝色。浆果。

‘矮生’麦冬 *L. spicata* ‘Dwarf Lilyturf Root’

株高10～15cm；根局部膨大成纺锤形或圆矩形小块根，花紫色。

【产地分布】原产我国；常见栽培。

【习性】耐寒，喜阳，耐阴，耐热，耐湿，耐旱，耐瘠薄，适应性强，对土壤要求不严。

【成株生长发育节律】北京地区常绿或3月上旬萌动，花期5～8月，果期9～11月。

【繁殖栽培技术要点】春夏季分株或春季播种，在生长期适时浇水，栽培管理粗放。

【应用】花境、地被、岩石和林下。

金边阔叶麦冬

阔叶麦冬 *Liriope platyphylla*

科属：百合科山麦冬属

【植物学特征】多年生草本，株高 25～65cm。根细长，多分枝，根局部膨大成纺锤形的肉质根。根状茎木质，无地下走茎。叶基生，密集成丛，革质，长 20～60cm，宽 1～3.5cm，具 9～11 条脉。花莛通常长于叶，长 35～60cm，花密生；具多数花，花紫色或红紫色。浆果。

金边阔叶麦冬 *L. muscari* var. *variegata*

叶片边缘为金黄色，边缘内侧为银白色与翠绿色相间的竖向条纹。

【产地分布】原产我国；常见栽培。

【习性】耐寒，喜阳，耐阴，耐热，耐湿，耐旱，耐瘠薄，适应性强，对土壤要求不严。

【成株生长发育节律】北京地区常绿或 3 月上旬萌动，花期 6～8 月，果期 9～11 月。

【繁殖栽培技术要点】春夏季分株或秋季播种，在生长期适时浇水，栽培管理粗放。

【应用】花境、地被、岩石、点缀和林下。

绵枣儿 *Scilla scilloides*

科属：百合科绵枣儿属

【植物学特征】多年生草本，株高 40～50cm。磷茎卵球形，外皮黑褐色。基生叶通常 2～5 枚，狭线形，长 15～20cm，平滑，正面凹。花莛直立，长 30～45cm；花序总状，线状；花淡紫红色。蒴果，三棱状倒卵形，黑色。

【产地分布】原产我国；全国南北大部分地区有分布，俄罗斯、朝鲜和日本也有分布。

【习性】耐寒，喜阳，稍耐阴，耐热，耐旱，耐贫瘠，对土壤要求不严。

【成株生长发育节律】北京地区 3 月中旬萌动，绿期至 11 月。花期 8～9 月，果期 9～10 月。

【繁殖栽培技术要点】春夏季分株或秋季播种，在生长期适时浇水，栽培管理粗放。

【应用】花坛、花境、地被、岩石和疏林。

宝铎草 *Disporum sessile* 又名黄花宝铎草

科属：百合科万寿竹属

【植物学特征】多年生草本，株高30～60cm。根状茎肉质，横走。茎直立，上部具叉状斜上的分枝。叶披针形、卵形或椭圆形，长4～12cm，宽2～6cm，顶端尖或渐尖，通常歪斜，脉上和边缘具乳状突起。花钟状，黄色、淡黄色、绿黄色或白色，1～3(5)朵顶生。浆果，近球形，黑色。

【产地分布】原产我国；全国大部分地区均有分布，朝鲜和日本也有分布。

【习性】耐寒，喜阳，稍耐阴，在喜温暖湿润的气候与排水良好的壤土上栽培为宜。

【成株生长发育节律】北京地区4月初萌动，绿期至11月。花期5～6月，果期8～10月。

【繁殖栽培技术要点】春季萌动时分株或秋季播种，在生长期适时浇水，栽培管理粗放。

【应用】花境、地被、丛植和林缘下。

藜芦 *Veratrum nigrum*

科属：百合科藜芦属

【植物学特征】多年生草本，株高70～100cm。根茎短而厚，基部常有残存叶鞘裂成纤维状。叶通常阔，抱茎。叶椭圆形、宽卵状椭圆形或卵状披针形，大小常有较大变化，薄革质，先端锐尖或渐尖，基部无柄或生于茎上部的具短柄，两面无毛。大圆锥花序，密生黑紫色花；侧生总状花序近直立伸展，长4～12(22)cm，通常具雄花；顶生总状花序较侧生花序长2倍以上，着生两性花。蒴果。

【产地分布】原产我国；分布东北、华北和西南等地，亚洲北部及欧洲中部也有分布。

【习性】耐寒，喜阳，耐阴，宜含腐殖质、湿润而排水良好的沙质土壤。

【成株生长发育节律】北京地区3月下旬萌动，绿期至11月。花期7～8月，果期9～10月。

【繁殖栽培技术要点】春季萌动时分株或秋季播种，在生长期适时浇水，栽培管理粗放。

【应用】花境、地被、丛植、林下和药用。

知母 *Anemarrhena asphodeloides*

科属：百合科知母属

【植物学特征】多年生草本，株高 50～100cm。根茎横走，其上残留许多黄褐色纤维状的叶基，下部生有多数肉质须根。叶基生，细长披针形，长 20～60cm，先端渐尖，基部常扩大成鞘状，具多条平行脉，无明显中脉。花茎自叶丛中长出，直立，高 50～100cm；花 2～3 朵成一簇，成穗形总状；花粉红、淡紫色或白色。蒴果，长圆形。

【产地分布】原产我国；分布东北、华北、西北和黄河流域等地。

【习性】耐寒，喜阳，稍耐阴，耐旱，要求疏松肥沃的沙壤土。

【成株生长发育节律】北京地区 3 月下旬萌动，绿期至 11 月。花期 5～7 月，果期 8～9 月。

【繁殖栽培技术要点】春秋季播种或春季分株，适宜栽培在含腐殖质肥沃的土壤。

【用途】花境、地被和药用。

缬草 *Valeriana officinalis*

科属：败酱科缬草属

【植物学特征】多年生草本，株高 100～150cm。根茎匍匐生，地上茎中空，有纵条纹，嫩时有白色粗毛，有强烈气味。叶对生，3～9 对羽状深裂；裂片披针形或线形，中央裂片较宽，先端渐狭，基部下延，全缘或具少数锯齿，两面及叶柄稍有毛。伞房状三出圆锥聚伞，顶生花序；花白色或粉红色。瘦果，卵形，顶端有羽状冠毛。

【产地分布】原产我国；在东北至西南均有分布，欧洲和亚洲西部也广为分布。

【习性】耐寒，喜阳，耐阴，喜肥沃、排水良好的土壤。

【成株生长发育节律】北京地区 3 月下旬萌动，绿期至 11 月。花期 6～7 月，果期 7～8 月。

【繁殖栽培技术要点】春季萌动时分株或秋季播种，在生长期适时浇水，栽培管理简易。

【应用】花境、地被、林下和香用。

黄花龙芽 *Patrinia scabiosaefolia*

科属：败酱科败酱属

【植物学特征】多年生草本，株高 70～100（150）cm；根状茎横卧或斜生，有陈腐气味。茎有脱落性的白色粗毛。基生叶簇生，卵形或长卵形，不分裂或羽状分裂或全裂，顶端钝，基部楔形，边缘具粗锯齿，上面暗绿色，背面淡绿色，两面被糙伏毛，具缘毛；茎生叶对生，宽卵形至披针形，常羽状深裂或全裂具 2～3 (5) 对侧裂片，顶生裂片卵形、椭圆形或椭圆状披针形，先端渐尖，具粗锯齿，两面密被；上部叶渐变窄小，无柄。花序为聚伞花序组成的大型伞房花序，顶生，具 5～6(7) 级分枝；花序梗上方一侧被开展白色粗糙毛；花小，萼齿不明显；花冠钟形，黄色。瘦果，长圆形。

【产地分布】原产我国；全国除宁夏、青海、新疆、西藏、广东和海南外，其余各地均有分布。俄罗斯、蒙古、朝鲜和日本也有分布。

【习性】耐寒，喜阳，稍耐阴，耐热，耐湿，耐旱，耐瘠薄，适应性强，对土壤要求不严。

【成株生长发育节律】北京地区 3 月下旬萌动，绿期至 11 月。花期 6～8 月，果期 8～10 月。

【繁殖栽培技术要点】春季萌动时分株或秋季播种，生长期适时浇水，栽培管理简易。

【应用】花境、点缀、地被、香用和药用。

过路黄 *Lysimachia christinae*

科属：报春花科珍珠菜属

【植物学特征】多年生草本，株高 5～15cm。茎柔弱，平卧延伸有短柔毛或无毛下部节间较短，常发生不定根。叶对生，心形、近圆形以至肾圆形，先端锐尖或圆钝以至圆形，基部截形至浅心形，两面有黑色腺条。花单或对生叶腋，黄色。蒴果，球形。

金叶过路黄 *L. christinae nummularia* 'Aurea'

株高 5cm，枝条匍匐生长，叶早春至秋季金黄色，冬季霜后略带暗红色。原产欧洲，常见栽培。

【产地分布】原产我国；分布黄河以南和西南等地。

【习性】较耐寒，喜阳，耐阴，耐热，耐干旱，耐瘠薄，对土壤要求不严。

【成株生长发育节律】北京地区小气候条件下 4 月上旬萌动，绿期至 11 月。花期 5～7 月，果期 8～9 月。

【繁殖栽培技术要点】春季萌动时分株或秋冬春三季扦插，栽培管理简易。

【应用】花境、地被、岩石、点缀和林下。

金叶过路黄

狼尾花 *Lysimachia barystachys*

科属：报春花科珍珠菜属

【植物学特征】多年生草本，株高 30～80cm。全株有细毛；叶长圆状披针形或倒披针形，先端钝或尖，基部渐狭，全缘，两面及边缘被柔毛，表面通常无腺点或上面有暗红色斑点。总状花序，顶生，花时常弯曲呈狼尾状，长 6～15cm，果期伸直，可达 30cm；花白色。蒴果，球形。

【产地分布】原产我国；分布东北、华北、西北、华东、华南和西南等地。

【习性】耐寒，耐热，耐旱，稍耐阴，宜较湿润富含腐殖质肥沃的沙质土壤。

【成株生长发育节律】北京地区 3 月中旬萌动，绿期至 11 月。花期 6～8 月，果期 9～10 月。

【繁殖栽培技术要点】春季萌动时分株或秋季播种，栽培管理简易。

【应用】花境、地被、丛植、蜜源和药用。

黄莲花 *Lysimachia davurica*

科属：报春花科珍珠菜属

【植物学特征】多年生草本，株高 40～80cm。具匍匐根状茎，茎端花序及叶下面均被锈褐色腺毛。叶披针形至长圆披针形，先端尖，基部渐狭，两面有黑色腺点。圆锥花序，顶生；花萼裂片卵状三角形；花冠裂片长圆形，黄色。蒴果，球形。

【产地分布】原产我国；分布东北、西北、华北、华东和西南等地，朝鲜、日本和俄罗斯也有分布。

【习性】耐寒，耐热，稍耐湿，喜沙质土壤。

【成株生长发育节律】北京地区 3 月中旬萌动，绿期至 11 月。花期 6～8 月，果期 9～10 月。

【繁殖栽培技术要点】春季萌动时分株或秋季播种，栽培管理简易。

【应用】花境、地被、丛植、蜜源和药用。

胭脂花 *Primula maximowiczii*

科属：报春花科报春花属

【植物学特征】多年生草本，株高 25～50cm。全株无毛。根状茎短。叶基生，莲座形，叶长圆状倒披针形或倒卵状披针形，先端圆钝，基部渐狭下延成柄，边缘有细三角形牙齿。花莛粗壮，直立，高 25～50cm，有 1～3 轮伞形花序，每轮有花 4～16 朵。花暗红色。蒴果，圆柱形。

【产地分布】原产我国；分布东北、西北、华北和西南等地。

【习性】耐寒，不耐热，耐旱，耐瘠薄，对土壤要求不严。

【成株生长发育节律】北京地区 3 月中旬萌动，绿期至 11 月。花期 6～7 月，果期 8～9 月。

【繁殖栽培技术要点】春季萌动时分株或秋季播种，栽培管理简易。

【应用】花境、丛植和药用。

车前 *Plantago asiatica*

科属：车前科车前属

【植物学特征】多年生草本，株高 20～30cm。根茎短缩肥厚，密生须状根，分枝多，横断面方形。叶基生，叶椭圆形、广卵形或卵状椭圆形，长 4～15cm，宽 3～8cm，叶缘近全缘，波状或有疏齿至弯缺，两面无毛或被短柔毛，具 5～7 条弧形脉。花密生成穗状花序，长 5～15cm；花冠干膜质淡绿色。蒴果，椭球形。

长叶车前 *P. lanceolata*

叶片披针形，深绿，有 3～5 条明显纵脉。

【产地分布】原产我国。全国各地均有分布，日本和俄罗斯等也有分布。

长叶车前

【习性】耐寒，喜阳，耐阴，耐热，耐干旱，耐瘠薄，耐湿，适应性强，自生繁衍能力强，对土壤要求不严。

【成株生长发育节律】北京地区 3 月中旬萌动，绿期至 12 月上旬。花期 6～9 月，果期 7～10 月。

【繁殖栽培技术要点】春季萌动时分株或秋季播种或自播，栽培管理简易。

【应用】花境、地被、湿地、林下和药用。

大车前 *Plantago major*

科属：车前科车前属

【植物学特征】多年生草本，株高 30～60cm。根状茎粗短，须根多数。叶基生，宽卵形至宽椭圆形，长 5～18cm，宽 3～10cm，先端钝圆，基部下延，常为全缘，被毛。花序排成穗状花；花小，密生；花萼椭圆形，苞片和萼片均具绿色龙骨状突起；花冠裂片椭圆形或卵形。蒴果，圆锥形。

【产地分布】原产我国。全国各地均有分布，在世界各地归化。

【习性】：耐寒，喜阳，耐阴，耐热，耐干旱，耐瘠薄，耐碱盐，耐湿，适应性强，自生繁衍能力强，对土壤要求不严。

【成株生长发育节律】北京地区 3 月中旬萌动，绿期至 12 月上旬。花期 6～8 月，果期 7～10 月。

【繁殖栽培技术要点】春季萌动时分株或秋季播种或自播，栽培管理简易。

【应用】花境、地被、湿地、林下和药用。

华北蓝盆花 *Scabiosa tschiliensis*

科属：川续断科蓝盆花属

【植物学特征】多年生草本，株高 30～70cm。茎自基部分枝，具白色卷伏毛。基生叶簇生，连叶柄长 10～20cm，叶卵状披针形或狭卵形至椭圆形，先端急尖或钝，有疏钝锯齿或浅裂，偶深裂，两面疏生白色柔毛；茎生叶对生，羽状深裂或全裂，侧裂片卵状披针形或宽披针形；上部叶羽状全裂，裂片线状披针形。头状花序，具长柄，柄上具纵沟及卷曲伏柔毛；花径 2.5～4cm，蓝紫色。瘦果，椭圆形。

【产地分布】原产我国；分布东北、华北和西北等地。

【习性】耐寒，喜阳，稍耐湿，稍耐旱，耐瘠薄，适应性强，对土壤要求不严，自生繁衍能力强。

【成株生长发育节律】北京地区 3 月下旬萌动，绿期至 11 月。花期 7～9 月，果期 9～10 月。

【繁殖栽培技术要点】春季萌动时分株或秋季播种，在生长期适时浇水，栽培管理简易。

【用途】花坛、花境、丛植和地被。

百里香 *Thymus mongolicus*

科属：唇形科百里香属

【植物学特征】多年生草本，株高20～50cm。全株具有香气和温和的辛味，被短柔毛。茎下部呈匍匐状丛生，上部直立，四棱形，多分枝。叶卵圆形，先端钝或稍锐尖，基部楔形或渐狭，全缘或稀有1～2对小锯齿，两面无毛，侧脉2～3对。轮伞花序，顶生；萼筒管状钟形；花冠粉红色，二唇形。小坚果，卵圆形。

【产地分布】原产我国，分布西北等地。

【习性】耐寒，喜阳，稍耐阴，耐旱，对土壤要求不严，但忌水涝。

【成株生长发育节律】北京地区3月中旬萌动，绿期至12月上旬。花期6～8月，果期9～10月。

【繁殖栽培技术要点】春季萌动时分株或秋季播种，在生长期适时浇水，栽培管理简易。

【应用】株丛低矮、巧致，适应花境、地被、岩石、丛植、蜜源和药用。

绵毛水苏 *Stachys lanata*

科属：唇形科水苏属

【植物学特征】多年生草本，株高30～45cm。全株被白色绵毛，茎直立。叶柔软，对生，基部叶为长圆状匙形，茎上部叶椭圆形，叶为银灰色。轮伞花序，花冠筒长约3cm；花粉、紫色。小坚果。

【产地分布】原产亚洲西南部；常见栽培。

【习性】较耐寒，耐热，喜阳，稍耐阴，耐旱，宜富含腐殖质、肥沃的土壤，忌涝。

【成株生长发育节律】北京4月上旬萌动，绿期至11月。花期6～7月，果期8～9月。

【繁殖栽培技术要点】春季萌动时分株或春季播种，在生长期适时浇水，栽培管理简易。

【应用】花坛、花境、岩石、丛植和地被。

尖齿糙苏 *Phlomis dentosa*

科属：唇形科糙苏属

【植物学特征】多年生草本，株高 50～80cm。茎多分枝，四棱形，具浅槽，被星状短毡毛及混生的中枝较长的星状糙硬毛。基生叶三角形或三角状卵形，长 5～10cm，宽 3～6cm，先端圆形，基部心形，边缘为不整齐的圆齿状；茎生叶较小，叶上面被短硬毛或中枝较长的星状糙伏毛，下面密被星状短柔毛。轮伞花序，多花，多数生于主茎及侧枝上部；花冠粉红色。小坚果。

块根糙苏 *P. tuberosa*

株高 40～110cm；茎单生或分枝，紫红色或绿色；叶三角形或三角状披针形，长 5～15cm，宽 4～9cm，先端钝圆或急尖，基部心形、深心形，少截形，边缘具粗圆锯齿。轮伞花序，多花密集；花紫红色。

【产地分布】原产我国；分布华北和西北等地。

【习性】耐寒，喜阳，稍耐阴，稍耐旱，对土壤要求不严，但喜排水良好的沙壤土。

【成株生长发育节律】北京地区 4 月上旬萌动，生长期至 11 月。花期 6～9 月，果期 8～10 月。

【繁殖栽培技术要点】春季萌动时分株或秋季播种，栽培管理简易。

【应用】丛植、花境、地被和药用。

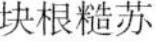

块根糙苏

夏枯草 *Prunella vulgaris*

科属：唇形科夏枯草属

【植物学特征】多年生草本，株高 15～30cm。匍匐茎，节上长有须根。茎四棱形，直立，绿色或紫色，多自根茎分枝。叶卵状长圆形、狭卵状长圆形或卵圆形，先端钝尖，基部圆形至宽楔形，下延至叶柄成狭翅，全缘或不明显的波状齿。轮伞花序密集组成顶生的轮伞花序；花冠紫、蓝或红紫等色。小坚果，长圆状卵形。

大花夏枯草 *P. grandiflora*

株高 15～40cm，地下根茎匍匐，节上有须根，茎上升，钝四棱形，具柔毛状硬毛；叶卵状长圆形，先端钝，基部近圆形，全缘，两面疏生硬毛；轮伞花序，聚成茂密顶生圆筒形轮伞花序，花有白、蓝、红等色。原产欧洲。

【产地分布】原产我国；分布全国南北各地。

【习性】耐寒，稍耐阴，稍耐旱，耐湿，喜温暖气候，宜肥沃排水良好的土壤。

【成株生长发育节律】北京地区 4 月上旬萌动，绿期至 11 月。花期 3～6 月，果期 7～8 月。

【繁殖栽培技术要点】春季萌动时分株或春秋季播种，栽培管理简易。

【应用】花坛、花境、丛植、地被林缘下和药用。

大花夏枯草

薄荷 *Mentha haplocalyx*

科属：唇形科薄荷属

【植物学特征】多年生草本，株高 50～100cm。茎直立，稀平卧，具槽，上部被倒向的微柔毛，下部仅沿棱上具微柔毛。叶长圆状披针形至长圆形，先端锐尖，基部楔形，两面常沿脉密生微柔毛或具腺点，边缘有锯齿，具薄荷味。轮伞花序，聚生枝顶腋生；花萼管状钟形；花冠淡紫色。小坚果，长圆形，黄褐色，无毛。

野薄荷 *M. arvensis*

株高 20～50cm。根须状。茎呈方形，密被微毛。叶卵形或卵状矩圆形，叶绿有锯齿，两面有灰色短毛，夏秋枝梢叶腋开紫色或粉白色小花。有薄荷香味。

【产地分布】原产我国；分布东北、华北、西北和西南等地，俄罗斯、朝鲜和日本也有分布。

【习性】耐寒，耐热，耐湿，喜阳，稍耐阴，不耐旱，耐修剪，适宜疏松、肥沃湿润的土壤。

【成株生长发育节律】北京地区 3 月中旬萌动，绿期至 11 月。花期 6～9 月，果期 8～10 月。

【繁殖栽培技术要点】春季萌动时分株或春季播种或扦插，栽培管理简易。

【应用】花坛、花境、地被、疏林下、食用、蜜源、香用和药用。

野薄荷

马薄荷 *Monarda didyma* 又名美国薄荷

科属：唇形科美国薄荷属

【植物学特征】多年生草本，株高 20～50cm。根须状。茎呈方形，密被微毛。叶卵形或卵状矩圆形，叶绿有锯齿，两面有灰色短毛；叶芳香。轮伞头状花序，花朵密集于茎顶；萼细长；花冠管状，淡红色、紫红色和粉色。小坚果。

【产地分布】原产北美州；常见栽培。

【习性】耐寒，耐热，耐湿，喜阳，稍耐阴，不耐旱，耐修剪，适宜疏松、肥沃湿润的土壤。

【成株生长发育节律】北京地区 3 月中旬萌动，绿期至 11 月。花期 6～9 月，果期 8～10 月。

【繁殖栽培技术要点】春季萌动时分株或春季播种或插扦，栽培管理简易。

【应用】花坛、花境、地被、疏林下、食用、蜜源和药用。

霍香 *Agastache rugosa*

科属：唇形科霍香属

【植物学特征】多年生草本，株高 60～120cm。茎直立，茎棱形，上部分枝，全株有短柔毛。叶卵形或披针状卵形，长 4～11cm，宽 2～6cm，边缘具锯齿，有香气。轮伞花序，具多花在主茎或分枝上组成顶生的穗状花序；花冠淡紫蓝色。小坚果，卵状长圆形。

金叶藿香 *A. rugosa* 'Golden Jubilee'

叶金黄色，花蓝紫色，有香气。

【产地分布】原产我国；分布华北、西北和西南等地。

【习性】耐寒，喜阳，耐阴，耐热，耐湿，耐干旱，耐修剪，适宜疏松、肥沃湿润的土壤。

【成株生长发育节律】北京地区 3 月中旬萌动，绿期至 11 月。花期 6～9 月，果期 9～11 月。

【繁殖栽培技术要点】春季萌动时分株或春季播种，在生长期适时浇水，栽培管理简易。

【应用】花坛、花境、地被、林下、丛植、食用、蜜源、香用和药用。

金叶藿香

荆芥 *Nepeta cataria*

科属：唇形科荆芥属

【植物学特征】多年生草本，株高 50～100cm。茎基部木质化，多分枝，被白色短柔毛。叶为卵状至三角状心脏形，长 3～7cm，宽 2～5cm，两面被短柔毛。花序为聚伞状，下部的腋生，上部的组成连续或间断的、较疏松或极密集的顶生穗状花序，呈二歧状分枝；花冠白色，冠檐二唇形。小坚果。

六座大山荆芥 *Nepeta* × *faassenii Bergmans* 'Six Hills Giant'

茎细而蔓长，被柔毛及混生的小腺毛。叶长圆状卵形，先端急尖或钝形，基部楔形或圆状楔形，下部通常全缘，上部近先端处具 1～4 锯齿。穗状花序；花蓝色和白色。园艺品种。

【产地分布】原产我国；分布于东北、华北、西北和西南等地。

【习性】耐寒，喜阳，耐阴，耐热，耐湿，耐干旱，耐修剪，适宜疏松、肥沃湿润的土壤。

【成株生长发育节律】北京地区 3 月下旬萌动，绿期至 11 月。花期 6～9 月，果期 9～11 月。

【繁殖栽培技术要点】春季萌动时分株，也可春季播种或夏秋季扦插，栽培管理简易。

【应用】花坛、花境、地被、岩石、坡地、林下、食用、香用、蜜源和药用。

六座大山荆芥

康藏荆芥 *Nepeta prattii*

科属：唇形科荆芥属

【植物学特征】多年生草本，株高 60～90cm。茎棱形，具细条纹，被倒向短硬毛或变无毛，其间散布淡黄色腺点，不分枝或上部具少数分枝。叶卵状披针形、宽披针形至披针形，长 6～9cm，宽 2～3cm，先端急尖，基部浅心形，边缘具密的牙齿状锯齿。轮伞花序生于茎、枝上部 3～9 节上，顶部的 3～5 节密集成穗状；花紫色或蓝色。小坚果，倒卵状长圆形。

【产地分布】原产我国；分布华北、西北和西南等地。

【习性】耐寒，喜阳，稍耐热，不耐旱，宜肥沃排水良好的土壤。

【成株生长发育节律】北京地区 3 月下旬萌动，绿期至 11 月。花期 7～8 月，果期 9～10 月。

【繁殖栽培技术要点】春季萌动时分株或春秋季播种，栽培管理简易。

【应用】草地、丛植和岩石。

多花筋骨草 *Ajuga multiflora*

科属：唇形科筋骨草属

【植物学特征】多年生草本，具匍匐茎和直立茎，高 15～25cm。茎四棱，不分枝，被灰白色长柔毛，茎节有气生根。叶椭圆状长圆形或椭圆状卵形，先端钝圆，基部楔形下延，抱茎，边缘具锯齿，两面被毛。轮伞花序，在茎的顶端密集成穗状聚伞花序；花蓝紫色或紫色。坚果，倒卵状三棱形。

【产地分布】原产我国；分布东北、华北、西北和华东等地，俄罗斯和朝鲜也有分布。

【习性】耐寒，喜阳，稍耐阴，耐湿，耐旱，耐瘠薄，适应性强，耐修剪，对土壤要求不严。

【成株生长发育节律】北京地区 3 月中旬萌动，绿期至 12 月。花期 5～6 月，果期 6～7 月。

【繁殖栽培技术要点】春季萌动时分株或春秋季播种，栽培管理简易。

【应用】花坛、花境、地被和药用。

香茶菜 *Plectranthus amethystoides*

科属：唇形科香茶菜属

【植物学特征】多年生草本，株高 30～60cm。茎分枝，被短毛。叶卵圆形，叶缘具齿，银灰色。圆锥花序，疏散；花淡红、紫色。小坚果。

【产地分布】原产我国；常见栽培。

【习性】耐寒性差，耐热，喜阳，稍耐阴，耐修剪，宜排水良好的土壤。

【成株生长发育节律】北京地区 4 月上旬萌动，绿期至 11 月。花期 6～8 月，果期 9～10 月。

【繁殖栽培技术要点】春季萌动时分株或春季播种，栽培管理简易。

【应用】花坛、花境、林缘下、药用。

蓝萼香茶菜 *Rabdosia japonica* var. *glaucolyx*

科属：唇形科香茶菜属

【植物学特征】多年生草本，株高 40～50cm。根茎木质，植株被疏毛。茎四棱形，具 4 槽及细条纹，多分枝。叶卵形或阔卵形，疏被短柔毛及腺点，边缘具锯齿，较钝，顶齿披针形而渐尖。聚伞花序常为 3～5 花，组成疏松顶生圆锥花序；花萼筒状，带蓝色；花冠白色或蓝紫色。小坚果，宽倒卵形。

【产地分布】原产我国；分布于东北、华北和山东等地，俄罗斯和日本也有分布。

【习性】耐寒，喜阳，稍耐阴，以喜温暖湿润的气候，排水良好的壤土栽培为宜。

【成株生长发育节律】北京地区 4 月上旬萌动，绿期至 11 月。花期 7～8 月，果期 9～10 月。

【繁殖栽培技术要点】春季萌动时分株或秋季播种，适宜栽培在土质肥沃的土壤。

【应用】花境、地被、疏林下、饲用和药用。

冬凌草 *Rabdosia rubescens*

科属：唇形科香茶属

【植物学特征】多年生草本或亚灌木，株高 40～120cm。地上茎部分木质化。叶皱缩，展平后呈卵形或棱状卵圆形，先端锐尖或渐尖，基部楔形，骤然下延成假翅，边缘具粗锯齿，齿尖具胼胝体。聚伞花序；花淡蓝色或淡紫红色。小坚果，倒卵状三棱形。

【产地分布】原产我国；分布东北、华北和西北等地。

【习性】耐寒，喜阳，耐热，耐干旱，耐瘠薄，对土壤要求不严。

【成株生长发育节律】北京地区 3 月下旬萌动，绿期至 11 月。花期 7～8 月，果期 9～10 月。

【繁殖栽培技术要点】春季萌动时分株或春秋季播种，栽培管理简易。

【应用】地被、林缘下和丛植。

薰衣草 *Lavandula angustifolia*

科属：唇形科薰衣草属

【植物学特征】多年生草本或小矮灌木，株高45～90cm。全株有清淡香气。丛生，多分枝，被星状绒毛。叶线形或披针状线形，密被灰白色星状绒毛，中脉在下部隆起，侧脉和网脉不明显。轮伞花序，通常具6～10花，在枝顶聚集成间断的穗状花序，长15～25cm，花序梗密被星状绒毛；花蓝紫色，具芳香。小坚果，光滑。

【产地分布】原产地中海沿岸；常见栽培。

【习性】耐寒，喜阳，耐干旱，耐瘠薄，怕涝，在肥沃、干燥、排水良好的沙质土壤上生长较好。

【成株生长发育节律】北京4月上旬萌动，绿期至11月。花期6～8月，果期9～10月。

【繁殖栽培技术要点】春季萌动时分株或春秋季播种，宜栽培在排水良好的沙质土壤，怕涝，怕高温高湿。

【用途】花坛、花境、地被、丛植、岩石、蜜源和香料。

假龙头花 *Physostegia virginiana* 又名随意草

科属：唇形科假龙头花属

【植物学特征】多年生草本，株高 30～80cm。茎直立，丛生，四棱形，地下有匍匐状根茎。叶长椭圆形至披针形，先端锐尖，缘有锯齿。穗状花序，顶生，长 20～30cm，单一或多个分枝；花粉红色和白色。坚果。

‘红花’假龙头花 *P. virginiana* ‘Safflower’

花红色。

‘花叶’假龙头花 *P. virginiana* ‘Variegata’

叶缘或叶面上有黄色或白色条纹。

【产地分布】原产北美洲；常见栽培。

【习性】耐寒，喜阳，稍耐阴，耐热，耐湿，耐旱，耐瘠薄，耐修剪，适应性强，对土壤要求不严，自生繁衍能力强。

【成株生长发育节律】北京地区 3 月中上旬萌动，绿期至 12 月上旬。花期 6～9 月，果期 8～10 月。

【繁殖栽培技术要点】春秋季分株，栽培管理简易，经修剪可以延长花期至 10 月。

【应用】花坛、花境、丛植、地被和疏林下。

‘花叶’假龙头

白花假龙头花

‘红花’假龙头花

黄芩 *Scutellaria baicalensis* 又名芩茶

科属：唇形科黄芩属

【植物学特征】多年生草本，株高 30～60cm。根状茎肥粗，肉质。茎直立向上或斜生，多分枝。叶披针形或条形披针形，先端钝或稍尖，基部圆形，全缘，两面无毛或疏被微柔毛，下面密被下陷的腺点。总状花序，顶生，常于茎顶聚成圆锥状，长 7～15cm；花蓝色或蓝紫色，二唇形。坚果，卵圆形。

‘粉花’黄芩 *S. baicalensis* cv. ‘Pink Flower’

花粉色。

‘淡蓝’黄芩 *S. baicalensis* cv. ‘Pale Blue’

花淡蓝色。

‘复色’黄芩 *S. baicalensis* cv. ‘Complex Color’

花复色。

【产地分布】原产我国；分布东北、华北和西北等地，朝鲜、日本、蒙古和俄罗斯远东地区也有分布。

【习性】耐寒，喜阳，稍耐阴，耐热，耐旱，在肥沃、干燥、排水良好的沙质土壤上生长较好。

【成株生长发育节律】北京地区 3 月下旬萌动，绿期至 11 月，花期 6～8 月，果期 9～10 月。

【繁殖栽培技术要点】春季萌动时分株或春秋季播种，栽培管理简易。

【应用】花坛、花境、地被、丛植、食用、蜜源和药用（重要药材）。

‘淡蓝’黄芩

‘复色’黄芩

‘粉红’黄芩

并头黄芩 *Scutellaria scordifolia*

科属：唇形科黄芩属

【植物学特征】多年生草本，株高 15～25cm。四棱形，在棱上疏被上曲的微柔毛或无毛。叶三角状狭卵形，边缘具疏锯齿不规则浅锯齿，极少近全缘，下面沿中脉及侧脉常疏被小柔毛。花单生于茎上部的叶腋内，偏向一侧，具针状小苞片；花蓝紫色。小坚果，椭圆形，具瘤状突起。

【产地分布】原产我国；分布东北、华北和西北等地，朝鲜、日本、蒙古和俄罗斯远东地区也有分布。

【习性】耐寒，喜阳，稍耐阴，耐热，耐旱，在肥沃、干燥、排水良好的沙质土壤上生长较好。

【成株生长发育节律】北京地区 3 月下旬萌动，绿期至 11 月，花期 6～8 月，果期 9～10 月。

【繁殖栽培技术要点】春季萌动时分株或春秋季播种，栽培管理简易。

【应用】花坛、花境、地被、丛植、食用、蜜源、药用和叶可代茶。

丹参 *Salvia miltiorrhiza*

科属：唇形科鼠尾草属

【植物学特征】多年生草本，株高 30～100cm。全株密布淡黄色柔毛及腺毛。根肥厚，圆柱形，外皮土红色。茎四棱形，上部分枝。叶对生，单数羽状复叶，小叶3～5枚，卵圆形至椭圆状卵形，两面密被白色柔毛。顶生和腋生的轮伞花序，每轮有花 3～10 朵，多轮排成疏离的总状花序；花萼钟状，紫色；花冠唇形，蓝紫色。坚果，椭圆形。

甘肃丹参 S. *przewalskii*

株高 50～70cm。根肥大，红色。茎方形，表面有浅槽密被长柔毛，茎叶具长柄，茎生叶对生，具短柄，花序假总状，顶生；花紫红色。

甘肃丹参

【产地分布】原产我国；分布华北、西北、西南和黄河流域等地。

【习性】耐寒，喜阳，稍耐阴，耐旱，适宜土质肥沃的土壤。

【成株生长发育节律】北京地区3月下旬萌动，绿期至11月。花期 5～8 月，果期 8～9 月。

【繁殖栽培技术要点】春季萌动时分株或秋季播种，适宜栽培在土质肥沃的土壤。

【用途】花境、地被、蜜源和药用（重要药材）。

荫生鼠尾草 *Salvia umbratica*

科属：唇形科鼠尾草属

【植物学特征】多年生草本，株高60～100cm。茎直立，被长柔毛，间有腺毛。叶片三角形或卵圆形，先端渐尖或尾状渐尖，叶基心形或戟形，叶缘具重圆齿或牙齿，上面有长柔毛，下面脉上有长柔毛，脉间有黄褐色腺点。总状花序，花萼二唇形，花冠蓝紫色或紫色，二唇形，下唇比上唇短而宽。小坚果，椭圆形。

林下鼠尾草 *S. nemorosa*

茎直立，四棱形，多分枝；叶片卵形或长椭圆形，先端渐尖或尾尖，基部长楔形，全缘至具有各种锯齿，浅裂至深裂，皱叶；花蓝色或蓝紫色。小坚果，椭圆形。园艺品种。

【产地分布】原产我国；分布华北和西北等地。

【习性】耐寒，喜阳，耐阴，耐热，耐湿，耐旱，耐瘠薄，适应性强，对土壤要求不严。

【成株生长发育节律】北京地区常绿或3月下旬萌动，花期8～9月，果期9～10月。

【繁殖栽培技术要点】春季萌动时分株或春秋季播种，栽培管理简易。

【应用】花坛、花境、地被和疏林下。

林下鼠尾草（园艺品种）

林下鼠尾草（园艺品种）

连钱草 *Glechoma longituba* 又名活血丹

科属：唇形科活血丹属

【植物学特征】多年生草本，株高 10～20cm。具匍匐茎，节上生根，茎四棱形，基部通常成紫红色。叶心形、圆形或近贤形，先端圆头，叶基心形，边缘具粗钝牙齿，两面有毛或近无毛，下面有腺点。轮伞花序，腋生，每轮 2～6 花；花萼管状，萼齿狭三角状披针形；花冠 2 唇形，淡紫色至粉色，下唇具深色斑点，中裂片肾形。小坚果，长圆状卵形。

‘花叶’连钱草 *G. longituba* ‘Variegata’

叶片具白色斑纹。

【产地分布】原产我国；分布全国南北各地。

【习性】耐寒，耐热，喜阳，耐阴，耐旱，耐瘠薄，耐湿，适应性强，覆盖地表快，自生繁衍能力强，对土壤要求不严。

【成株生长发育节律】北京地区 3 月上旬萌动，绿期至 12 月。花期 3 月下旬至 5 月上旬，果期 4 月下旬至 5 月。

【繁殖栽培技术要点】春秋季分株，栽培管理简易。

【应用】花境、地被、林下和药用。

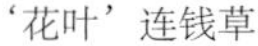

‘花叶’连钱草

连钱草

岩青兰 *Dracocephalum rupestre*

科属：唇形科青兰属

【植物学特征】多年生草本，株高 15～40m。茎斜生，从短根茎生出，然后斜升，四棱，有细毛。基生叶柄细长，叶三角状卵形，长 1.5～5.5cm，先端圆钝，边缘有规则的圆齿，两面有毛，下面网状脉明显；茎生叶对生，具短柄；茎上部叶具鞘状短柄或无柄。轮伞花序密集，通常成头状；花冠二唇形，蓝紫色。小坚果，长卵圆形。

【产地分布】原产我国；分布东北、华北、西北和西南等地。

【习性】耐寒，喜阳喜凉爽，耐阴，耐热，耐干旱，耐瘠薄，对土壤要求不严。

【成株生长发育节律】北京地区 3 月下旬萌动，绿期至 11 月。花期 6～8 月，果期 9～10 月。

【繁殖栽培技术要点】春季萌动时分株或春秋季播种，栽培管理简易。

【应用】花境、丛植、地被、疏林下、香用、药用和可代茶用。

光萼青兰 *Dracocephalum argunense*

科属：唇形科青兰属

【植物学特征】多年生草本，株高 35～60cm。不分枝，在叶腋有具小型叶不发育短枝。叶片长圆状披针形，先端钝，基部楔形，全缘，中脉明显，沿脉被短毛。轮伞花序，生于茎顶 2～4 个节上；花蓝紫色。小坚果，卵圆形。

【产地分布】原产我国；分布东北、华北和西北等地，朝鲜和俄罗斯也有分布。

【习性】耐寒，喜阳，耐阴，耐热，耐干旱，耐瘠薄，对土壤要求不严。

【成株生长发育节律】北京地区 3 月下旬萌动，绿期至 11 月。花期 6～8 月，果期 8～10 月。

【繁殖栽培技术要点】春季萌动时分株或春秋季播种，栽培管理简易。

【应用】花境、丛植、地被和疏林下。

野芝麻 *Lamium barbatum*

科属：唇形科野芝麻属

【植物学特征】多年生草本，株高 80～100cm。根茎有长地下匍匐枝。茎直立，四棱形，具浅槽，中空，几无毛。茎下部的叶卵圆形或心脏形，先端尾状渐尖，基部心形；茎上部的叶卵圆状披针形，较茎下部的叶为长而狭，先端长尾状渐尖，边缘有微内弯的牙齿状锯齿，齿尖具胼胝体的小突尖，草质，两面均被短硬毛。轮伞花序，着生于茎端；花萼钟形；花白，带红色斑点。小坚果，倒卵圆形。

【产地分布】原产我国；分布于东北、华北、西北和华东等地，俄罗斯远东地区、朝鲜、日本也有分布。

【习性】耐寒，喜阳，耐热，耐旱，耐瘠薄，对土壤要求不严。

【成株生长发育节律】北京地区 4 月初萌动，绿期至 10 月。花期 6～7 月，果期 7～8 月。

【繁殖栽培技术要点】春季萌动时分株或春季播种，栽培管理简易。

【应用】花境、地被、食用和蜜源。

大花水苏 *Betonica grandiflora*

科属：唇形科水苏属

【植物学特征】多年生草本，株高 40～60cm。茎直立。叶卵圆状三角形，先端钝圆，基部心形，叶面深绿色，叶脉明显，边缘具锯齿和绒毛。轮伞花序；花紫红色。小坚果。

【产地分布】原产欧亚大陆；常见栽培。

【习性】耐寒，耐热，喜阳，稍耐阴，耐旱，宜富含腐殖质、肥沃的土壤。

【成株生长发育节律】北京 4 月上旬萌动，绿期至 11 月。花期 6～7 月，果期 8～9 月。

【繁殖栽培技术要点】春季萌动时分株或春季播种，在生长期适时浇水，栽培管理简易。

【应用】花坛、花境和地被。

直立百部 *Stemona sessilifolia*

科属：百部科百部属

【植物学特征】多年生草本，株高 60～90cm。块根纺锤形，肉质，几个或几十个簇生。茎下部直立，上部成蔓生状。单叶2～4片轮生，卵状矩圆形或卵状披针形，先端锐尖或渐尖，基部圆形或近截形，全缘，叶脉 5～9 条，小脉细密横行。总花梗直立，顶端着生 1～2 朵浅绿色的花。蒴果。

【产地分布】原产我国；分布河南、山东、安徽、江苏和浙江等地。

【习性】耐寒，喜阳，稍耐阴，耐旱，要求疏松肥沃的沙壤土。

【成株生长发育节律】北京地区 3 月下旬萌动，绿期至 11 月。花期 5～6 月，果期 7～8 月。

【繁殖栽培技术要点】春季萌动时分株或秋季播种，在生长期适时浇水，栽培管理粗放。

【应用】花境和地被。

大戟 *Euphorbia pekinensis*

科属：大戟科大戟属

【植物学特征】多年生草本，株高 30～80cm。全株含有白色乳汁。根细长，圆锥状。茎直立，上部分枝，表面被白色短柔毛。单叶互生，几无柄，长圆状披针形或披针形，全缘，下面稍被白粉。杯状聚伞花序，排列成复伞形；花黄色。蒴果，三棱状球形，表面具疣状凸起物。

【产地分布】原产我国；全国大部地区均有分布。

【习性】耐寒，喜阳，耐热，稍耐阴，耐旱，对土壤要求不严。

【成株生长发育节律】北京地区 3 月下旬萌动，绿期至 11 月。花期 5～6 月，果期 7～8 月。

【繁殖栽培技术要点】春季萌动时分株或春秋季播种，栽培管理简易。

【应用】花境、丛植、地被和药用。

白车轴草 *Trifolium repens* 又名白三叶和白花三叶草

科属：豆科三叶草属

紫叶车轴草

红花车轴草

【植物学特征】多年生草本，茎匍匐，长 30～60cm。无毛。掌状复叶有 3 小叶，小叶倒卵形或倒心形，先端圆或微凹，基部宽楔形，边缘有细齿，表面无毛，背面微有毛；托叶椭圆形，顶端尖，抱茎。花序头状；花冠白色或淡红色，旗瓣椭圆形。荚果，倒卵状椭圆形。

红花车轴草 *T. pratense*

花紫色或淡紫红色。

紫叶车轴草 *T.* 'Purpurascens Quadrifolium'

株高 15～20cm，3 小叶，倒卵形，叶深萦色，叶缘绿色。

【产地分布】原产欧洲；广泛分布于温带、寒温带及亚热带高海拔地区，我国东北、华北、西北和西南等地也有分布。

【习性】耐寒，耐热，喜阳，耐半阴，耐湿，耐旱，耐贫瘠，耐碱盐，耐践踏，适应性强，对土壤要求不严。

【成株生长发育节律】北京地区 3 月上旬萌动，绿期至 12 月。花期 5～6 月，果期 8～9 月。

【繁殖栽培技术要点】春秋季播种或春季萌动时分株，栽培管理简易。

【应用】花境、地被、岩石、疏林下、护坡、饲用和绿肥。

狐尾藻棘豆 *Oxytropis myriophylla* 又名多花棘豆

科属：豆科棘豆属

【植物学特征】多年生草本，株高 20～30cm。无地上茎或茎极短缩。叶为具轮生小叶的复叶，叶轴密生长柔毛。顶生总状花序；总花梗疏生长柔毛，花淡红紫色。荚果，披针状矩圆形。

【产地分布】原产我国；分布东北、华北、西北和西南等地，蒙古和东西伯利亚也有分布。

【习性】耐寒，喜阳，稍耐阴，耐干旱，但喜冷凉湿润环境，富含腐殖质、湿润而排水良好的沙质土壤。

【成株生长发育节律】北京地区 3 月下旬萌动，绿期至 11 月。花期 6～7 月，果期 8～9 月。

【繁殖栽培技术要点】秋季播种或春季萌动时分株，喜冷凉湿润环境，喜含腐殖质、湿润而排水良好的沙质土壤。

【应用】花境、丛植、岩石和地被。

紫花棘豆 *Oxytropis coerulee ssp.ubfalcta* 又名蓝花棘豆

科属：豆科棘豆属

【植物学特征】多年生草本，株高 20～60cm。茎极缩短，常于表土下分枝形成密丛。羽状复叶长 10～20cm；托叶膜质，线状披针形，中部以下与叶柄贴生，被长硬毛；小叶对生，长圆状披针形或卵形，先端锐尖或钝，基部圆形，两面疏被贴伏柔毛。多花组成总状花序；花莛细弱，比叶长 2 倍或有时近等长；花紫色或紫红色。荚果，突出萼筒外，长卵形。

【产地分布】原产我国；分布东北、华北、西北和西南等地，俄罗斯也有分布。

【习性】耐寒，喜阳，稍耐阴，耐干旱，但喜冷凉湿润环境，喜含腐殖质、湿润而排水良好的沙质土壤。

【成株生长发育节律】北京地区 4 月上旬萌动，绿期至 11 月。花期 6～8 月，果期 9～10 月。

【繁殖栽培技术要点】秋季播种或春季萌动时分株，择冷凉湿润环境，富含腐殖质、湿润而排水良好的沙质土壤。

【应用】花坛、花境丛植和草地。

直立黄芪 *Astragalus adsurgens*

科属：豆科黄芪属

【植物学特征】多年生草本，株高 30～60cm。茎直立，多分枝，有白色丁字毛和黑毛。奇数羽状复叶，长 4～12cm；小叶 7～23，卵状椭圆形或椭圆形，先端钝，基部圆形，上面无毛，背面密生白色丁字毛和伏毛。总状花序，腋生；花萼筒状钟形；旗瓣倒卵状匙形，紫红色或蓝紫色。荚果，圆柱形。

【产地分布】原产我国；分布东北、华北、西北和西南等地。

【习性】耐寒，喜阳，耐热，耐干旱，耐瘠薄，对土壤要求不严。

【成株生长发育节律】北京地区 3 月下旬萌动，绿期至 11 月。花期 6～8 月，果期 8～10 月。

【繁殖栽培技术要点】秋季播种或春季萌动时分株，栽培管理简易。

【应用】地被（固沙）、丛植、饲用和绿肥。

糙叶黄芪 *Astragalus scaberrimus*

科属：豆科黄芪属

【植物学特征】多年生草本，株高 20～40cm。根状茎短缩，匍匐状。叶密集于地表，呈莲座状。密被白色伏丁字毛。羽状复叶 7～15 片小叶，长 5～17cm；叶柄与叶轴等长或稍长；小叶椭圆形或近圆形，有时披针形，先端圆，有短尖，基部宽楔形或近圆形，两面密被伏贴毛。总状花序，腋生，具 3～5 花，排列紧密或稍稀疏；萼深钟状；花冠淡黄色或白色，旗瓣倒卵状椭圆形。荚果，披针状长圆形。

【产地分布】原产我国；分布东北、华北和西北等地，蒙古和俄罗斯也有分布。

【习性】耐寒，喜阳，耐热，耐干旱，耐瘠薄，对土壤要求不严。

【成株生长发育节律】北京地区 3 月下旬萌动，绿期至 11 月。花期 5～6 月，果期 7～8 月。

【繁殖栽培技术要点】秋季播种或春季萌动时分株，栽培管理简易。

【应用】地被（固沙）、护坡、饲用和绿肥。

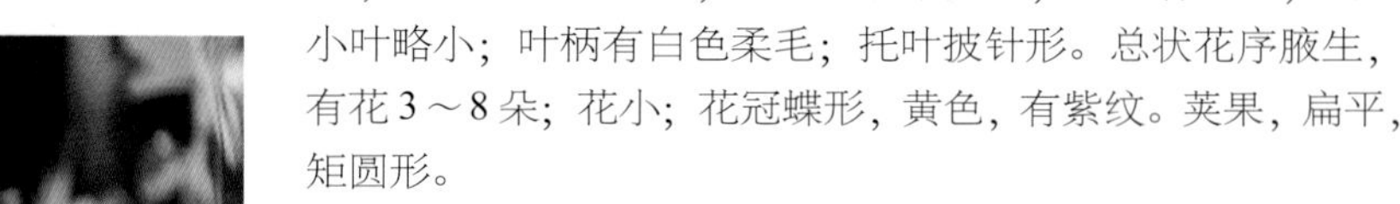

花苜蓿 *Medicago ruthenica* 又名野苜蓿

科属：豆科苜蓿属

【植物学特征】多年生草本，株高 30～100cm。主根较粗长。茎斜升、近乎卧或直立，多分枝，四棱形，有白色柔毛。奇数羽状复叶，3 小叶，中间小叶卵形、狭卵形或倒卵形，先端圆形或截形，微凹或有小尖头，边缘有锯齿，侧生小叶略小；叶柄有白色柔毛；托叶披针形。总状花序腋生，有花 3～8 朵；花小；花冠蝶形，黄色，有紫纹。荚果，扁平，矩圆形。

【产地分布】原产我国；分布东北、华北和西北等地，朝鲜，蒙古和俄罗斯也有分布。

【习性】耐寒，喜阳，稍耐阴，耐热，耐旱，耐贫瘠，耐碱盐，对土壤要求不严，但喜排水良好的肥沃沙质土。

【成株生长发育节律】北京地区 4 月上旬萌动，绿期至 11 月。花期 6～7 月，果期 8～10 月。

【繁殖栽培技术要点】春秋季播种或春季萌动时分株，栽培管理简易。

【用途】花境、地被和蜜源。

紫苜蓿 *Medicago sativa*

科属：豆科苜蓿属

【植物学特征】多年生草本，株高30～100cm。茎直立或基部斜卧，多分枝。叶羽状三出复叶；小叶3枚，倒卵形、椭圆形、长圆状倒卵形或倒披针形，先端钝圆，有小尖头，基部楔形，仅上部叶缘具锯齿，中下部全缘。总状花序，腋生，花排列紧密；花紫蓝色或紫色。荚果，螺旋状卷曲。

【产地分布】原产欧亚；在我国东北、华北、西北和西南等地有分布。

【习性】耐寒，喜阳，耐热，耐干旱，耐瘠薄，耐湿，耐盐碱，抗逆性强，对土壤要求不严。

【成株生长发育节律】北京地区3月下旬萌动，绿期至11月。花期5～7月，果期6～8月。

【繁殖栽培技术要点】秋季播种或春季萌动时分株，栽培管理简易。

【应用】花境、地被、护坡、饲料、绿肥和蜜源。

小冠花 *Coronilla varia*

科属：豆科小冠花属

【植物学特征】多年生草本，株高40～80cm。茎直立或基部斜卧，茎中空，有棱，质地柔软匍匐向上伸，多分枝。根系粗壮发达，密生根瘤，其根上的不定芽再生能力强，能使根系向水平方向蔓延。奇数羽状复叶，小叶11～23，长圆形或卵状长圆形，先端钝圆或截形，基部楔形，上部叶缘有锯齿，中下部全缘。伞形花序，腋生，花朵众多；花粉红色或淡红色。荚果，线形。

【产地分布】原产欧洲和亚洲西部；常见栽培。

【习性】耐寒，耐热，喜阳，稍耐阴，耐贫瘠，耐碱盐，适应性广，抗逆性强，生长蔓延快，覆盖度大，对土壤要求不严，但适宜排水良好、肥沃、疏松的土壤环境。

【成株生长发育节律】北京地区3月中旬萌动，绿期至12月上旬。花期5～8月，果期9～10月。

【繁殖栽培技术要点】春秋季播种或春季萌动时分株，栽培管理简易。

【应用】地被、岩石、护坡、饲用和蜜源。

红豆草 *Onobrychis viciaefolia*

科属：豆科红豆属

【植物学特征】多年生本草，株高 50～90cm。主根粗壮，入土深 1～3m 或更深，侧根随土壤加厚而增多，着生大量根瘤。茎直立，中空，绿色或紫红色。第一片真叶单生，其余为奇数羽状复叶，小叶 6～14 对或更多，卵圆形、长圆形或椭圆形，叶背边缘有短茸毛，托叶三角形。总状花序，长 15～30cm，有小花 40～75 朵，粉红色、红色或深红色。荚果，扁平，黄褐色。

【产地分布】原产欧亚；在我国西北和华北有分布。

【习性】耐寒，性喜温凉、喜阳，耐干旱，耐瘠薄，耐湿，耐盐碱，抗逆性强，对土壤要求不严。

【成株生长发育节律】北京地区 3 月下旬萌动，绿期至 11 月。花期 6～8 月，果期 7～9 月。

【繁殖栽培技术要点】秋季播种或春季萌动时分株，栽培管理简易。

【应用】花境、地被、饲料、绿肥和蜜源。

野火球 *Trifolium lupinaster* 又名野车轴草

科属：豆科车轴草属

【植物学特征】多年生草本，株高 30～60cm。根粗壮，发达，常多分叉。数茎丛生、茎多分枝。掌状复叶，小叶 5 枚、披针形至线状长圆形，边缘有细锯齿。花序头状，顶生或腋生；花红紫色或淡红色。荚果，条状矩圆形。

【产地分布】原产我国；分布东北、华北和西北等地，朝鲜、日本、蒙古和西伯利亚地区也有分布。

【习性】耐寒，喜阳，稍耐阴，耐旱，耐贫瘠，对土壤要求不严。

【成株生长发育节律】北京地区 3 月下旬萌动，绿期至 11 月。花期 7～8 月，果期 8～9 月。

【繁殖栽培技术要点】秋季播种或春季萌动时分株，栽培管理简易。

【用途】花境、点缀和地被。

甘草 *Glycyrrhiza uralensis*

科属：豆科甘草属

【植物学特征】多年生草本。株高 30～100cm。有粗壮的根和根茎，圆柱状，外皮红褐色至暗褐色，横断面黄色有甜味。茎直立，基部木质化，被白色短毛及腺鳞或腺状毛。奇数羽状复叶，长 8～20cm；小叶 7～17，卵形或宽卵形，两面有短毛和腺体。总状花序，腋生，密集；花蓝紫色或紫红色。荚果，条状长圆形。

【产地分布】原产我国；分布东北、西北和华北等地。

【习性】耐寒，喜阳，耐热，耐旱，耐瘠薄，耐盐碱，耐逆性强，对土壤要求不严。

【成株生长发育节律】北京地区 4 月萌动，绿期至 11 月。花期 7～8 月，果期 8～9 月。

【繁殖栽培技术要点】春秋季播种或春季萌动时分株，栽培管理简易。

【应用】花境、地被、食用、蜜源和药用（重要药材）。

苦参 *Sophora flavescens*

科属：豆科槐属

【植物学特征】多年生草本，株高 60～150cm。根圆柱状，外皮黄白色。茎直立，多分枝，具纵沟，幼枝被疏毛，老时无毛。奇数羽状复叶，长 11～25cm；小叶 15～25，线状披针形或窄卵形，先端渐尖，基部圆形，全缘，背面密生平贴柔毛；托叶线形。总状花序，顶生；花淡黄白色。荚果，圆柱形。

【产地分布】原产我国；分布于我国南北各地，俄罗斯、日本、印度和朝鲜也有分布。

【习性】耐寒，喜阳，稍耐阴，耐旱，对土壤要求不严。

【成株生长发育节律】北京地区 3 月下旬萌动，绿期至 11 月。花期 6～7 月，果期 8～10 月。

【繁殖栽培技术要点】秋季播种或春季萌动时分株，栽培管理简易。

【应用】花境、丛植、地被、蜜源、药用和造纸。

百脉根 *Lotus corniculatus*

科属：豆科百脉根属

【植物学特征】多年生草本，株高20～60cm。主根明显，侧根众多。茎枝丛生，匍匐生长，茎光滑。奇数羽状复叶，小叶5，其中3枚生于叶轴顶端，2枚生于叶柄基部，倒卵形，先端锐尖或钝，基部楔形或圆形，全缘，两面无毛或有柔毛。伞形花序，小花4～8朵；花黄花。荚果，圆柱形。

【产地分布】原产欧亚大陆温带地区；我国河北、云南、贵州、四川、甘肃等地均有野生种分布。

【习性】耐寒，喜阳，耐阴、耐湿，耐旱，耐瘠薄，耐践踏，适应性强，自生繁衍能力强，对土壤要求不严。

【成株生长发育节律】北京地区3月下旬萌动，绿期至12月。花期5～7月。果期8～9月。

【繁殖栽培技术要点】秋季播种或春季萌动时分株，栽培管理简易。

【用途】地被、花境、丛植、疏林下、药用和饲料。

葛藤 *Pueraria lobata* 又名野葛

科属：豆科葛属

【植物学特征】多年生藤本，具肥厚的大块根。枝灰褐色，微具棱，黄褐色硬毛。羽状三出复叶；叶菱状卵形，长8～15cm，宽7～13cm，3浅裂，先端渐尖，基部圆形，全缘，有时三裂，表面绿色，背面灰白色，两面均被短柔毛。总状花序，腋生，有花多朵；花紫红色，旗瓣近圆形。荚果，线形。

【产地分布】原产我国；分布我国南北各地，朝鲜和日本也有分布。

【习性】耐寒，喜阳，耐热，耐干旱，耐瘠薄，耐湿，适应性强，对土壤要求不严。

【成株生长发育节律】北京地区4月上旬萌动，绿期至11月。花期6～8月，果期9～10月。

【繁殖栽培技术要点】秋季播种或春季萌动时分株或秋季扦插，栽培管理简易。

【应用】地被、攀缘、垂直绿化、饲料、食用、药用和造纸。

山野豌豆 *Vicia amoena*

科属：豆科野豌豆属

【植物学特征】多年生草本，株高30～100cm。茎分枝，有棱。偶数羽状复叶，卷须分枝。托叶半箭头状，有锯齿，具毛；小叶8～14枚，长圆形、卵状长圆形或椭圆形，先端钝或圆，基部圆形，全缘，叶背面灰白色。总状花序，腋生；花萼钟状；花冠紫红色或蓝紫色。旗瓣倒提琴形，先端稍凹。荚果，窄长圆形。

【产地分布】原产我国；分布东北、华北、西北、华中和中南等地，朝鲜、日本和蒙古也有分布。

【习性】耐寒，喜阳，稍耐阴，耐旱，适应性强，对土壤要求不严。

【成株生长发育节律】北京地区4月上旬萌动，绿期至11月。花期6～8月，果期8～9月。

【繁殖栽培技术要点】秋季播种或春季萌动时分株，栽培管理简易。

【应用】花境、地被、攀缘（低矮栅栏）、食用、药用和饲用。

茳芒香豌豆 *Vathyrus davidii*

科属：豆科野豌豆属

【植物学特征】多年生草本，株高80～150cm。茎近直立或斜升，有棱。偶数羽状复叶，上部卷须分枝；托叶半箭头状，有牙齿；小叶2～50对，卵形椭圆形，先端急尖，基部圆形或宽楔形，两面无毛，下面苔白色。总状花序，腋生；花萼斜钟状；花冠黄色。旗瓣长圆形或倒卵状长圆形。荚果，线状长圆形。

【产地分布】原产我国；分布东北、华北、西北和中南等地。

【习性】耐寒，喜阳，稍耐阴，耐旱，适应性强，对土壤要求不严。

【成株生长发育节律】北京地区4月上旬萌动，绿期至11月。花期6～8月，果期8～9月。

【繁殖栽培技术要点】秋季播种或春季萌动时分株，栽培管理简易。

【应用】片植、丛植、林缘下、食用和饲用。

狼尾草 *Pennisetum alopecuroides*

科属：禾本科狼尾草属

【植物学特征】多年生草本，秆高60～100cm. 茎秆圆形，丛生，粗硬直立。叶条形，狭长50～80cm，边缘密生刚毛，叶面也有稀毛，中肋明显。穗状圆锥花序，顶生，长15～30cm，小穗披针形，近于无柄，2～3枚簇生成一束，每簇下围以刚毛组成总苞，银白色；小穗通常单生于小秆顶端。颖果。

小兔子狼尾草 *P.* 'Little Bunny'

株高50～60cm，叶片披针形，叶片绿色，穗状花序，花似兔子尾巴。

东方狼尾草 *P. orientale*

高度30～50 cm，叶细长，质感细腻，夏季绿色，秋季金黄色，花序圆锥状，色彩白中带紫

大布尼狼尾草 *P. orientale* 'Tall'

叶嫩绿色，线形，花序形似狼尾，花序大，淡紫色。

阔叶狼尾草 *P.* 'Broad Leaved'

花序较大，紫色。

大穗狼尾草 *P. alopecuroides cv.* 'Big Ear'

是从狼尾草中优选出来的变异新品种，长势旺，穗大，浅紫色。

【产地分布】原产我国；常见栽培。

【习性】耐寒，喜阳，稍耐阴，耐热，耐湿，耐干旱，耐瘠薄，适应性强，对土壤要求不严。

【成株生长发育节律】北京地区3月下旬萌动，绿期至12月。花果期8～11月。

【繁殖栽培技术要点】春秋季播种或春季萌动时分株，栽培管理简易。

【应用】花坛、花境、丛植、地被、饲料和造纸。

东方狼尾草

大布尼狼尾草

小兔子狼尾草

阔叶狼尾草

大穗狼尾草

芨芨草 *Achnatherum splendens*

科属：禾本科芨芨草属

【植物学特征】多年生草本，秆高 50～100（150）cm。须根具砂套，多数丛生、坚硬，草丛 明显，脉间有毛。叶片坚韧，纵间卷折，长 30～60cm。圆锥花序长 40～60cm，开花时呈金字塔形展开，小穗灰绿色或微带紫色；颖膜质，披针形或椭圆形，第一颖较第二颖短；基盘钝圆，有柔毛；芒直立或微曲，但不扭转，易脱落。颖果。

【产地分布】原产我国；分布东北、西北和西南等地，亚洲中北部、蒙古和俄罗斯等也有分布。

【习性】耐寒，喜阳，耐热，耐干旱，耐瘠薄，耐盐碱，适应性强，对土壤要求不严。

【成株生长发育节律】北京地区 3 月下旬萌动，绿期至 12 月。花果期 7～11 月。

【繁殖栽培技术要点】秋季播种或春季萌动时分株，栽培管理简易。

【应用】花境、丛植、地被、护坡、饲料和造纸。

玉带草 *Phalaris arundinacea var.picta* 又名丝带草

科属：禾本科虉草属

【植物学特征】多年生草本，秆高 30～100cm。具根茎。叶线形，长约 20～40cm，绿色间有白色条纹，质地柔软，形似玉带。圆锥花序，顶生，穗状；芒自外稃中部下处伸出，淡黄色。颖果。

虉草 *Phalaris arundinacea*

比玉带草秆较矮，叶较宽，白色条纹更鲜艳。

【产地分布】原产北美洲；常见栽培。

【习性】耐寒，耐热，喜阳，稍耐阴，耐旱，耐瘠薄，耐修剪，适应性强，自生繁殖能力强，对土壤要求不严。

【成株生长发育节律】北京地区在 3 月初萌动，绿期至 12 月。花果期 6～9 月。

【繁殖栽培技术要点】秋春季分株，栽培管理简易。

【应用】花坛、花境、丛植和地被。

虉草

蒲苇 *Cortaderia selloana*

科属：禾本科蒲苇属

【植物学特征】多年生草本，秆高 100～150cm。茎丛生。叶多聚生于基部，极狭，长约 100cm，宽约 2cm，下垂，边缘具细齿，呈灰绿色，被短毛。圆锥花序大，雌雄异株；雌花穗银白色，具光泽，小穗轴节处密生绢丝状毛，小穗由 2～3 花组成。颖果。

‘矮生’蒲苇 *C. selloana* ‘Pumila’

秆高 70～100cm；叶聚生于基部，长而狭，边有细齿，圆锥花序大，羽毛状，银白色。

‘花叶’蒲苇 *C. selloana* ‘Evergold’

秆高 50～80cm，叶带花色条纹。

【产地分布】原产我国；分布华北、华中、华南和华东等地。

【习性】耐寒，耐热，喜阳，耐稍阴，耐湿，耐旱，耐瘠薄，适应性强，对土壤要求不严。

【成株生长发育节律】北京地区 3 月下萌动，绿期至 12 月。花果期 8～11 月。

【繁殖栽培技术要点】秋春季分株，栽培管理简易。

【应用】花坛、花境、丛植、地被和造纸。

矮蒲苇

‘花叶’蒲苇

大油芒 *Spodiopogon sibiricus*

科属：禾本科大油芒属

【植物学特征】多年生草本，株高 70～110cm。秆直立，具质地坚硬密被鳞状苞片之长根状茎，具 5～9 节。叶鞘大多长于其节间，无毛或上部生柔毛，鞘口具长柔毛；叶舌干膜质，叶片线状披针形，长 15～30cm，顶端长渐尖，基部渐狭，中脉粗壮隆起，两面贴生柔毛或基部被疣基柔毛。圆锥花序长 10～20cm，主轴无毛，腋间生柔毛；分枝近轮生，下部裸露；总状花序，具有 2～4 节，节具髯毛，节间及小穗柄短于小穗的 1/3～2/3，背部粗糙，顶端膨大成杯状。颖果，长圆状披针形。

【产地分布】原产我国；分布东北、华北、西北和南方各地，日本、俄罗斯西伯利亚和亚洲北部也有分布。

【习性】耐寒，耐热，喜阳，稍耐阴，耐湿，耐旱，耐瘠薄，耐盐碱，适应性强，自生繁殖能力强，对土壤要求不严。

【成株生长发育节律】北京地区 3 月下旬萌动，绿期至 11 月。花果期 8～11 月。

【繁殖栽培技术要点】秋春季分株，栽培管理简易。

【用途】花境、丛植、地被、饲用和造纸。

芒 *Miscanthus sinensis*

科属：禾本科芒属

【植物学特征】多年生草本，秆高 80～150cm。秆直立，稍粗壮，无毛，节间有白粉。叶鞘长于节间，鞘口有长柔毛；叶舌钝圆，先端有短毛，叶片长条形，长 50～100cm，宽 1～3 cm，下面疏被柔毛并有白粉；圆锥花序，扇形，长 10～50cm，分枝坚硬直立；小穗披针形，成对生于各节，具不等长的柄，基盘具白色至灰褐色柔毛。

晨光芒 *M. sinensis* 'Morning Light'

秆高 80～120cm，叶直立，纤细，顶端呈弓形，花色由最初的粉红色渐变为红色，秋季转化为银白色。园艺品种。

斑叶芒 *M. sinensis* 'Zebrinus'

秆高 60～100cm，叶鞘长于节间，鞘口有长柔毛；叶片长 20～40cm，宽 6～10mm，下面疏生柔毛并被白粉，具黄白色环状斑。圆锥花序，扇形，长 15～40cm，小穗成对着生，基盘有白至淡黄褐色丝状毛，秋季形成白色大花序。园艺品种。

克莱因芒 *M. sinensis* 'Klein'

秆高 100～120cm，穗长，秋季为银白色。园艺品种。

玲珑芒 *M*. *sinensis* 'Exquisite Awn'

秆高 70～100cm，秋季穗紫褐色。园艺品种。

【产地分布】原产我国；分布全国南北各地。

【习性】耐寒，耐热，喜阳，稍耐阴，耐湿，耐旱，耐瘠薄，适应性强，对土壤要求不严。

【成株生长发育节律】北京地区 3 月下旬萌动，绿期至 12 月。花果期 9～11 月。

【繁殖栽培技术要点】秋春季分株，栽培管理简易。

【应用】花境、丛植、地被和造纸。

晨光芒

克莱因芒

斑叶芒

玲珑芒

细叶芒 *Miscanthus sinensis*

科属：禾本科芒属

【植物学特征】多年生草本，秆高 80～150cm；叶直立、纤细，分枝较强壮，斜升或稍开展。叶舌质地稍厚，先端钝圆，边缘啮蚀状，叶片线形，长 20～70cm，宽 5～15mm，除基部有长柔毛或瘤毛外余均无毛，或有时叶背疏生柔毛且呈粉白色。圆锥花序，扇形，主轴无毛或被短毛，小穗披针形，基盘有淡黄褐色或近白色的丝状长毛。颖果。

银边芒 *M. sinensis* 'Variegata'

叶有白色条纹。园艺品种。

【产地分布】原产我国；分布中南和西南等地，朝鲜和日本也有分布。

【习性】耐寒，耐热，喜阳，稍耐阴，耐湿，耐旱，耐瘠薄，适应性强，对土壤要求不严。

【成株生长发育节律】北京地区 3 月下旬萌动，绿期至 12 月。花果期 9～11 月。

【繁殖栽培技术要点】秋春季分株，栽培管理简易。

【应用】丛植、花境、地被和造纸。

银边芒

须芒草 *Andropogon yunnanensis*

科属：禾本科须芒草属

【植物学特征】多年生草本，秆高 30～80cm。秆密、丛生，圆柱形，粗壮。叶长披针形，长 30～100 cm，宽 1～3cm，两面被毛，灰白色，叶缘粗糙。花序具鞘状总苞假圆锥花序，总状花序 2～4 枚；穗轴节间和颖端田各膨大，小穗第二颖无芒。颖果纺锤状。

【产地分布】原产非洲西部；常见栽培。

【习性】耐寒，耐热，喜阳，稍耐阴，耐湿，耐旱，耐瘠薄，适应性强，对土壤要求不严。

【成株生长发育节律】北京地区 3 月下旬萌动，绿期至 12 月。花果期 8～11 月。

【繁殖栽培技术要点】秋季播种或春季萌动时分株，栽培管理简易。

【应用】花境、丛植、地被和造纸。

花叶燕麦草 *Arrhenatherum elatus cv. Variegatum*

科属：禾本科燕麦草属

【植物学特征】多年生草本，秆高 20～25cm。须根发达，茎簇生。叶线形，叶宽 1cm、长 10～15cm、叶片中肋绿色，两侧呈黄白色，夏季两侧由乳黄色转为黄白色。圆锥花序，狭长。颖果。

【产地分布】原产我国；分布东北、华北、西北和黄河流域等高寒地。

【习性】耐寒，喜阳，耐阴，耐热，耐旱，耐湿，适应性强，对土壤要求不严。

【成株生长发育节律】北京地区常绿。花果期 7～9 月。

【繁殖栽培技术要点】秋季播种或春季萌动时分株，栽培管理简易。

【用途】花境、丛植、地被和疏林下。

高羊茅 *Festuca arundinacea*

科属：禾本科羊茅属

【植物学特征】多年生草本，秆高 90～120cm。丛生型，须根发达。秆直立，具 3～4 节，光滑，上部伸出鞘外的部分长达 30cm。叶鞘光滑，具纵条纹，上部者远短于节间；叶舌膜质，截平；叶片线状披针形，先端长渐尖，通常扁平，下面光滑无毛，上面及边缘粗糙，长 15～25cm。圆锥花序疏松开展，长 20～25cm；分枝单生，长达 15cm，自近基部处分出小枝或小穗；第一颖具 1 脉，第二颖具 3 脉。颖果，顶端有毛茸。

蓝羊茅 *F. glauc*

株高 10～20cm，丛生，直立平滑；叶片强内卷几成针状或毛发状，蓝绿色，具银白霜。园艺品种。

【产地分布】原产我国；西北等地有分布，欧亚大陆也有分布。

【习性】耐寒，喜阳，稍耐阴，耐热，忌涝，耐践踏，适应性强，耐修剪，对土壤要求不严。

【成株生长发育节律】北京地区常绿，花果期 6～9 月。

【繁殖栽培技术要点】秋季播种或春季萌动时分株，栽培管理简易。

【应用】地被（草坪）和饲用。

蓝羊茅

细茎针茅 *Stipa tenuissima*

科属：禾本科针茅属

【植物学特征】多年生草本，株高，秆高 30～50cm。植株密集丛生，茎秆细弱柔软。叶片细长如丝状。花序银白色，柔软下垂。颖果。

【产地分布】原产南美洲；常见栽培。

【习性】耐寒，喜阳，稍耐阴，耐热，耐干旱，耐瘠薄，适应性强，对土壤要求不严。

【成株生长发育节律】北京地区常绿，花果期 6～9 月。

【繁殖栽培技术要点】秋季播种或春季萌动时分株，栽培管理简易。

【应用】地被、护坡、丛植、饲用和药用。

狗芽根 *Cynodon dactylon* 又名爬根草

科属：禾本科狗芽根属

【植物学特征】多年生草本，株高 10～30cm。具细韧的须根和短根茎。茎匍匐地面，可长达 1m，节间着地即能生根。秆细而坚韧，秆壁厚，光滑无毛，有时略两侧压扁。叶鞘微具脊，无毛或有疏柔毛，鞘口常具柔毛；叶片线形，两面无毛。穗状花序，呈指状排列于穗顶；小穗成 2 行排列于穗的一侧，灰绿色或带紫色；两颖近等长；外稃具 3 脉。颖果，长圆柱形。

【产地分布】原产我国；分布黄河以南各地。

【习性】耐寒，喜阳，稍耐阴，耐热，耐湿，耐干旱，耐瘠薄，耐践踏，耐盐碱，适应性强，对土壤要求不严。

【成株生长发育节律】北京地区 3 月下旬萌动，绿期至 12 月。花果期 5～9 月。

【繁殖栽培技术要点】春秋季播种或春夏季分株，栽培管理简易。

【应用】地被（草坪）、护坡和饲用。

野牛草 *Buchloe dactyloides*

科属：禾本科野牛草属

【植物学特征】多年生草本，株高10～20cm。匍匐茎广泛延伸。叶鞘疏生柔毛；叶舌短小，具细柔毛；叶细线形，粗糙，长3～15cm，两面疏生白柔毛。雄花序有2～3枚排列总状花序，草黄色；雌花序常常4～5枚簇生成头状花序。颖果。

【产地分布】原产北美洲；常见栽培。

【习性】耐寒，喜阳，不耐阴，耐热，喜湿，耐干旱，耐瘠薄，稍耐盐碱、耐践踏，适应性强，对土壤要求不严。

【成株生长发育节律】北京地区3月下旬萌动，绿期至12月。花果期6～8月。

【繁殖栽培技术要点】春夏秋季播种或分株，栽培管理简易。

【应用】地被（草坪）、护坡和饲用。

虎耳草 *Saxifraga stolonifera*

科属：虎耳草科虎耳草属

【植物学特征】多年生草本，株高 15～40cm。匍匐茎细长，紫红色，有时生出叶与不定根。叶基生，通常数片，肉质，圆形或肾形，直径 4～6cm，有时较大，基部心形或平截，边缘有浅裂和不规则钝锯齿，上面绿色，常有白色斑纹，下面紫红色，两面被柔毛。花茎高 15～25cm，直立或稍倾斜，有分枝；圆锥状花序，花多数，白色。蒴果，卵圆形。

【产地分布】原产我国；分布西南和长江流域等地，日本也有分布。

【习性】耐寒，喜阳，耐阴，耐湿，耐旱，对土壤要求不严。

【成株生长发育节律】北京 3 月下旬萌动，绿期至 11 月。花期 5～8 月，果期 7～11 月。

【繁殖栽培技术要点】秋季播种或春季萌动时分株，适栽培在疏松、排水良好的沙质土壤和阴生环境条件下。

【用途】地被、疏林下和药用。

落新妇 *Astilbe chinensis* 又名红升麻

科属：虎耳草科落新妇属

【植物学特征】多年生草本，株高 50 ～ 90cm。根茎横走，粗大，呈块状，被褐色鳞片及深褐色长绒毛。基生叶为 2 ～ 3 回三出复叶，复叶为 5 小叶的羽状复叶，卵状长圆形、菱状卵形，先端渐尖，基部楔形，边缘具不整齐重锯齿，两面无毛或沿脉有锈色长毛；茎生叶 2 ～ 3，较小。圆锥花序，顶生，狭长，长 30cm，密生棕色卷曲长柔毛；花紫色或红紫色。园艺品种很多，花色也多。蓇葖果。

【产地分布】原产我国；分布东北、华北、西北和江南等地，朝鲜和俄罗斯也有分布。

【习性】耐寒，耐热，耐半阴，喜潮湿，宜富含腐殖质、肥沃而湿润的中性至微酸性土壤。

【成株生长发育节律】北京地区 4 月上旬萌动，绿期至 11 月。花期 6 ～ 7 月，果期 8 ～ 9 月。

【繁殖栽培技术要点】秋季播种或春季萌动时分株，适栽培在疏松、排水良好的沙质土壤和阴生环境条件下。

【应用】疏林下、地被、丛植和药用。

园艺品种

罗布麻 *Apocynum venetum*

科属：夹竹桃科罗布麻属

【植物学特征】多年生草本，株高 100～200cm。韧皮纤维植物，全株含有乳汁。茎直立，无毛，多分枝。叶对生，椭圆形或长圆状披针形，先端急尖或钝，基部圆形或楔形，具由中脉延长的刺尖，边缘稍反卷，平滑无毛；叶柄短。聚伞花序生于茎端或分枝上；花冠粉红色或浅紫色，钟形。蓇葖果，长角状。

【产地分布】原产我国；分布东北、华北、西北和华东等地。

【习性】耐寒，喜阳，耐热，耐干旱，耐瘠薄，耐碱盐，适应能力强，对土壤要求不严。

【成株生长发育节律】北京地区 3 月下旬萌动，绿期至 11 月。花期 6～7 月，果期 8～9 月。

【繁殖栽培技术要点】春季萌动时分株或秋季播种，栽培管理简易。

【应用】地被、丛植、河滩、纺织和造纸。

宿根福禄考 *Phlox paniculata* 又名天蓝绣球

科属：花荵科天蓝绣球属

【植物学特征】多年生草本，株高 40～90cm。茎粗壮直立，常丛生，光滑或上部有柔毛。叶呈十字状对生，茎上部叶常呈三轮生，长圆状披针形至卵状披针形，长 5～12cm，宽 1.5～3.5cm，先端渐尖，基部渐狭，全缘，有缘毛。圆锥花序，顶生，花朵密集；花冠高脚碟形，园艺品种很多，花色有红、紫、粉、白等色。蒴果，卵球形。

【产地分布】原产北美洲；广泛栽培。

【习性】耐寒，喜阳，忌炎热，耐修剪，喜含腐殖质多的，排水良好的沙质土壤。

【成株生长发育节律】北京地区 3 月下旬萌动，绿期至 11 月。花期 6～10 月，果期 7～11 月。

【繁殖栽培技术要点】秋季播种或春季萌动时分株，栽培管理简易。

【应用】花坛、花境、丛植和地被。

丛生福禄考 *Phlox subulata*

科属：花荵科福禄考属

【植物学特征】多年生草本，株高 10～15cm。匍匐簇生，枝叶密集垫状，老茎半木质化。叶线形或簇生状，全缘，有柔毛，无柄。聚伞花序，顶生，花多数密生；花紫红、白色、紫堇或粉红色等。蒴果。

【产地分布】原产北美洲；常见栽培。

【习性】耐寒，喜冷凉，喜阳，稍耐阴，稍耐旱与盐碱，忌夏季炎热多雨水涝，对土壤要求不严。

【成株生长发育节律】北京地区 3 月上旬萌动，绿期至 12 月。花期 4～10 月，果期 6～12 月。

【繁殖栽培技术要点】秋季播种或春季萌动时分株，忌夏季炎热多雨水涝。

【应用】花坛、花境、岩石、疏林下和地被。

花葱 *Polemonium chinense*

科属：花葱科花葱属

【植物学特征】多年生草本，株高 30～80cm。奇数羽状复叶，互生；小叶 11～25，披针形至卵状披针形，基部楔形至圆形，稍偏斜，先端渐尖或急尖；花序下边的叶有时为羽状全裂。聚伞状圆锥花序，顶生或腋生；花蓝紫色或蓝色。蒴果，球形。

【产地分布】原产我国；分布东北、华北和西南等地。

【习性】耐寒，喜阳，稍耐阴，稍耐旱，但喜冷凉湿润环境，喜含腐殖质、湿润而排水良好的沙质土壤。

【成株生长发育节律】北京地区 3 月下旬萌动，绿期至 11 月。花期 6～7 月，果期 8～9 月。

【繁殖栽培技术要点】秋季播种或春季萌动时分株，喜含腐殖质、湿润而排水良好的沙质土壤。

【应用】花坛、花境和林缘下。

双花黄堇菜 *Viola biflora*

科属：堇菜科堇菜属

【植物学特征】多年生草本，株高 10～20cm。根茎纤细，斜生或匍匐，具结节。叶肾形，少近圆形或阔卵形，边缘具浅齿或圆齿。花 1～3 朵，生于茎上部叶腋；花瓣淡黄色至黄色，长圆状倒卵形，具明显的褐色脉纹。蒴果，长圆状卵形。

【产地分布】原产我国；分布东北、华北、西北和西南等地，朝鲜、日本、印度和俄罗斯也有分布。

【习性】耐寒，喜阳，较耐阴湿，适宜疏松、肥沃湿润的土壤。

【成株生长发育节律】北京地区 3 月下旬萌动，绿期至 11 月。花期 5～6 月，果期 7～8 月。

【繁殖栽培技术要点】春季萌动时分株或秋季播种，在生长期适时浇水，适宜栽培疏松、肥沃湿润的土壤和阴生的环境条件下。

【应用】花境、疏林下和地被。

紫花地丁 *Viola yedoensis*

科属：堇菜科堇菜属

【植物学特征】多年生草本，株高10～15cm。地上无茎，根茎粗短。叶基生，舌状、长圆形或长圆状披针形，先端钝，基部截形或楔形，叶缘具圆齿，中上部尤为明显；小苞片生花梗中部；花紫堇色、紫色和粉色，侧瓣无须毛或稍有须毛。蒴果，长圆形。

【产地分布】原产我国；分布东北、华北、西北和西南等地。

【习性】耐寒，耐热，喜阳，耐阴，耐湿，耐旱，耐瘠薄，耐碱盐，适应性强，自生繁衍能力强，对土壤要求不严。

【成株生长发育节律】北京地区3月上旬萌动，绿期至12月。花期4～5月，果期5～6月。

【繁殖栽培技术要点】秋季播种，能在阳生和阴生环境条件下生长，栽培管理简易。

【应用】花境、地被、山坡、路旁岩石和林下。

林下

鸡腿堇菜 *Viola acuminata*

科属：堇菜科堇菜属

【植物学特征】多年生草本，株高 10～40m。根状茎较粗，垂直或倾斜，密生多条淡褐色根。茎直立，通常 2～4 条丛生，无毛或上部被白色柔毛。叶心形、卵状心形或卵形，先端锐尖、短渐尖至长渐尖，基部通常心形（狭或宽心形变异幅度较大），稀截形，边缘具钝锯齿及短缘毛，两面密生褐色腺点，沿叶脉被疏柔毛。小苞片生于花梗中部或中部以上；花淡紫色或近白色；蒴果，圆球形。

【产地分布】原产我国；分布全国南北各地，俄罗斯远东地区和日本也有分布。

【习性】耐寒，喜阳，耐阴，耐干旱，宜含腐殖质、湿润而排水良好的沙质土壤。

【成株生长发育节律】北京地区 3 月下旬萌动，绿期至 11 月。花期 6～8 月，果期 9～10 月。

【繁殖栽培技术要点】春季萌动时分株或秋季播种，在生长期适时浇水，适宜栽培疏松、肥沃湿润的土壤和阴生的环境条件下。

【应用】花境、林下、草地、食用和药用。

锦葵 *Malva sinensis*

科属：锦葵科锦葵属

【植物学特征】多年生草本，株高 60～100cm。茎直立多分枝，疏被粗毛。叶互生，叶圆心形或肾形，具 5～7 圆齿状钝裂片，长 5～12cm，宽几相等，基部近心形至圆形，边缘具圆锯齿，两面均无毛或仅脉上疏被短糙状毛。花簇生于叶腋，花冠紫红色，亦有白色。果实扁球形，种子黄褐色。

【产地分布】原产亚洲、欧洲及北美洲；常见栽培。

【习性】耐寒，喜阳，耐热，耐旱，耐瘠薄，耐碱盐，耐湿，适应性强，对土壤要求不严。

【成株生长发育节律】北京地区 4 月上旬萌动，绿期至 11 月。花期 6～10 月，果期 8～11 月。

【繁殖栽培技术要点】春秋季播种或春季萌动时分株，栽培管理简易。

【用途】花坛、花境和丛植。

蜀葵 *Althaea rosea*

科属：锦葵科蜀葵属

【植物学特征】多年生草本，株高 150～250cm。全株被星状毛，茎木质化，直立，不分枝，通常绿色或绿褐色。叶互生，圆心形或肾形，具 5～7 圆齿状钝裂片，长 5～12cm，宽几相等，基部近心形至圆形，边缘具圆锯齿，掌状脉 5～7 条。花单生于叶腋，花径 6～9cm，园艺品种很多，花色有红、粉红、水红、紫、墨紫、白、乳黄等色，单瓣或重瓣。蒴果。

【产地分布】原产我国；分布华北、西南、华东和华中等地。

【习性】耐寒，喜阳，稍耐阴，耐热，耐旱，耐瘠薄，耐碱盐，耐湿，适应性强，对土壤要求不严，但喜肥沃、土层丰厚的土壤。

【成株生长发育节律】北京地区 4 月上旬萌动，绿期至 11 月。花期 6～8 月，果期 9～10 月。

【繁殖栽培技术要点】春秋季播种或春季萌动时分株，栽培管理简易。

【用途】花坛、花境、地被和坡土。

芙蓉葵 *Hibiscus moscheutos* 又名大花秋葵

科属：锦葵科木槿属

【植物学特征】多年生草本或灌木状，株高 100～200cm。枝条表皮光滑，枝条新梢部呈紫红色，浅色品种为绿色，略披白粉。单叶互生，叶大，广卵形，叶缘钝锯齿，叶面光滑；叶柄、叶背密生灰色星状毛。总状花序，花由下而上不断开放；花大，单生于叶腋；花径 15～25cm，有白、粉、红、紫等色。蒴果。

矮生芙蓉葵 *H. moscheutos* 'Dwarf'

株高 60～100cm，多分枝；花径 10～15cm，有红、粉、白色。园艺品种。

【产地分布】原产北美洲；常见栽培。

【习性】耐寒，喜阳，稍耐阴，耐湿，耐碱盐，适应性强，对土壤要求不严。

【成株生长发育节律】北京地区 4 月上旬萌动，绿期至 11 月。花期 6～8 月，果期 9～10 月。

【繁殖栽培技术要点】春秋季播种，栽培管理简易。

【用途】花坛、花境、地被、丛植和花篱。

矮生芙蓉葵

瓦松 *Orostachys fimbriatus*

科属：景天科瓦松属

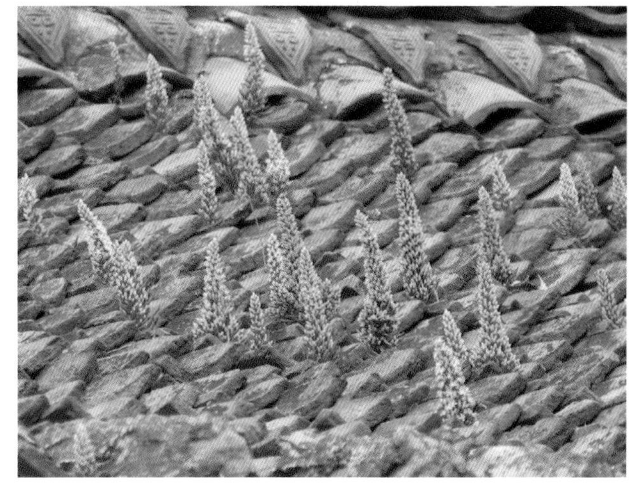

【植物学特征】多年生肉质草本，株高 15～30cm。茎略斜伸，被紫红色斑点，无毛。基部叶成紧密的莲座状，匙状线形，先端增大，为白色软骨质，半圆形，有齿；茎生叶散生，无柄，线形，长尖。花成顶生肥大穗状的圆锥花序，花梗分枝，密被线形或为长倒披针形苞叶；花瓣淡红色。蓇葖果。

【产地分布】原产我国。全国南北各地均有分布。

【习性】耐寒，耐热，喜阳，稍耐阴，耐旱，耐瘠薄，怕涝，适应性强，对土壤要求不严。

【成株生长发育节律】北京地区 3 月中旬萌动，绿期至 11 月。花期 7～9 月，果期 8～10 月。

【繁殖栽培技术要点】春秋季分株或扦插，栽培管理粗放。

【应用】屋顶、岩石、山坡、食用、药用和工业原料。

白八宝 *Sedum pallescens* 又名白景天

科属：景天科八宝属

【植物学特征】多年生肉质草本，株高 20～60cm。茎不分枝，直立。叶互生，有时对生，长圆状卵形或椭圆状披针形，先端圆，基部楔形，几无柄，全缘或上部有不整齐的波状疏锯齿，叶面有多数红褐色斑点。复伞房花序，顶生；花白色至浅红色。蓇葖果，披针状椭圆形。

【产地分布】原产我国；分布东北、华北和西北等地，朝鲜和日本也有分布。

【习性】耐寒，耐热，喜阳，耐阴，耐旱，耐瘠薄，耐修剪，适应性强，有自生繁衍能力，对土壤要求不严。

【成株生长发育节律】北京地区 3 月上旬萌动，绿期至 12 月。花期 7～8 月，果期 9～10 月。

【繁殖栽培技术要点】春秋季分株或扦插，栽培管理粗放。

【应用】花坛、花境、地被、岩石、坡地、点缀和药用。

八宝 *Sedum spectabile*

科属：景天科景天属

【植物学特征】多年生肉质草本，株高 30～70cm。茎直立，丛生，不分枝。叶肉质对生，少 3 叶轮生，卵形至长圆状卵形，先端圆钝，基部楔形，边缘呈波浪状锯齿或近全缘，无柄，两面灰绿色。伞房状聚伞花序，顶生；花紫红色、粉红色。蓇葖果。

园艺品种有：

‘花叶’八宝 *S. spectabile* ‘Variegata’

叶缘上有黄色条纹。

‘白色’八宝 *S. spectabile* ‘Album’

花白色。

‘红花’八宝 *S. spectabile* ‘Meteor’

花红色。

‘桃红’八宝 *S. spectabile* ‘Atropurpureum’

花桃红色。

‘斯蒂文’八宝 *S. spectabile* ‘Steven Word’

花粉色。

【产地分布】原种产于我国；分布东北、华北和西北等地。

【习性】耐寒，耐热，喜阳，稍耐阴，耐旱，耐瘠薄，耐修剪，适应性强，有自生繁衍能力，对土壤要求不严。

【成株生长发育节律】北京地区 3 月上旬萌动，绿期至 12 月。花期 7～8 月，果期 9～10 月。

【繁殖栽培技术要点】春秋季分株或扦插，栽培管理粗放。

【应用】花坛、花境、地被、岩石、坡地和屋顶。

‘白花’八宝

‘红花’八宝

‘花叶’八宝

‘桃花’八宝

‘斯蒂文’八宝

禾叶景天 *Sedum grammophyllum* 又名佛甲草

科属：景天科景天属

【植物学特征】多年生肉质草本，株高 10～20cm，无毛。叶线形，3 叶轮生，少数对生，先端急尖，基部钝圆有短矩。聚伞花序；花黄色。蓇葖果。

‘金叶’佛甲草 *S. grammophyllum* ‘Variegata’

叶金黄色。园艺品种。

【产地分布】原产我国；分布东北和华北等地。

【习性】耐寒，耐热，喜阳，稍耐阴，耐旱，耐瘠薄，怕涝，耐修剪，适应性强，自生繁衍能力强，对土壤要求不严。

【成株生长发育节律】北京地区 3 月上旬萌动，绿期至 12 月。花期 6～7 月，果期 8～9 月。

【繁殖栽培技术要点】春秋季分株或扦插或播种，栽培管理粗放。

【应用】花坛、花境、地被、岩石、坡地、屋顶和药用。

‘金叶’佛甲草

垂盆草 *Sedum sarmentosum* 又名狗牙齿

科属：景天科景天属

【植物学特征】多年生肉质草本，株高10～20cm。匍匐生根；不育枝和花枝，细弱，全株光滑无毛。叶3片轮生，倒披针形至长圆形，顶端急尖，基部狭，有距，全缘。花序聚伞状，无梗；花黄色。蓇葖果。

银边垂盆草 *S. sarmentosum* 'Variegata'

叶银灰色，叶缘有白色条纹。

【产地分布】原产我国；分布东北、华北、西北和长江流域等地，朝鲜和日本也有分布。

【习性】耐寒，耐热，喜阳，耐阴，耐旱，耐瘠薄，耐修剪，适应性强，自生繁衍能力强，对土壤要求不严。

【成株生长发育节律】北京地区3月初萌动，绿期至12月。花期5～6月，果期6～8月。

【繁殖栽培技术要点】春夏秋季分株或扦插，栽培管理粗放。

【应用】花坛、花境、地被、岩石、坡地、屋顶、疏林下和药用。

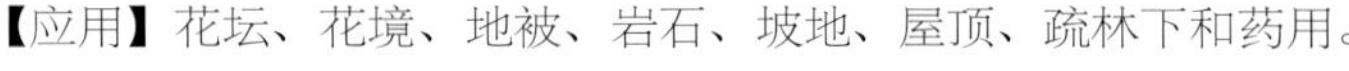

银边垂盆草

景天三七 *Sedum aizoon* 又名费菜

科属：景天科景天属

【植物学特征】多年生肉质草本，株高 20 ～ 50cm。无毛。茎直立，数茎丛生，不分枝。叶互生，椭圆状披针形至卵状披针形，先端渐尖，基部楔形，边缘有不整齐锯齿，无柄。聚伞花序；花黄色。蓇葖果。

【产地分布】原产我国；分布东北、华北、西北和长江流域等地，朝鲜和日本也有分布。

灰毛费菜 *S. sclskianum* 'Spirit'

比景天三七叶大，边缘裂齿整齐、较深。

花叶景天 *S. phyllanthum*

茎铺散斜升；叶线形，近圆柱形，有白色斑纹。

【习性】耐寒，耐热，喜阳，稍耐阴，耐旱，耐瘠薄，耐修剪，适应性强，自生繁衍能力强，对土壤要求不严。

【成株生长发育节律】北京地区 3 月上旬萌动，绿期至 12 月。花期 6 ～ 7 月，果期 8 ～ 9 月。

【繁殖栽培技术要点】春秋季分株或扦插，栽培管理粗放。

【应用】花坛、花境、地被、岩石、丛植、坡地、屋顶和药用。

灰毛费菜

花叶景天

堪察加景天 *Sedum kamtschaticum* 又名北景天

科属：景天科景天属

【植物学特征】多年生肉质草本，株高 15～40 cm。根状茎木质，有分枝。茎斜上，有时被微乳头状突起，常不分枝。叶互生或对生，少有为 3 叶轮生，倒披针形、匙形至倒卵形，先端圆钝，下部渐狭，成狭楔形，上部边缘有疏锯齿至疏圆齿。聚伞花序顶生；花黄色，披针形。蓇葖果。

联合堪察加景天 var. *ellacombianum*

株高 20cm。茎直立，丛生，低矮紧凑。叶互生，卵状披针形，叶色嫩绿，叶缘有锯齿。

联合堪察加景天

中华景天 *S. chinensis*

株高 5～10cm，匍匐生根，枝叶极其短小紧密；叶椭圆状披针形，光滑，绿色鲜亮；花白色。

粗壮景天 *S. engleri Hamet*

株高 25～35cm，茎直立，不分枝；叶长圆形，全缘，茎、叶脉紫色；花黄色。

圆叶景天 *S. sieboldii*

株高 10～15cm，茎匍匐状，斜生或下垂，细而圆；叶圆扇形到圆形，叶缘略微波状，尖端钝圆，叶绿色带红色；花粉红色。原产日本。

凹叶景天 *S. marginatum*

株高 10～15cm，地下茎平卧，上部茎直立；叶近倒卵形，顶端微凹；花黄色。

金叶景天 *S. makinoi*

株高 5～10cm。匍匐生根，枝叶极其短小紧密；叶片圆形，金黄色鲜亮；花黄色。园艺品种。

德国景天 *S. hybridum* 'Immergrunchett'

株高 15～25cm，茎半直立或匍匐状，丛生；叶倒卵状匙形，边缘呈波浪状锯齿，晚秋呈红色；花黄色。原产德国。

'夏艳' 拟景天 *S. spurium* 'Summer Glore'

株高 10～15cm，茎半直立或匍匐状，多分枝；叶圆柱形，无柄，紫红色；花黄色。园艺品种。

反曲景天 *S. reflexum*

株高 10～15cm，常绿。茎半直立或匍匐状，多分枝；叶圆柱形，叶带有白色蜡粉，灰绿色，叶在小枝上的排列似云杉；花黄色。原产欧洲。

中华景天

【产地分布】原产我国；分布东北、华北、西北和西南等地，俄罗斯、朝鲜和日本也有分布。

【习性】耐寒，耐热，喜阳，稍耐阴，耐干旱，耐瘠薄，忌涝，耐修剪，适应性强，有自生繁衍能力，对土壤要求不严。

【成株生长发育节律】北京地区 3 月上旬萌动，绿期至 12 月。花果期 8～9 月。

【繁殖栽培技术要点】春秋季分株或扦插，栽培管理粗放。

【应用】花坛、花境、地被、岩石、坡地和屋顶。

金叶景天

德国景天

‘夏艳’拟景天

冬季

粗壮景天

反曲景天

圆叶景天

凹叶景天

紫斑风铃草 *Campanula punctata*

科属：桔梗科风铃草属

【植物学特征】多年生草本，株高 30～60cm。全株被柔毛，具细长而横走的根状茎。茎直立，通常上部有分枝。基生叶具长柄，叶片心状卵形；茎生叶下部有带翅的长柄，上部的无柄，三角状卵形至披针形，边缘有不整齐钝齿。总状花序，花单生，顶生或腋生，下垂；花萼裂片长三角形，裂片间有一个卵形至卵状披针形而反折的附属物，它的边缘有芒状长刺毛；花冠筒状钟形，白色带紫斑、紫色带斑点。蒴果，半球状倒锥形。

【产地分布】原产我国；分布东北、华北、西北和西南等地，朝鲜、日本和俄罗斯远东也有分布。

【习性】耐寒，喜阳，稍耐阴，耐热，耐湿，耐干旱，对土壤要求不严。

【成株生长发育节律】北京地区 3 月下旬萌动，绿期至 11 月，花期 6～8 月，果期 9～10 月。

【繁殖栽培技术要点】春秋季播种或春季分株，栽培管理粗放。

【应用】花境、地被、林缘下、丛植和药用。

荠苨 *Adenophora trachelioides*

科属：桔梗科沙参属

【植物学特征】多年生草本，株高（50）70～120cm。根肥大，长圆柱形或纺锤状圆柱形。茎直立，有时具分枝，具白色乳汁，无毛或近无毛。基生叶心状肾形，宽大于长；茎生叶互生，有长柄，叶片心状广卵形或心状卵形，边缘具牙齿状锐锯齿或不整齐锐尖重锯齿。圆锥花序，顶生，花序大而疏散，分枝近平展或不分枝而呈总状；花蓝或淡蓝紫色，广钟形。蒴果，卵状圆锥形。

【产地分布】原产我国；分布东北、华北、西北和华东等地，朝鲜和俄罗斯也有分布。

【习性】耐寒，喜阳，稍耐阴，耐热，耐湿，耐旱，适应性强，对土壤要求不严。

【成株生长发育节律】北京地区 3 月下旬萌动，绿期至 11 月。花期 5～7 月，果期 8～9 月。

【繁殖栽培技术要点】春秋季播种或春季分株，栽培管理粗放。

【用途】花境、丛植、林缘下和药用。

阔叶风铃草 *Campanula latifolia*

科属：桔梗科风铃草属

【植物学特征】多年生草本，株高70～120cm。茎粗壮，有糙硬毛。基生叶卵状披针形，茎生叶互生，矩圆状披针形。花冠筒状似铃，花蓝紫色和白色。蒴果。

【产地分布】原产欧亚；在我国东北和华北有分布。

【习性】耐寒，喜阳，稍耐阴，耐热，耐湿，耐干旱，对土壤要求不严。

【成株生长发育节律】北京地区3月下旬萌动，绿期至11月。花期5～7月，果期8～9月。

【繁殖栽培技术要点】春秋季播种或春季分株，栽培管理粗放。

【应用】花坛、花境和丛植。

聚花风铃草 *Campanula glomerata*

科属：桔梗科风铃草属

【植物学特征】多年生草本，株高30～80cm。茎生叶具长柄，长卵形至心状卵形；上部叶椭圆形至卵状披针形，无柄；叶边缘具锯齿。花数朵集成头状花序，生于茎顶或中上部叶腋间；花蓝紫色或蓝色。蒴果。

【产地分布】原产欧亚；在我国东北和西北有分布。蒙古、朝鲜和俄罗斯也有分布。

【习性】耐寒，喜阳，稍耐阴，耐热，耐湿，耐干旱，对土壤要求不严。

【成株生长发育节律】北京地区3月下旬萌动，绿期至11月。花期5～7月，果期8～9月。

【繁殖栽培技术要点】春秋季播种或春季分株，栽培管理粗放。

【应用】花坛、花境、丛植和地被。

桔梗 *Platycodon grandiflorum*

科属：桔梗科桔梗属

【植物学特征】多年生草本，株高 40～100cm。具白色乳汁，全株光滑无毛。根粗大肉质，圆锥形或有分叉，外皮黄褐色。茎直立，单一或分枝。叶 3 枚轮生，多为互生，少数对生，叶卵形或卵状披针形，边缘有尖锯齿，下面被白色。花单生于茎顶或分枝顶上；花冠钟形，蓝紫色或白色。蒴果，倒卵形。

【产地分布】原产我国；分布东北、华北、西北和西南等地，朝鲜半岛、日本和俄罗斯西伯利亚东部也有分布。

【习性】耐寒，耐热，耐阴，耐潮湿，耐旱，忌涝适应性强，宜肥沃而湿润的中性至微酸性土壤。

【成株生长发育节律】北京地区 4 月上旬萌动，绿期至 11 月。花期 6～8 月，果期 8～10 月。

【繁殖栽培技术要点】春秋季播种或春季分株，宜栽培在富含腐殖质、肥沃的土壤。

【用途】花境、地被、林下、丛植、食用和药用。

沙参 *Adenophora elata*

科属：桔梗科沙参属

【植物学特征】多年生草本，株高 30～80cm。主根粗肥，长圆锥形或圆柱状。茎常单生，少有丛生。基生叶成丛，卵形、狭卵形至线状披针形，长 4～8cm，宽 1.5～3cm，边缘有粗锯齿或尖锯齿。花常仅数朵，集成总状或单朵顶生；花冠蓝色，狭钟形。蒴果，椭圆状卵形。

【产地分布】原产我国；分布东北、华北、西南、黄河和长江流域等地。

【习性】耐寒，喜阳，耐阴，耐干旱，宜含腐殖质、湿润而排水良好的沙质土壤。

【成株生长发育节律】北京地区 3 月中旬萌动，绿期至 11 月。花期 7～9 月，果期 10～11 月。

【繁殖栽培技术要点】春秋季播种或春季分株，宜栽培在富含腐殖质、肥沃的土壤。

【应用】花境、地被、疏林下、草地和药用。

展枝沙参 *Adenophora divaricata*

科属：桔梗科沙参属

【植物学特征】多年生草本，株高 20～80cm。具白色乳汁，根胡萝卜状。茎直立，单一，无毛或具疏柔毛。茎生叶 3～4 片轮生，长 4～7cm；菱状卵形至菱状圆形，顶端急尖至钝，极少短渐尖的，边缘具锯齿。圆锥花序，塔形，花序分枝长而几乎或钝角开展；花蓝紫色。蒴果。

【产地分布】原产我国；分布东北、华北和山东等地，朝鲜、日本和俄罗斯远东地区也有分布。

【习性】耐寒，喜阳，耐阴，耐干旱，喜富含腐殖质、湿润而排水良好的沙质土壤。

【成株生长发育节律】北京地区 3 月中旬萌动，绿期至 11 月。花期 8～9 月，果期 10～11 月。

【繁殖栽培技术要点】春秋季播种或春季分株，宜栽培在富含腐殖质、肥沃的土壤。

【应用】花境、点缀、地被、疏林下和药用。

狭叶沙参 *Adenophora gmelinii*

科属：桔梗科沙参属

【植物学特征】多年生草本，株高 30～50cm。单一或自基部抽出数条，成丛生状。基生叶具长柄，卵形或菱状卵形，具粗圆齿，早枯。茎生叶披针形，边缘具稀疏牙齿或全缘，全缘，稀具疏齿，两面无毛或被短硬毛。狭圆锥形花序；花蓝紫色或淡紫色。蒴果，椭圆形。

【产地分布】原产我国；分布东北、华北和西北等地，蒙古和俄罗斯西伯利亚也有分布。

【习性】耐寒，喜阳，耐阴，耐干旱，忌涝水，喜富含腐殖质、湿润而排水良好的沙质土壤。

【成株生长发育节律】北京地区 3 月中旬萌动，绿期至 11 月。花期 7～8 月，果期 9～10 月。

【繁殖栽培技术要点】春秋季播种或春季分株，宜栽培在富含腐殖质、肥沃的土壤。

【应用】花境、丛植、地被和疏林下。

小红菊 *Dendranthema chanetii*

科属：菊科菊属

【植物学特征】多年生草本，株高 15～40cm。茎直立或基部弯曲，有分枝，全部茎枝有稀疏的毛。茎生叶掌状或羽状浅裂，全为宽卵形或肾形，两面有腺点和绒毛，基部心形或截形。头状花序，在茎枝顶端排成疏松伞房花序；花白色、粉红色或紫红色。瘦果。

【产地分布】原产我国；分布东北、华北、西北和黄河流域等地，俄罗斯和朝鲜也有分布。

【习性】耐寒，耐热，喜阳，耐旱，耐贫瘠，对土壤要求不严。

【成株生长发育节律】北京地区 3 月下旬萌动，绿期至 11 月。花期 8～9 月，果期 10～11 月。

【繁殖栽培技术要点】春秋季播种或春夏秋季扦插，栽培管理粗放。

【应用】花境、地被、疏林下、香用和蜜源。

蒲公英 *Taraxacum mongolicum*

科属：菊科蒲公英属

【植物学特征】多年生草本，株高 10～25cm。叶基生，排成莲座状，长圆状倒披针形或倒披针形，长 5～15cm，宽 1～4cm，逆向羽状分裂，侧裂片 4～5 对，长圆状披针形或三角形，具齿，顶裂片较大，戟状长圆形，羽状浅裂或仅具波状齿，基部渐狭成柄，被疏蛛丝状细软毛。花茎比叶短或等长，数个，结果时伸长，上部密被白色珠丝状毛；头状花序单一，顶生；舌状花鲜黄色。瘦果。

突尖蒲公英 *T. cuspidatum*

株高 20～30cm；叶线状披针形或倒披针形，基部渐狭成柄，两面疏被蛛丝状柔毛，近全缘；花莛少数；花黄色。

白花蒲公英 *T. pseudo - albidum*

叶倒披针形或线状披针形，羽状深裂或近大状状深裂，全缘或有齿；头状花序，单生于花莛上；花白色。

【产地分布】原产我国；全国各地均有分布，北半球也有分布。

【习性】耐寒，耐热，喜阳，耐阴，耐旱，耐瘠薄，耐碱盐，适应性强，自生繁衍能力强，对土壤要求不严。

【成株生长发育节律】北京地区 3 月上旬萌动，绿期至 11 月。花期 4～6 月，果期 5～10 月。

【繁殖栽培技术要点】春秋季播种或春季分株，坡地、栽培管理粗放。

【应用】花境、地被（缀花草地）、林下、岩石、食用、蜜源和药用。

突尖蒲公英

白花蒲公英

苦菜 *Ixeris chinensis*

科属：菊科苦荬菜属

【植物学特征】多年生草本，株高 20～30cm。茎直立或斜升，具乳汁。基生叶莲座状，线状披针形或倒披针形，先端钝或急尖，基部下延成窄叶柄，全缘或具疏小齿或不规则羽裂；茎生叶 1～2，与基生叶相似，无柄，基部俏抱茎。头状花序，顶生，多数排列成伞房；花黄色或白色。瘦果。

【产地分布】原产我国；分布全国南北各地，朝鲜、日本和俄罗斯也有分布。

【习性】较耐寒，喜阳，稍耐阴，耐旱，耐贫瘠，耐碱盐，适应性强，自生繁衍能力强，对土壤要求不严。

【成株生长发育节律】北京地区自播或 3 月上旬萌动，绿期至 11 月。花期 4～6 月，果期 5～7 月。

【繁殖栽培技术要点】春季播种或自播。一次或多次修剪。栽培管理简单粗放，根据旱情可适当浇灌水。

【应用】地被、疏林下、坡地、食用、药用、饲料和蜜源。

苦荬菜 *Ixeris sonchifolia* 又名抱茎苦荬菜

科属：菊科苦荬菜属

【植物学特征】多年生草本，株高 30～80cm。茎直立，无毛，上部有分枝。基生叶多数，长 3.5～8cm，宽 1～2cm，顶端锐尖或圆钝，基部下延成柄，边缘具锯齿或不整齐的羽状深裂；茎生叶较小，卵状矩圆形或卵状披针形，先端锐尖，基部常成耳形或戟形抱茎，全缘或羽状分裂。头状花序密集成伞房状，花黄色。瘦果，纺锤形，黑色。

【产地分布】原产我国；分布东北、华北，华东和华南等地，朝鲜和俄罗斯（远东地区）也分布。

【习性】耐寒，耐热，喜阳，耐旱，耐贫瘠，耐碱盐，自生繁衍能力强，对土壤要求不严。

【成株生长发育节律】北京地区 3 月中旬萌动，绿期至 11 月。花期 4～5 月和 9～10 月，果期 5～6 月和 10～11 月。

【繁殖栽培技术要点】春秋季播种或自播或春季分株，栽培管理粗放。

【应用】地被、疏林下、食用、药用和饲料。

山柳菊 *Hieracium umbellatum*

科属：菊科山柳菊属

【植物学特征】多年生草本，株高 50～100cm。被细毛。茎直立，具纵沟，基部红紫色，不分枝。基生叶长圆状披针形，长 3～9cm，宽 1～2cm，先端渐尖，基部楔形至近圆形，具疏锯齿，稀全缘；茎生叶互生，狭披针形或线形。头状花序，多数排成伞房状，梗密被细毛；舌状花黄色。瘦果，圆柱状。

【产地分布】原产我国；分布东北、华北、西北、西南和长江流域等地，日本、蒙古、伊朗、印度和俄罗斯等也有分布。

【习性】耐寒，喜阳，稍耐阴，耐热，耐干旱，耐瘠薄，耐水湿、耐盐碱，对土壤要求不严。

【成株生长发育节律】北京地区 3 月下旬萌动，绿期至 11 月。花期 6～8 月，果期 9～10 月。

【繁殖栽培技术要点】春秋季播种或自播或春季分株，栽培管理粗放。

【应用】地被、坡地和林缘下。

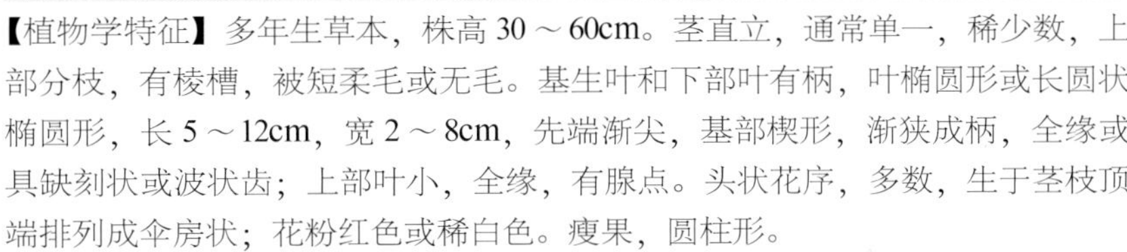

草地风毛菊 *Saussurea amara*

科属：菊科风毛菊属

【植物学特征】多年生草本，株高 30～60cm。茎直立，通常单一，稀少数，上部分枝，有棱槽，被短柔毛或无毛。基生叶和下部叶有柄，叶椭圆形或长圆状椭圆形，长 5～12cm，宽 2～8cm，先端渐尖，基部楔形，渐狭成柄，全缘或具缺刻状或波状齿；上部叶小，全缘，有腺点。头状花序，多数，生于茎枝顶端排列成伞房状；花粉红色或稀白色。瘦果，圆柱形。

【产地分布】原产我国；分布东北、华北和西北等地，欧洲、俄罗斯、蒙古和哈萨克斯坦也有分布。

【习性】耐寒，喜阳，耐热，耐干旱，耐瘠薄，耐碱盐，耐湿，适应性强，对土壤要求不严。

【成株生长发育节律】北京地区 4 月上旬萌动，绿期至 11 月。花期 7～9 月，果期 9～11 月。

【繁殖栽培技术要点】春秋季播种或春季分株，栽培管理粗放。

【应用】坡地和林缘下。

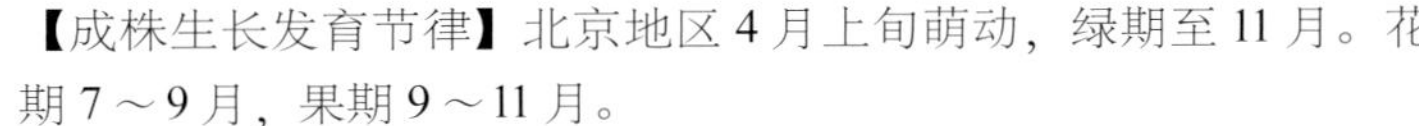

紫苞风毛菊 *Saussurea iodostegia*

科属：菊科风毛菊属

【植物学特征】：多年生草本，株高 30～50cm。根状茎平展。茎直立，具纵沟棱，带紫色，被白色长柔毛。基生叶线状长圆形，长 20～25cm，先端渐尖，基部狭成鞘状半抱茎的叶柄；茎生叶无柄，基部稍沿茎下延，边缘具锐细齿；最上部叶椭圆形，苞叶状，紫色，全缘。头状花序，4～6 个于茎顶密集成伞房状；花紫色。瘦果，圆柱形。

【产地分布】原产我国；分布东北、华北、西北和西南等地。

【习性】耐寒，喜凉爽，稍耐旱，对土壤要求不严。

【成株生长发育节律】北京地区 3 月下旬萌动，绿期至 11 月。花期 7～8 月，果期 9～10 月。

【繁殖栽培技术要点】春秋季播种或春季分株，栽培管理粗放。

【应用】花境、岩石和地被。

白术 *Atractylodes macrocephala*

科属：菊科苍术属

【植物学特征】多年生草本，株高 30～60cm。根状茎块状。茎直立，上部分枝。叶有长柄，3 裂或羽状 5 深裂，裂片卵状披针形至披针形，顶端长渐尖，基部渐狭，边缘有细刺齿，顶裂片大；茎上部叶狭披针形，不裂。头状花序，顶生；花紫红色。瘦果。

【产地分布】原产我国；分布华中、华东和西南等地。

【习性】耐寒，喜阳，耐热，耐干旱，耐瘠薄，对土壤要求不严。

【成株生长发育节律】北京地区 4 月上旬萌动，绿期至 11 月。花期 7～9 月，果期 9～10 月。

【繁殖栽培技术要点】春秋季播种或春季分株，栽培管理粗放。

【应用】地被、丛植和药用。

小甘菊 *Cancrinia discoidea*

科属：菊科小甘菊属

【植物学特征】二年生或多年生草本，株高 10～40cm。茎直立或斜生，被灰白色绵毛。叶柄长，基部扩大；叶片矩圆形或卵形，2 回羽状深裂，裂片 2～5 对，每个裂片又 2～5 浅裂或深裂，先端小裂片卵形或宽条形，先端钝或短渐尖，全部叶片被灰白色绵毛至几无毛。头状花序，单生；花白色。瘦果。

【产地分布】原产我国，分布西北、中原和西南等地。

【习性】耐寒，喜阳，稍耐阴，耐热，耐旱，耐贫瘠，耐修剪，自生繁衍能力强，喜冷凉气候，宜排水良好的土壤。

【成株生长发育节律】北京地区 3 月下旬萌动，绿期至 12 月。花期 9～10 月，果期 10～11 月。

【繁殖栽培技术要点】春秋季播种或扦插，栽培管理粗放。

【应用】花境、地被、岩石、坡地、蜜源和药用。

甘菊 *Chrysanthemum lavandulifolium* 又名野菊花

科属：菊科菊属

【植物学特征】多年生草本，株高 35～100 cm。具地下匍匐茎。茎直立，中部以上多分枝，分枝斜上。叶轮廓卵形、宽卵形或椭圆状卵形，2 回羽状深裂，1 回全裂，侧裂片 2～3 对，2 回半裂或浅裂，裂片菱状卵形或卵形，具缺刻状锯齿或全裂（比菊花脑缺刻状锯齿深），小裂片先端锐尖或稍钝，上面绿色被微毛（比菊花脑色浅），背面淡绿色疏被或密被白色分叉柔毛，并密被腺点。头状花序，密集成复伞房花序；舌状花（比菊花脑短）黄色。瘦果，倒卵形。

甘野菊 var. *seticuspe*

与甘菊主要区别是株型较大，枝间节位较长；叶大而质薄，两面无毛。

【产地分布】原产我国；分布东北、华北、西北和西南等地，朝鲜和日本也有分布。

【习性】耐寒，喜阳，稍耐阴，耐热，耐旱，耐贫瘠，适应性强，耐修剪，自生繁衍能力强，对土壤要求不严。

【成株生长发育节律】北京地区 3 月下旬萌动，绿期至 12 月。花期 9～11 月，果期 10～11 月。

【繁殖栽培技术要点】春秋季播种或春夏季扦插，栽培管理粗放。

【应用】花境、地被、岩石、坡地、疏林下、蜜源和药用。

甘野菊

菊花脑 *Chrysanthemum nankingense*

科属：菊科茼蒿属

【植物学特征】多年生草本，株高 30～100cm。秆纤细，半木质化，直立或半匍匐生长，分枝性极强，无毛或近上部有细毛。叶片互生，卵圆形或长椭圆形，叶长 2～6cm，宽 1～2.5cm，叶面深绿色（比甘野菊色深），叶缘缺刻状锯齿或二回羽状裂（比甘野菊缺刻锯齿浅），花序下叶无缺刻，叶基稍收缩成叶柄，具窄翼，绿色或带紫色。叶腋处秋季抽生侧枝。舌状花（比甘野菊长）和管状花同生于一个花序，黄色。瘦果。

【产地分布】原产我国；分布长江和西南等地，华北以南常见栽培。

【习性】耐寒，喜阳，耐阴，耐热，耐旱，耐贫瘠，适应性强，耐修剪，自生繁衍能力强，对土壤要求不严。

【成株生长发育节律】北京地区 3 月下旬萌动，绿期至 12 月。花期 10～11 月，果期 11～12 月。

【繁殖栽培技术要点】春秋季播种或扦插，栽培管理粗放。

【应用】花境、地被、岩石、坡地、疏林下、食用、蜜源和药用。

杭白菊 *Chrysanthemum morifolium*

科属：菊科茼蒿属

【植物学特征】多年生草本，株高 60～130cm。全体密被白色绒毛。叶卵形或卵状披针形，先端钝，基部近心形或阔楔形，边缘通常羽状深裂，裂片具粗锯齿或重锯齿，叶子两面密被白短毛。头状花序，顶生成腋生；花白色。瘦果，一般不发育。

【产地分布】原产我国；分布长江和西南等地，华北以南常见栽培。

【习性】耐寒，喜阳，耐阴，耐热，耐旱，耐贫瘠，适应性强，耐修剪，对土壤要求不严。

【成株生长发育节律】北京地区 3 月下旬萌动，绿期至 12 月，花期 9～11 月。

【繁殖栽培技术要点】春秋季分株或夏秋季扦插，栽培管理粗放。

【应用】花境、地被、岩石、坡地、疏林下、食用和药用。

亚菊 *Ajania pallasiana*

科属：菊科亚菊属

【植物学特征】多年生草本，株高 30～60cm。茎直立，单生或少数茎成簇生，通常不分枝，被贴伏的短柔毛。茎中部叶卵形，长椭圆形，二回掌状或不规则二回掌式羽状 3～5 裂，一回全裂，二回为深裂，末回裂片披针形；茎上部叶常羽状分裂或 3 裂；叶两面异色，上面绿色，无毛或有极稀疏的短柔毛，叶缘与下面白色或灰白色，被密厚的顺向贴伏的短柔毛。头状花序，排成疏松或紧密的复伞房花序；总苞宽钟状，有光泽，淡麦秆黄色。瘦果。

【产地分布】原产我国；分布东北和西北等地，俄罗斯和朝鲜也有分布。

【习性】耐热，喜阳，耐阴，耐旱，忌积涝，喜富含腐殖质、疏松肥沃、排水良好的壤土。

【成株生长发育节律】北京地区 3 月下旬萌动，绿期至 12 月，花期 9～10 月，果期 11 月。

【繁殖栽培技术要点】春秋季播种或扦插，栽培管理粗放。

【应用】花坛、花境、地被和药用。

菊花 *Dendranthema*grandflorum*

科属：菊科菊属

【植物学特征】多年生草本，株高 30～50（90）cm。茎直立，基部稍木质化，分枝多。叶有柄，卵形，先端钝或锐尖，基部心形或宽楔形，羽状深裂或浅裂，边缘锯齿，上面深绿色，下面浅绿色，两面密被白色短毛。头状花序，数个集生于茎枝顶端，重瓣；花红、黄、粉、白等色。瘦果。

夏切 1 号（园艺品种）

地被菊 *D. hybridum* 'Ground - Cover'

茎呈匍匐状或斜升生长，分枝多，花小型。

夏菊 *D. hybridum* 'Morifolium'

属日中性，能在夏秋开花，耐高温高湿。

'夏切 1 号' *D. hybridum* 'Xiaqie No1'

在春夏秋季均能正常开花。

大菊（标本菊）*D. hybridum* 'Standard Type'

一株无分枝或分枝少，分枝较长，直立，每个分枝仅保留一朵花的头状花序的类型。

微型菊 *D. hybridum* 'Mini - Potted'

分枝多而短，花多，花微型。

【产地分布】原种产我国；常见栽培多为园艺品种。

【习性】耐寒，喜阳，稍耐阴，耐热，稍耐旱，耐贫瘠，忌积涝，适应性强，耐修剪，对土壤要求不严，但喜土层较厚微酸性中性、肥沃、排水良好的土壤。

【成株生长发育节律】北京地区 3 月中旬萌动，绿期至 12 月。花期 9～11 月，果期 11 月。

【繁殖栽培技术要点】春夏秋季扦插，栽培管理粗放。

【应用】花坛、花境、地被、丛植、岩石和造型。

大菊（标本菊）（园艺品种）

地被菊（园艺品种）

夏菊（园艺品种）

小菊（园艺品种）

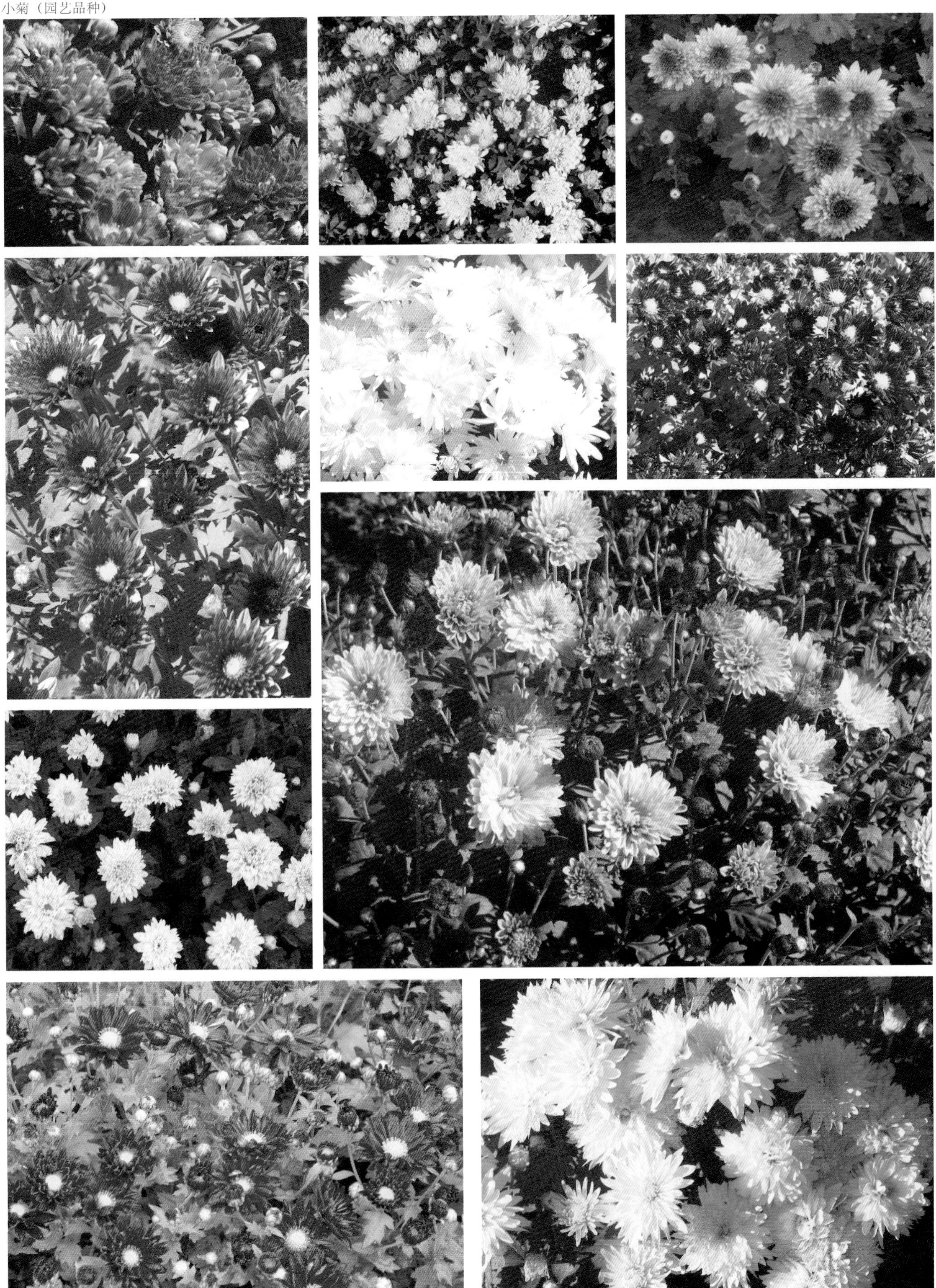

微型菊（园艺品种）

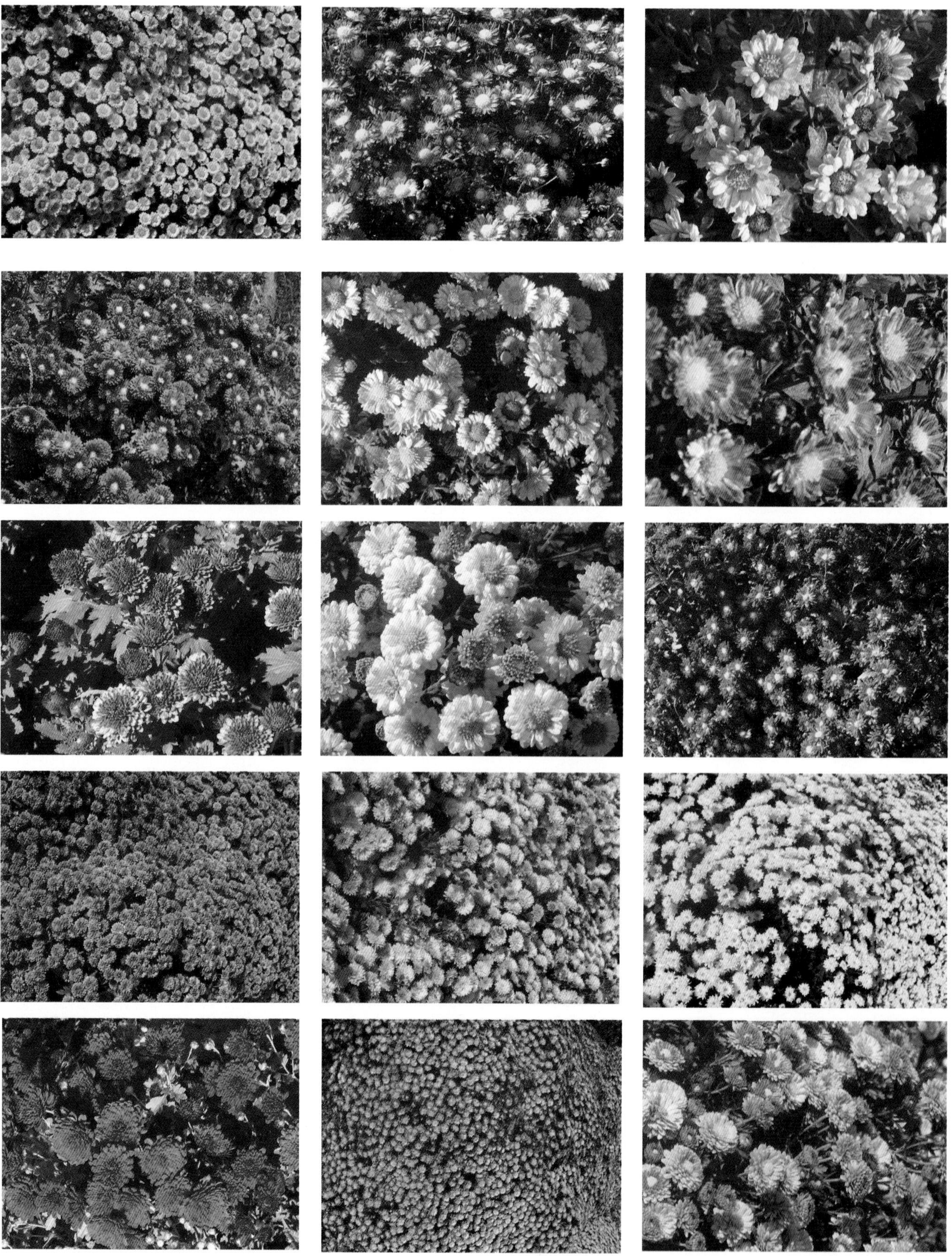

造型

千叶蓍 *Achillea millefolium* 又名蓍草

科属：菊科蓍属

【植物学特征】多年生草本，株高40～90cm。茎直立，被白色柔毛。叶披针形、长圆状披针形或近线形，无柄，2～3回羽状全裂，裂片线形，上面密生腺体，疏被长柔毛或近无毛，下面密被贴伏的长柔毛，边缘锯齿状。头状花序，多数，密集成伞房状；花紫红、粉红、白等色品种。瘦果。

【产地分布】原产亚洲；常见栽培。

【习性】耐寒，喜阳，稍耐阴，耐热，稍耐旱，耐贫瘠，对土壤要求不严。

【成株生长发育节律】北京地区3月中旬萌动，绿期至12月。花期5～8月，果期7～10月。

【繁殖栽培技术要点】春秋季播种或春季分株，栽培管理粗放。

【应用】丛植、花境、疏林下和地被。

蕨叶蓍 *Achillea filipendulina*

科属：菊科蓍草属

【植物学特征】多年生草本，株高 50～80（150）cm。茎直立。叶基生或互生，线状披针形，1～2 回羽状裂，长 20～25cm，有柔毛，具芳香气味。头状花序，多数，密集成复伞房状；花金黄色。瘦果。

【产地分布】原产西亚；我国东北、华北和西北有分布。

【习性】耐寒，喜阳，稍耐阴，耐热，稍耐旱，对土壤要求不严，但适宜于排水良好、肥沃、疏松的土壤环境。

【成株生长发育节律】北京地区 3 月中旬萌动，绿期至 12 月。花期 6～8 月，果期 8～10 月。

【繁殖栽培技术要点】春秋季播种或春季分株，栽培管理粗放。

【应用】丛植、花境、林下和地被。

云南蓍 *Achillea wilsoniana*

科属：菊科蓍草属

【植物学特征】多年生草本，株高 50～80cm。茎直立，全株被柔毛。叶 1～2 回羽状浅裂至深裂，条状披针形或长圆状披针。头状花序密集或伞房状，着生于茎顶；花白色。瘦果。

【产地分布】原产我国；分布西南和西北等地。

【习性】耐寒，喜阳，稍耐阴，耐热，稍耐旱，对土壤要求不严，但适宜于排水良好、肥沃、疏松的土壤环境。

【成株生长发育节律】北京地区 3 月中旬萌动，绿期至 12 月。花期 6～8 月，果期 8～10 月。

【繁殖栽培技术要点】春秋季播种或春季分株，栽培管理粗放。

【应用】丛植、花境和地被。

大花旋覆花 *Inula britanica*

科属：菊科旋覆花属

【植物学特征】多年生草本，株高30～80cm。根状茎发达，茎直立，上部有分枝，全株被长柔毛。叶互生，椭圆形或长圆形，先端锐尖或渐尖，基部宽大，无柄，心形或有耳，半抱茎，边缘有浅齿或疏齿，上面无毛或被疏伏毛，下面密被伏柔毛和腺点。头状花序，排成疏散伞房状；花黄色。瘦果。

【产地分布】原产我国；分布东北、华北、西北和南方地区，朝鲜、日本、蒙古和俄罗斯也有分布。

【习性】耐寒，喜阳，耐阴，耐热，耐干旱，耐瘠薄，耐碱盐，耐湿，适应性强，耐修剪，不择土壤，自生繁衍能力强。

【成株生长发育节律】北京地区3月中旬萌动，绿期至11月。花期7～9月，果期9～10月。

【繁殖栽培技术要点】春秋季播种或春季分株，栽培管理粗放。

【应用】丛植、花境、地被、坡地、疏林下、香用和药用。

柳叶旋覆花 *Inula ensifolia* 又名细叶旋覆花

科属：菊科旋覆花属

【植物学特征】多年生草本，株高50～60cm。茎具纵棱。叶互生，椭圆形、椭圆状披针形或窄长椭圆形，先端尖，基部稍狭，有时呈小耳、半抱茎，全缘或具细锯齿，上面绿色，疏被糙毛，下面淡绿色，密被糙伏毛。头状花序，顶生，呈伞房状排列；花黄色。瘦果。

【产地分布】欧洲与亚洲北部。我国也有野生分布。

【习性】耐寒，喜阳，稍耐阴，耐热，耐干旱，耐瘠薄，耐碱盐，耐湿，适应性强，耐修剪，不择土壤，自生繁衍能力强。

【成株生长发育节律】北京地区3月中旬萌动，绿期至11月。花期8～10月，果期10～11月。

【繁殖栽培技术要点】春秋季播种或春季分株，栽培管理粗放。

【应用】丛植、花境、地被、坡地、疏林下、香用和药用。

土木香 *Inula helenium*

科属：菊科旋覆花属

【植物学特征】多年生草本，株高 60～150cm。根茎块状，茎粗壮，具纵沟棱，被开展的长毛。茎基叶较疏，基部渐狭成具长达 20cm 翅柄，叶片椭圆状披针形至披针形，长 10～40cm，宽 10～25cm，先端尖，边缘不规则的齿或重齿，上面基部被疣状糙毛，下面被黄绿色密茸毛，叶脉在下面稍隆起，网脉明显；中部叶卵圆状披针形或长圆形，较小，基部心形，半抱茎；上部叶披针形。头状花序，排列成伞房状或总状花序；花黄色。瘦果，近圆柱状。

【产地分布】原产亚洲和欧洲；常见栽培。

【习性】耐寒，喜阳，耐热，稍耐阴，耐旱，对土壤要求不严。

【成株生长发育节律】北京地区 3 月下旬萌动，绿期至 11 月。花期 6～9 月，果期 8～10 月。

【繁殖栽培技术要点】秋季播种或春季分株，栽培管理粗放。

【应用】花境背景、丛植和药用。

菊蒿 *Tanacetum vulgare* 又名金纽扣

科属：菊科艾菊属

【植物学特征】多年生草本，株高 50～100cm。茎直立，上部常分枝。叶矩椭圆形或矩椭圆状卵形，长达 20 cm，宽 8～10cm，2 回羽状分裂或深裂，裂片卵形至卵状披针形，羽轴有栉齿状裂片，叶两面无毛或有疏单毛或叉状分枝的毛，下部叶有长叶柄，叶柄基部扩大，上部的叶无叶柄。头状花序异型，多数在茎与分枝顶端排成复伞房状；花筒状，黄色。瘦果。

【产地分布】原产我国；分布东北、华北和西北等地，朝鲜、日本、蒙古和俄罗斯也有分布。

【习性】耐寒，喜阳，耐热，耐旱，耐瘠薄，适应性强，对土壤要求不严。

【成株生长发育节律】北京地区 3 月下旬萌动，绿期至 11 月。花期 8～9 月，果期 10～11 月。

【繁殖栽培技术要点】春秋季播种或春季分株，栽培管理粗放。

【应用】花境、地被和药用。

紫菀 *Aster tataricus*

科属：菊科紫菀属

【植物学特征】多年生草本，株高 50～100cm。茎直立，有疏粗毛，上部多分枝。基生叶大，长椭圆形或椭圆状匙形，长 20～30cm，宽 3～10cm，先端钝尖，基部渐狭，延长成具翅的长柄，边缘具锯齿，两面疏生糙毛。上部叶较小，披针形，无柄，全缘。头状花序，排列成复伞房状；花蓝紫色。瘦果。

【产地分布】原产我国；分布东北、华北、西北和华东等地，朝鲜、日本和俄罗斯也有分布。

【习性】耐寒，耐热，耐旱，耐瘠薄，适应性强，耐修剪，对土壤要求不严。

【成株生长发育节律】北京地区 3 月中旬萌动，绿期至 11 月。花期 8～10 月，果期 10～11 月。

【繁殖栽培技术要点】春秋季播种或春季分株，栽培管理粗放。

【应用】花坛、花境、地被和药用。

高山紫菀 *Aster alpinus*

科属：菊科紫菀属

【植物学特征】多年生草本，株高 15～40cm。根茎粗壮，有丛生茎和莲座状叶丛。茎直立，不分枝。基部被枯叶残片，下部叶匙状或线状长圆形，先端圆形稍尖，基部渐狭成具翅的柄，全缘；中部叶长或稍有腺点，中脉及三出脉在下面稍凸起。头状花序，单生；花舌状，总苞片有密或疏柔毛，花冠紫色、蓝色或浅红色。瘦果，长圆形。

【产地分布】原产我国；分布华北和西北等地，蒙古和俄罗斯也有分布。

【习性】耐寒，喜凉爽，喜阳，耐旱，耐瘠薄，适应性强，耐修剪，对土壤要求不严。

【成株生长发育节律】北京地区 3 月下旬萌动，绿期至 11 月。花期 8～10 月，果期 10～11 月。

【繁殖栽培技术要点】春秋季播种或春季分株，栽培管理粗放。

【应用】花坛、花境和地被。

荷兰菊 *Aster novi - belgii*

科属：菊科紫菀属

【植物学特征】多年生草本，株高 50～100cm。有地下走茎。茎丛生、多分枝。叶长圆形至线状披针形，长 5～12cm, 宽 1～3cm，光滑，先端渐尖，基部渐狭，全缘或有浅锯齿；上部叶无柄，基部抱茎。头状花序，在枝顶排列形成伞房状；花蓝、紫、红等色。瘦果。

美国紫苑 *A. novae - angliae*

株高 50～100cm，全株具短柔毛叶披针形，花粉红色。

【产地分布】原产北美洲；常见栽培。

【习性】耐寒，耐热，喜阳，耐旱，耐瘠薄，适应性强，耐修剪，宜含腐殖质丰富、排水良好的土壤。

【成株生长发育节律】北京地区 3 月下旬萌动，绿期至 11 月。花期 9～10 月，果期 10～11 月。

【繁殖栽培技术要点】春秋季播种或春季分株，栽培管理粗放。

【应用】花坛、花境和地被。

美国紫苑

蓝刺头 *Echinops latifolius*

科属：菊科蓝刺头属

【植物学特征】多年生草本，株高40～80cm。茎直立，有纵沟棱，被白色绵毛，少分枝。叶互生，2回羽状分裂或深裂，裂片披针形，有刺尖头，有缺刻状小裂片，边缘有刺齿，上面绿色，下面密生白色绵毛。复头状花序呈圆球形，直径4～6cm，外苞为刚毛状；花冠筒状，蓝色。瘦果，圆柱形。

【产地分布】原产我国；分布东北、华北、西北和黄河流域等地，朝鲜、蒙古和俄罗斯也有分布。

【习性】耐寒，耐热，耐旱，耐瘠薄，对土壤要求不严。

【成株生长发育节律】北京地区3月下旬萌动，绿期至12月。花期6～8月，果期8～10月。

【繁殖栽培技术要点】春秋季播种或自播或春季分株，栽培管理粗放。

【应用】花境、丛植、地被和药用。

魁蓟 *Cirsium leo*

科属：菊科蓟属

【植物学特征】多年生草本，株高80～130cm。多分枝，有纵条棱，被皱缩毛。基生叶无柄，披针形宽披针形，长15～30cm，宽5～11cm，顶端尖，基部抱茎，边缘有小刺，羽状深裂，裂片卵状三角形，两面被皱缩毛，脉上毛较密。头状花序、顶生；总苞宽钟形，有蛛丝状毛；花紫色。瘦果，长椭圆形。

【产地分布】原产我国；分布全国南北各地。

【习性】耐寒，喜阳，耐热，耐湿，稍耐旱，耐瘠薄，适应性强，对土壤要求不严。

【成株生长发育节律】北京地区3月下旬萌动，绿期至11月。花期7～8月，果期9～10月。

【繁殖栽培技术要点】春秋季播种或自播或春季分株，栽培管理粗放。

【用途】花境、丛植和药用。

菜蓟 *Cynara scolymus*

科属：菊科菜蓟属

【植物学特征】多年生草本，株高60～150cm，茎直立，粗壮，上部分枝，有灰白色蛛丝状绒毛。基部叶成莲座状；下部叶椭圆形或宽披针形，长60～100cm，宽5～20cm，羽状深裂或2回羽状分裂，中上部叶渐小，椭圆形至披针形，上面绿色，光滑，下面密被绒毛。头状花序，直径7～10cm，单生于枝顶；花紫色。瘦果，椭圆形。

【产地分布】原产欧洲；常见栽培。

【习性】耐寒，喜阳，耐热，耐湿，适应性强，对土壤要求不严，但喜排水良好的肥沃沙质土壤。

【成株生长发育节律】北京地区3月下旬萌动，绿期至11月。花期7～8月，果期9～10月。

【繁殖栽培技术要点】春秋季播种或春季分株，栽培管理粗放。

【用途】花境、丛植和药用。

蛇鞭菊 *Liatris spicata*

科属：菊科蛇鞭菊属

【植物学特征】多年生草本，株高70～120cm。具地下块茎。茎基部膨大呈扁球形，直立，株形长锥状。叶线形或披针形，由下至上逐渐变小。头状花序，小花由上而下次第开放；花紫色和白色。瘦果。

【产地分布】原产北美洲；常见栽培。

【习性】耐寒，耐热，喜阳，稍耐阴，耐干旱，适应性强，对土壤要求不严，但喜排水良好的肥沃沙质土壤。

【成株生长发育节律】北京地区4月上旬萌动，绿期至11月。花期6～8月，果期7～10月。

【繁殖栽培技术要点】春秋季播种或春季分株，栽培管理粗放。

【应用】花坛、花境和丛植。

白花除虫菊 *Pyrethrum cinerariifolium* 又名除虫菊

科属：菊科匹菊属

【植物学特征】多年生草本，株高30～60cm。全株浅银灰色，被贴伏绒毛。茎单生或少数簇生，不分枝或分枝。叶银灰色，有腺点，基生叶长达10～20cm，有长叶柄，叶片卵形或椭圆形，沿有翅的羽轴羽状全裂，1回羽片羽状或掌状再浅裂或深裂，末回羽片条形至矩圆状卵形，顶端钝或羽状短渐尖。头状花序，单生茎枝顶端，排成疏散不规则伞房状；花白花。瘦果，狭倒圆锥形。

【产地分布】原产欧洲；常见栽培。

【习性】耐寒，喜阳和温和气候，对土壤要求不严，但宜湿润而又排水良好的土壤。

【成株生长发育节律】北京地区3月下旬萌动，绿期至11月。花期5～7月，果期7～9月。

【繁殖栽培技术要点】春秋季播种或春季分株，栽培管理粗放。

【用途】花坛、花境、地被和药用。

一枝黄花 *Solidago virgaurea var.dahurica*

科属：菊科一枝黄花属

【植物学特征】多年生草本，株高50～120cm。茎直立，有沟，下部平滑，上部有柔毛，单一或上部分枝；基下部叶具长柄，卵形至长圆状披针形，先端急尖，基部渐狭，边缘有锯齿，表面粗糙，叶背面有毛，具三行明显叶脉；中部叶卵形、长圆形或宽披针形。头状花排列成总状或总状圆锥状；花多密集，黄色。瘦果，圆柱状。

高杆一枝黄花 *S. virgaurea altissima*

株高150～300cm，根状茎很发达，茎粗糙，全株被灰色毛，花序呈蝎尾状，花期9～11月。原产北美洲。

丛生一枝黄花 *S. virgaurea* 'Dwarf Tufed'

株高30～50cm，叶近无毛。园艺品种。

【产地分布】原产我国；分布东北、华北和西北等地。

【习性】耐寒，耐热，喜阳，耐旱，耐瘠薄，耐湿，抗倒伏，适应性强，对土壤要求不严，自生繁殖能力强。

【成株生长发育节律】北京地区3月上旬萌动，绿期至12月。花期6～8月，果期8～9月。

【繁殖栽培技术要点】春秋季播种或春季分株，栽培管理粗放。

【应用】花境、丛植、地被（高杆一枝黄花作背景）和药用。

高杆一枝黄花

丛生一枝黄花

串叶松香草 *Silphium perfoliatum*

科属：菊科松香草属

【植物学特征】多年生草本，株高 150～300cm。茎直立，粗壮坚挺，四棱形，光滑无毛，上部多分枝。叶对生，卵形，长 15～30cm，宽 10～20cm，先端急尖，下部叶基部渐狭成柄，边缘有粗锯齿，两面具粗柔毛。头状花序，在茎顶成伞房状；花黄色。瘦果，倒卵形。

重瓣串叶松香草 *S. perfoliatum* cv. 'Incomparabilis'

花重瓣。

【产地分布】原产北美洲；广泛栽培。

【习性】耐寒，耐热，喜阳，耐阴，耐旱，耐瘠薄，耐湿，适应性强，对土壤要求不严，有自生繁衍能力。

【成株生长发育节律】北京地区 4 月上旬萌动，绿期至 12 月。花期 8～10 月，果期 10～11 月。

【繁殖栽培技术要点】春秋季播种或春季分株，栽培管理粗放。

【应用】花境、地被（作背景）、林下和饲用。

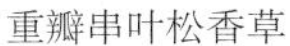

重瓣串叶松香草

果香菊 *Chamaemelum nobile*

科属： 菊科果香菊属

【植物学特征】多年生草本，株高 20～30cm。多分枝，全株被柔毛，有强烈的香味。茎直立或匍匐状，分枝。叶互生，无柄，叶轮廓长圆形或长圆披针形，二至三回羽状全裂，末回裂片很狭或披针形，顶端有软骨质尖头。头状花序，单生于茎和长枝顶端，具异型花；花白色。瘦果，陀螺状。

【产地分布】原产南欧和北非；常见栽培。

【习性】耐寒，喜阳，耐干旱，在肥沃、干燥、排水良好的沙质土壤上生长较好。

【成株生长发育节律】北京地区 4 月上旬萌动，绿期至 11 月。花期 5～7 月，果期 7～9 月。

【繁殖栽培技术要点】春秋季播种或春季分株，栽培管理粗放。

【用途】花坛、花境、点缀、地被和药用。

大花金鸡菊 *Coreopsis grandiflora*

科属：菊科金鸡菊属

【植物学特征】多年生草本，株高30～80cm。茎直立，分枝，下部常有稀疏的糙毛。叶对生，基生叶有长柄，披针形或匙形；下部叶羽状全裂，裂片长圆形；中部叶及上部叶3～5深裂，裂片披针形或条形。头状花序，单生枝端；舌状花单轮，花黄色。瘦果，近圆形。

重瓣金鸡菊 *C. lanceolata*

又名剑叶金鸡菊，有纺锤状根，叶多簇生基部，而茎上仅具1～2对叶，花重瓣，黄色。

【产地分布】原产北美洲；常见栽培。

【习性】耐寒，喜阳，稍耐阴，耐湿，耐旱，耐瘠薄，适应性强，耐修剪，对土壤要求不严。

【成株生长发育节律】北京地区3月下旬萌动，绿期至12月。花期5～10月，果期7～11月。

【繁殖栽培技术要点】春秋季播种或春季分株，栽培管理粗放。

【应用】花坛、花境、地被和公路旁。

重瓣金鸡菊

宿根天人菊 *Gaillardia aristata*

科属：菊科天人菊属

【植物学特征】多年生草本，株高 30 ～ 70cm。全株具粗毛，茎叶多披散。基部叶或下部茎生叶长圆形或匙形，长 3 ～ 6cm，全缘或羽状缺裂，两面被柔毛，有长柄；中上部叶披针形至长圆形或匙形，长 4 ～ 8cm，基部无柄或心形抱茎。头状花序，顶生，具长梗；舌状花黄色，基部红褐色。瘦果。

‘黄花’宿根天人菊 *G. aristata* cv. ‘Yellow Flower’

花黄色。

‘红花’宿根天人菊 *G. aristata* cv. ‘Red Flower’

花红色。

【产地分布】原产北美洲；广泛栽培。

【习性】耐寒，喜阳，稍耐阴，耐热，耐湿，耐旱，耐瘠薄，适应性强，对土壤要求不严。

【成株生长发育节律】北京地区 3 月下旬萌动，绿期至 12 月上旬。花期 6 ～ 11 月，果期 7 ～ 11 月。

【繁殖栽培技术要点】春秋季播种或春季分株，栽培管理粗放。

【应用】花坛、花境、丛植和地被。

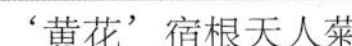

‘黄花’宿根天人菊

‘红花’宿根天人菊

黑心菊 *Rudbeckia hybrida*

科属：菊科金光菊属

【植物学特征】多年生草本，株高 30～100cm。上部多分枝，枝叶粗糙，全株被粗毛。下部叶长卵圆、长圆形或匙形，长 7～13cm，先端尖，基部楔状下延，具三脉，边缘具粗齿。上部叶长圆状披针形，边缘有细至粗疏锯齿或全缘，无柄或短柄。头状花序；花有深浅不同的黄褐色，基部暗紫色，筒状花半球形，深褐色。瘦果。

重瓣黑心菊 *R. hybrida* cv. 'Incomparabilis'

花半重瓣和重瓣。

【产地分布】原产北美洲；品种多，广泛栽培。

【习性】耐寒，喜阳，稍耐阴，耐热，耐旱，耐瘠薄，适应性强，对土壤要求不严，但喜疏松、排水良好的沙质土壤。

【成株生长发育节律】北京地区 4 月上旬萌动，绿期至 11 月。花期 6～10 月，果期 7～11 月。

【繁殖栽培技术要点】春秋季播种或春季分株，栽培管理粗放。

【应用】花坛、丛植、花境、地被和疏林下。

‘半重瓣’黑心菊

重瓣黑心菊

金光菊 *Rudbeckia laciniata*

科属：菊科金光菊属

【植物学特征】多年生草本，株高 60～100cm。茎上部多分枝，无毛或稍被短粗毛。叶不分裂或羽壮分裂 5～7 裂，裂片长圆状披针形，先端尖，边缘具有不等的疏锯齿或浅裂，背面边缘被短糙毛。头状花序，单生枝顶；花金黄色。瘦果。

【产地分布】原产北美洲；广泛栽培。

【习性】耐寒，喜阳，稍耐阴，耐热，耐旱，耐瘠薄，耐修剪，适应性强，对土壤要求不严，但喜疏松、排水良好的沙质土壤。

【成株生长发育节律】北京地区 4 月上旬萌动，绿期至 11 月。花期 6～10 月，果期 7～11 月。

【繁殖栽培技术要点】春秋季播种或春季分株，栽培管理粗放。

【应用】花坛、丛植、花境、地被和疏林下。

松果菊 *Echinacea purpurea*

科属：菊科松果菊属

【植物学特征】多年生草本，株高 80～100cm。茎直立，少分枝或上部分枝，全株具粗糙毛。叶卵形至卵状披针形，长 7～20cm，边缘具疏浅锯齿，茎生叶柄基部略抱茎。头状花序，单生枝顶；花紫红、粉、白色；筒状花有光泽，橙红色，突起，形似松果。瘦果。

【产地分布】原产北美洲；广泛栽培。

【习性】耐寒，喜阳，稍耐阴，耐热，耐湿，耐旱，耐瘠薄，适应性强，对土壤要求不严，但喜疏松、排水良好的沙质土壤。

【成株生长发育节律】北京地区 3 月下旬萌动，生长期至 12 月上旬，花期 6～10 月，果期 7～11 月。

【繁殖栽培技术要点】秋季播种或春季分株，栽培管理粗放。

【应用】花坛、丛植、花境和地被。

“第一夫人”松果菊

菊芋 *Helianthus tuberosus* 又名鬼子姜

科属：菊科向日葵属

【植物学特征】多年生草本，株高 200～300cm。具块茎及纤维状根。茎直立，上部分枝。下部叶对生，上部叶互生，叶卵形或卵状椭圆形，长 10～15cm，宽 3～9cm，先端锐尖或渐尖，基部宽楔形或圆形，边缘具粗锯齿，具离基三出脉，上面被短硬毛，下面脉上有短硬毛；上部叶长椭圆形至宽披针形；两者均具有狭翅的叶柄。头状花序，单生于枝顶，直径 5～9cm；花黄色。瘦果，楔形。

【产地分布】原产北美洲；广泛栽培。

【习性】耐寒，喜阳，稍耐阴，耐热，耐湿，耐旱，耐瘠薄，适应性强，对土壤要求不严。

【成株生长发育节律】北京地区 3 月下旬萌动，生长期至 12 月上旬，花期 9～10 月，果期 10～11 月。

【繁殖栽培技术要点】秋季播种或春季分栽块茎，栽培管理粗放。

【应用】丛植、背景、食用和药用。

日光菊 *Heliopsis scabra* 又名赛菊芋

科属：菊科赛菊芋属

【植物学特征】多年生草本，株高 70～150cm。茎枝光滑，叶矩圆形或卵状披针形，上面无毛，下面具柔毛，边缘具粗齿。头状花序，单生；舌状片先端渐尖，黄色。瘦果。

‘重瓣’赛菊芋 *H. scabra* cv. ‘Incomparabilis’

舌状花黄色，舌片先端凹或具锯齿状，重瓣。

【产地分布】原产北美洲；广泛栽培。

【习性】耐寒，喜阳，耐阴，耐热，耐湿，耐旱，耐瘠薄，花期长，适应性强，对土壤要求不严，但喜疏松、排水良好的沙质土壤。

【成株生长发育节律】北京地区 3 月下旬萌动，绿期至 11 月。花期 6～10 月，果期 8～11 月。

【繁殖栽培技术要点】春秋季播种或春季分株，栽培管理粗放。

【用途】花坛、花境、地被和林下。

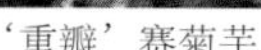

‘重瓣’赛菊芋

滨菊 *Leucanthemum vulgare*

科属：菊科滨菊属

【植物学特征】多年生草本，株高 40～80cm。直立单生或稍有分枝。基生叶匙状倒卵形，长 3～7cm，先端钝，基部渐狭成柄，叶缘具粗齿；中部叶长椭圆形或状长线椭圆，向基部变狭，耳状扩大半抱茎，中部以下或近基部有时羽状浅裂；上部叶渐小，有时羽状全裂；全部叶两面无毛。头状花序，单生茎顶；花径 3～5cm，花白色。瘦果。

‘矮生’滨菊 *L. vulgare* ‘Short’

株高 25～40cm；茎生叶少，无柄，短于基生叶；花白色，花径 6～10cm。

【产地分布】原产欧洲。广泛栽培。

【习性】耐寒，喜阳，稍耐阴，耐湿，稍耐旱，宜腐生质疏松、排水良好的沙质土壤。

【成株生长发育节律】北京地区 4 月上旬萌动，绿期至 12 月。花期 6～8 月，果期 7～9 月。

【繁殖栽培技术要点】秋季播种或春季分株，栽培管理粗放。

【应用】花坛、花境和地被。

矮生滨菊

珠光香青 *Anaphalis margaritacea* 又名铃铃香青

科属：菊科香青属

【植物学特征】多年生草本，株高 30～60cm。全株被蛛丝状毛及腺毛，根状茎细长匍匐，具芳香。莲座状叶及茎下部叶匙状或线状长圆形，长 3～10cm，基部渐狭在茎上下延成具翅的柄或无柄；中上部叶线形或线状披针形；两面被蛛丝状及头状具柄腺毛，边缘被灰白色蛛丝状长毛，具离基三出脉。头状花序，密集成复伞房状；花白色。瘦果，长圆形。

【产地分布】原产我国；分布东北、西北、西南和华中等地，印度、日本、朝鲜和俄罗斯也有分布。

【习性】耐寒，喜凉爽，喜阳，稍耐阴，耐热，耐旱，适应性强，对土壤要求不严。

【成株生长发育节律】北京地区 4 月上旬萌动，绿期至 11 月。花期 6～9 月，果期 9～10 月。

【繁殖栽培技术要点】秋季播种或春季分株，栽培管理粗放。

【应用】花境、地被、芳香油、药用和农药。

兔儿伞 *Syneilesis aconitifolia*

科属：菊科兔儿伞属

【植物学特征】多年生草本，株高60～90cm。有横走根茎。茎无毛，略带棕褐色。基生叶1，花时枯萎；茎生叶2，互生，叶片圆盾形，直径20～30cm；通常7～9掌状分裂近中心，通常再2～3叉状分裂，小裂片宽线形，边缘有粗尖齿；中部叶片直径12～24cm；通常4～5深裂，有长2～6cm柄。头状花序，总苞圆筒状；花淡红色。瘦果，圆柱形。

【产地分布】原产我国；全国各地均有分布，日本和俄罗斯也有分布。

【习性】耐寒，喜阳，耐阴，耐热，耐湿，耐旱，耐瘠薄，适应性强，对土壤要求不严。

【成株生长发育节律】北京地区3月中旬萌动，绿期至11月。花期6～9月，果期8～11月。

【繁殖栽培技术要点】秋季播种或春季分株，栽培管理粗放。

【应用】丛植、地被、林缘下、香用和药用。

菊苣 *Cichorium intybus*

科属：菊科菊苣属

【植物学特征】多年生草本，株高40～110cm。茎直立，全部茎枝绿色，有条棱。基生叶莲座状，倒披针状长椭圆形，长15～34cm，宽2～4cm，基部渐狭有翼柄，大头状倒向羽状深裂或羽状深裂或不分裂而边缘有稀疏的尖锯齿，侧裂片3～6对，顶侧裂片较大，向下侧裂片渐小。头状花序，单生或数个集生于茎顶或枝端，排列成穗状花序；总苞圆柱状，外层披针形，上半部绿色，下半部淡黄白色；舌状花蓝色。瘦果，倒卵状。

【产地分布】原产我国和欧洲及北非；分布东北、华北、西北和华中等地。

【习性】耐寒，喜阳，稍耐阴与耐旱，喜富含腐殖质、湿润而排水良好的沙质土壤。

【成株生长发育节律】北京地区3月下旬萌动，绿期至11月。花期5～7月，果期8～10月。

【繁殖栽培技术要点】春秋季播种或春季分株，栽培管理粗放。

【用途】花境、丛植、食用和药用。

茼蒿菊 *Argyranthemun frutescens* 又名木茼蒿

科属：菊科大茼蒿属

【植物学特征】多年生草本或亚灌木，株高 60～100 cm。全株光滑无毛，多分枝，茎基部呈木质化。基生叶有柄，叶卵形或长椭圆形，长 5～10cm，宽 2～5cm，2 回羽状分裂，1 回裂片深裂或全裂，末回裂片披针形或线形，两面无毛；上部叶渐小全缘。头状花序，着生于上部叶腋中，花梗较长；花黄、粉和白色等色。瘦果。

【产地分布】原产南欧；常见栽培。

【习性】耐寒，喜阳，稍耐阴，忌高温高湿，宜温暖湿润、排水良好的沙壤土。

【成株生长发育节律】北京地区常作一二年生栽培，4 月下旬种植，花期 4～10 月。

【繁殖栽培技术要点】秋季播种或春季分株，栽培管理粗放。

【用途】花坛、丛植、花境和地被。

佩兰 *Eupatorium lindleyanum*

科属：菊科泽兰属

【植物学特征】多年生草本，株高 40～90cm。茎短被柔毛。叶长椭圆状卵形或卵状披针形，长 5～10cm，宽 2～5cm，3 裂或不裂，边缘有粗齿或不规则细齿，两面粗糙无毛及腺点。头状花序，在茎顶及枝端排成伞房花序；总苞钟状，苞片紫红色；花白色或带紫红。瘦果，圆柱形。

【产地分布】原产我国；全国大部地区均有分布。

【习性】耐寒，喜阳，稍耐阴，喜湿，对土壤要求不严。

【成株生长发育节律】北京地区 3 月下旬萌动，绿期至 11 月，花期 6～7 月，果期 7～8 月。

【繁殖栽培技术要点】秋季播种或春季分株，栽培管理粗放。

【应用】花境、草地和药用。

狭苞橐吾 *Ligularia intermedia*

科属：菊科橐吾属

【植物学特征】多年生草本，株高 40～90cm。根状茎短缩，多数。茎直立，上部被白色蛛丝状柔毛，下部光滑。茎生叶具柄，柄长 15～40cm，光滑，基部具狭鞘；叶片肾形或心形，长 8～16cm，宽 12～25cm，先端钝或有尖头，边缘具整齐的小尖头状三角状齿或小齿，基部有圆耳，两面光滑，叶脉掌状；茎上部叶卵状披针形，苞叶状。总状花序，长 22～25cm；头状花序多数，辐射状；花黄色。瘦果，圆柱形。

【产地分布】原产我国；分布东北、华北、西北、西南和长江流域等地，朝鲜和日本也有分布。

【习性】耐寒，喜阳，耐阴，不耐干旱，稍耐湿，对土壤要求不严，但宜疏松、排水良好的沙壤土。

【成株生长发育节律】北京地区 4 月上旬萌动，绿期至 11 月。花果期 7～9 月。

【繁殖栽培技术要点】春秋季播种或春季分株，栽培管理粗放。

【应用】点缀、花境和疏林下（地被）。

全缘囊吾 *Ligularia mongolica*

科属：菊科橐吾属

【植物学特征】多年生草本，株高 50～80cm。茎直立，无毛。基生叶具长柄，叶长圆形或卵形，长 6～15cm，全缘或下部有波状浅齿，顶端近圆形，基部急狭而稍下延至柄上，浅绿色，无毛，具羽状脉；中部叶有较短而下部抱茎的短柄。总状花序，有多数初密集而下部渐疏生的头状花序；总苞狭圆柱形；花黄色。瘦果，圆柱形。

【产地分布】原产我国；分布东北、华北、西北、西南和长江流域等地。

【习性】耐寒，喜凉爽，喜阳，耐阴，耐湿，对土壤要求不严，但宜疏松、排水良好的沙壤土。

【成株生长发育节律】北京地区 4 月上旬萌动，绿期至 11 月。花果期 6～9 月。

【繁殖栽培技术要点】春秋季播种或春季分株，栽培管理粗放。

【应用】草地、点缀、花境、林下（地被）。

离舌橐吾 *Ligularia veitchiana*

科属：菊科橐吾属

【植物学特征】多年生草本，株高60～120cm。根粗状，多数。茎直立，上部被白色蛛丝状毛和黄褐色有节短柔毛。茎生叶具柄，柄长15～50cm，光滑，无槽，下面半圆形，实心，基部具窄鞘；叶片三角状或卵状心形，有时近肾形，长7～17cm，宽12～26cm，先端圆形或钝，边缘有整齐的尖齿，基部近戟形，弯缺宽，长为叶片的1/3，两侧裂片长圆形或近圆形，叉开，两面光滑或下面脉上被白色短毛，叶脉掌状。总状花序长15～40cm；头状花序多数，辐射状；小苞片狭披针形至线形；总苞钟形或筒状钟形；花黄色，疏离，舌片狭倒披针形。瘦果，光滑。

齿叶囊吾 *L. dentata* 'Desdemona'

株高30～120cm，上部有分枝；叶片肾形，先端圆形，边缘具整齐的齿，叶脉掌状，主脉5～7，在下面明显突起，叶面带深色。花黄色。

【产地分布】原产我国；分布黄河以南地区。

【习性】耐寒，喜阳，耐阴，耐干旱，耐湿，宜疏松、排水良好的沙质土壤。

【成株生长发育节律】北京地区4月上旬萌动，绿期至11月。花果期7～9月。

【繁殖栽培技术要点】春秋季播种或春季分株，适宜栽培在排水良好土壤和阴生环境条件下。

【应用】花境、丛植林下（地被）。

齿叶囊吾

掌叶囊吾 *Ligularia przewalskii*

科属：菊科橐吾属

【植物学特征】多年生草本，株高30～120cm。根稍肉质，细而多。茎直立，光滑。茎生叶具柄，长达50cm，基部具鞘；叶片轮廓卵形，掌状4～7裂，长4.5～10cm，宽8～18cm，裂片3～7深裂，中裂片二回3裂，小裂片边缘具条裂齿，两面光滑，稀被短毛，叶脉掌状；茎中上部叶少而小，掌状分裂，常有膨大的鞘。总状花序长达40～55cm；苞片线状钻形；花序梗纤细；头状花序多数，辐射状；总苞狭筒形，线状长圆形。花黄色，舌片线状长圆形。瘦果，长圆形。

【产地分布】原产我国；分布西北、西南和华东等地。

【习性】耐寒，喜阳，耐阴，耐干旱，耐湿，宜疏松、排水良好的沙质土壤。

【成株生长发育节律】北京地区4月上旬萌动，绿期至11月。花果期6～9月。

【繁殖栽培技术要点】春秋季播种或春季分株，适宜栽培在排水良好土壤和阴生环境条件。

【应用】花境、点缀和林下（地被）。

白芨 *Bletilla striata*

科属：兰科白芨属

【植物学特征】多年生草本，株高 25～70cm。根茎（或称假鳞茎）三角状扁球形或不规则菱形，肉质，肥厚，富黏性，常数个相连。茎直立。叶披针形或宽披针形，多纵皱，基部具鞘状，环抱茎上，长 10～45cm，宽 1.5～5cm，无毛，全缘。总状花序，顶生，具花 3～10 朵；花紫色或淡红色。蒴果，圆柱形。

【产地分布】原产我国；分布中原、西南和长江流域等地，日本也有分布。

【习性】耐寒，喜阴，忌强光直射，耐潮湿，宜富含腐殖质肥沃的中性至微酸性土壤。

【成株生长发育节律】北京地区 3 月下旬萌动，绿期至 11 月。花期 4～5 月，果期 6～8 月。

【繁殖栽培技术要点】春秋季播种或春季分株，适宜栽培在排水良好土壤和湿润阴生环境条件下。

【应用】林下（丛植、花境、地被）。

大花杓兰 *Cypripedium macranthum*

科属：兰科杓兰属

【植物学特征】多年生草本，株高 25 ~ 50 cm。具粗短的根状茎，植株被短柔毛或无毛，基部具数枚鞘，鞘上具 3 ~ 5 枚叶。叶片椭圆形或椭圆状卵形，长 12 ~ 20 cm，宽 6 ~ 8 cm，先端渐尖或近急尖，两面脉上略被短柔毛或变无毛，边缘有细缘毛。花常单朵生；花大，紫红色、红色或粉红色，通常有暗色脉纹，极罕白色。蒴果，狭椭圆形。

【产地分布】原产我国；分布东北、华北、西北和黄河流域等地，日本、朝鲜半岛和俄罗斯也有分布。

【习性】耐寒，喜阴，忌强光直射，耐潮湿，宜富含腐殖质肥沃的中性至微酸性、排水良好的土壤。

【成株生长发育节律】北京地区 3 月下旬萌动，绿期至 11 月。花期 6 ~ 7 月，果期 8 ~ 9 月。

【繁殖栽培技术要点】秋季播无菌种或春季分株，适宜栽培在排水良好土壤和阴生环境条件下。

【应用】林缘下 (丛植、花境、地被) 。

手参 *Gymnadenia conopsea*

科属：兰科手参属

【植物学特征】多年生草本，株高 40 ~ 60cm。肉质椭圆形块茎，下部掌状分裂。叶狭长圆形至狭长圆状披针形，基部成鞘状抱茎。穗状花序，具多数密生小花，排列成圆柱状；花粉红色。蒴果，圆柱形。

【产地分布】原产我国；分布东北、华北、西北和西南等地，日本、朝鲜半岛和俄罗斯也有分布。

【习性】耐寒，喜阴，也喜阳，耐潮湿，宜富含腐殖质肥沃的中性至微酸性土壤。

【成株生长发育节律】北京地区 3 月下旬萌动，绿期至 11 月。花期 6 ~ 7 月，果期 8 ~ 9 月。

【繁殖栽培技术要点】秋季播无菌种或春季分株，适宜栽培在排水良好土壤和阴生环境条件下。

【应用】林缘下 (花境、地被) 、草间和药用。

二色补血草 *Limonium aureum*

科属：蓝雪科补血草属

【植物学特征】多年生草本，株高20～70cm。除花萼外全株无毛。叶基生，窄倒卵形或倒卵状披针形，长5～15cm，先端钝而有短尖头，基部渐狭成柄。花轴上部多次分枝；花集合成短而密的小穗，集生于花轴分枝顶端，小穗组成圆盾状或圆锥状花序；小穗通常有2～3花；萼筒漏斗状；花粉红色。蒴果。

中华补血草 ***L. sinense***

株高20～40cm；叶基生广椭圆形至倒卵状披针形；花黄色。

【产地分布】原产我国；分布华北、西北和黄河流域等地，蒙古和俄罗斯也有分布。

【习性】耐寒，喜阳，耐旱，耐瘠薄，耐盐碱，适应性强，对土壤要求不严。

【成株生长发育节律】北京地区4月上旬萌动，绿期至11月。花期6～8月，果期9～10月。

【繁殖栽培技术要点】春秋季播种或春季分株，适宜栽培在排水良好的沙质土壤中。

【用途】花境、地被、河滩、干花和药用。

中华补血草

拳蓼 *Polygonum bistorta*

科属：蓼科蓼属

【植物学特征】多年生草本，株高 50～80cm。根茎粗大，黑褐色，内面紫色。茎单一。基生叶宽披针形或披针针，长可达 18cm，先端锐尖，基部心形或截形；叶柄长达 20cm，有翅。穗状花序顶生，圆柱形，花小，密集；苞片膜质卵形；花被白色或粉红色。瘦果，棱形，红褐色。

【产地分布】原产我国；分布东北、华北、西北、西南和长江流域等地，日本和俄罗斯也有分布。

【习性】耐寒，喜阳，喜冷凉，稍耐阴，耐热，稍耐旱，耐瘠薄，对土壤要求不严。

【成株生长发育节律】北京地区 3 月下旬萌动，绿期至 11 月。花期 6～8 月，果期 9～10 月。

【繁殖栽培技术要点】春秋季播种或春季分株，栽培管理粗放。

【应用】花境、地被、草甸、岩石、蜜源和药用（根）。

何首乌 *Polygonum multiflorum*

科属：蓼科何首乌属

【植物学特征】多年生藤本，长 3～4m。根细长，先端有膨大块根，块根长椭圆状，外皮黑褐色。茎缠绕，多分枝，常呈红紫色，中空，基部木质化。叶互生，卵形或近三角形卵形，长 5～9cm，宽 3～5cm，先端渐尖，基部心形或耳状箭形，全缘，无毛。圆锥状花序，顶生或腋生，大而开展；苞片卵状披针形；花小，白色；花被裂片舟状卵圆形。瘦果；椭圆状三棱形。

块根

【产地分布】原产我国；分布黄河、长江和西南等地。

【习性】耐寒，喜阳，耐热，耐干旱，耐瘠薄，萌蘖性强，对土壤要求不严。

【成株生长发育节律】北京地区 4 月上旬萌动，绿期至 11 月。花期 6～8 月，果期 9～10 月。

【繁殖栽培技术要点】春秋季播种或春季分株，栽培管理粗放。

【应用】坡地、地被、攀缘、垂直绿化和药用。

山荞麦 *Polygonum aubertii*

科属：蓼科蓼属

【植物学特征】多年生藤本，茎多分枝，枝条相互缠绕，左旋上攀。叶互生或簇生，叶三角形或卵状三角形，先端急尖，基部浅心形，两面光滑无毛，全缘。花序圆锥状，顶生或腋生，花梗细长；花白色。瘦果，有三棱，前期白黄色到后期变成褐色。

【产地分布】原产我国；分布华北和西北等地。

【习性】耐寒，耐热，喜阳，稍耐阴，耐干旱，耐瘠薄，耐碱盐，适应性强，对土壤要求不严。

【成株生长发育节律】北京地区3月下旬萌动，绿期至11月。花期8～10月，果期10～11月。

【繁殖栽培技术要点】春秋季播种或春季分株，栽培管理粗放。

【应用】坡地、地被、攀缘、垂直绿化和蜜源。

虎仗 *Polygonum cuspidatum*

科属：蓼科蓼属

【植物学特征】多年生灌木状草本，株高100cm以上。根茎横卧地下，木质，黄褐色，节明显。茎直立，丛生，无毛，中空，散生紫红色斑点。叶互生，叶片宽卵形或卵状椭圆形，长6～12cm，宽5～9cm，先端急尖，基部圆形或楔形，全缘，无毛。花单性，雌雄异株，成腋生的圆锥花序；花粉白色。瘦果椭圆形，黑褐色。

【产地分布】原产我国；分布黄河以南的大部分地区，朝鲜、韩国和日本也有分布。

【习性】耐寒，喜阳，稍耐阴，耐热，耐干旱，耐瘠薄，耐湿，对土壤要求不严。

【成株生长发育节律】北京地区3月下旬萌动，绿期至11月。花期6～8月，果期9～10月。

【繁殖栽培技术要点】春秋季播种或春季分株，栽培管理粗放。

【应用】花境和丛植。

叉分蓼 *Polygonum divaricatum*

科属：蓼科蓼属

【植物学特征】多年生草本，株高 70～150cm。茎直立或斜升，多叉状分枝，枝中空，节部膨大。单叶互生，具矩柄或近无柄，叶片椭圆形、披针形或矩圆状条形，长 5～12cm，先端渐尖，基部渐狭，全缘，两面被疏长毛或无毛，边缘常具缘毛；托叶鞘常破裂。花序形成疏松开展的圆锥状；苞卵形，膜质，内含 2～3 朵花；花被白或淡黄色。瘦果，三棱形。

【产地分布】原产我国；分布东北、华北和西北等，朝鲜、蒙古和俄罗斯也有分布。

【习性】耐寒，喜阳，稍耐阴，耐热，耐干旱，耐瘠薄，耐湿，对土壤要求不严。

【成株生长发育节律】北京地区 3 月下旬萌动，绿期至 11 月。花期 6～8 月，果期 9～10 月。

【繁殖栽培技术要点】春秋季播种或春季分株，栽培管理粗放。

【应用】花境、草甸、地被和林缘下。

大花月见草 *Oenothera odorata*

科属：柳叶菜科月见草属

【植物学特征】多年生草本，株高 20～40cm。植株低矮，呈斜升或稍匍匐状。叶长圆披针形至披针形，全缘。花单生上部叶腋；花大，黄色。蒴果，半圆柱形。

美丽月见草 *O. speciosa*

株高 30～50cm。叶线形至线状披针形，有疏齿；花粉色。

【产地分布】原产南美洲；常见栽培。

【习性】耐寒，喜阳，耐旱，耐瘠薄，对土壤要求不严。

【成株生长发育节律】北京地区 4 月上旬萌动，绿期至 11 月。花期 6～9 月，果期 9～10 月。

【繁殖栽培技术要点】春秋季播种或春季分株，栽培管理粗放。

【应用】花坛、丛植、花境、地被和药用。

美丽月见草

山桃草 *Gaura lindheimeri* 又名千鸟花

科属：柳叶菜科山桃草属

【植物学特征】多年生草本，株高 80～100cm。全株具粗毛，多分枝。叶披针形或匙形，长 3～9cm，先端尖，缘具波状齿，外卷，两面疏生柔毛。穗状花序，顶生，细长而疏散；花小，白色，花瓣匙形向下反卷。蒴果。

【产地分布】原产北美洲。常见栽培。

【习性】耐寒，喜阳，耐热，耐旱，耐瘠薄，要求疏松肥沃沙质土壤。

【成株生长发育节律】北京地区 3 月下旬萌动，绿期至 11 月。花期 6～9 月，果期 9～10 月。

【繁殖栽培技术要点】春秋季播种或春季分株，栽培管理粗放。

【应用】花境、丛植和地被。

柳叶菜 *Epilobium hirsutum*

科属：柳叶菜科柳叶菜属

【植物学特征】多年生草本，株高 50～100cm。根茎粗壮而坚硬，簇生须根。茎直立，上部分枝，密生白色长柔毛及短腺毛。茎下部叶对生，上部叶互生，无柄；叶片长圆形至椭圆状披针形，两面均被长柔毛，边缘具细锯齿，基部略抱茎。花单生于叶腋；萼筒圆柱形，花瓣淡紫红色。蒴果，圆柱形。

【产地分布】原产我国；全国各地均有分布，亚洲、欧洲和北非也有分布。

【习性】耐寒，喜阳，稍耐阴，耐湿，要求疏松肥沃的沙壤土。

【成株生长发育节律】北京地区 3 月下旬萌动，绿期至 11 月。花期 6～8 月，果期 9～10 月。

【繁殖栽培技术要点】春秋季播种或春季分株，适宜栽培在含腐殖质肥沃的土壤。

【用途】花境、路旁和草甸。

柳兰 *Chamaenerion angustifolium*

科属：柳叶菜科柳兰属

【植物学特征】多年生草本，株高 60～110cm。茎直立，通常不分枝。叶互生，披针形，长 7～15cm，宽 1～3cm，先端长渐尖，基部楔形，近全缘或具稀疏细锯齿，上面无毛或微被毛，下面仅中脉被毛，无叶柄。总状花序，顶生，成密集长穗状，长 30～60cm；花紫红色或淡红色。蒴果，圆柱形。

【产地分布】原产我国；分布东北、西北、华北和西南等地。

【习性】耐寒，耐热，耐旱，喜凉爽阳光充足气候，稍耐阴，稍耐旱，宜富含腐殖质肥沃的排水良好的土壤。

【成株生长发育节律】北京地区 3 月下旬萌动，绿期至 11 月。花期 6～8 月，果期 9～10 月。

【繁殖栽培技术要点】春秋季播种或春季分株，适宜栽培在凉爽的环境和含腐殖质肥沃的土壤。

【应用】花坛、花境、丛植、林缘下和药用。

白薇 *Cynanchum atratum*

科属：萝藦科鹅绒藤属

【植物学特征】多年生草本，株高 40～70cm。植物体内有白色乳汁，有香气。茎直立，通常不分枝，密被灰白色短柔毛。叶对生，宽卵形或卵状椭圆形，长 3～10cm，宽 2～7cm，先端短渐尖，基部圆形，全缘，上面绿色，被短柔毛，老时渐脱落，下面淡绿色。伞形聚伞花序，腋生；花黑紫色。蓇葖果，纺锤形。

【产地分布】原产我国；分布东北、华北和黄河流域等地。

【习性】耐寒，喜阳，稍耐阴，耐旱，宜肥沃的沙质土壤。

【成株生长发育节律】北京地区 4 月初萌动，绿期至 11 月。花期 5～7 月，果期 8～10 月。

【繁殖栽培技术要点】春秋季播种或春季分株，适宜栽培在含腐殖质肥沃的土壤。

【应用】丛植、花境、地被、香用和药用。

萝藦 *Metaplexis japonica*

科属：萝藦科萝藦属

【植物学特征】多年生藤本，有根状茎，具乳汁，茎圆柱形，下部木质化，上部较韧。叶对生，宽卵形或长卵形，长4～10cm，宽3～8cm，全缘，先端短渐尖，基部心形，上面绿色，下面粉绿色。总状聚伞花序，腋生或腋外生，花多朵，有强烈的气味；花冠钟状，白色带紫红色斑纹，裂片里面有毛。蓇葖果，双生，纺锤形，长8～10cm，直径2～3cm，表面有瘤状突起。

【产地分布】原产我国；分布东北、华北、西北、西南和华中等地。

【习性】耐寒，耐热，喜阳，稍耐阴，耐旱，耐瘠薄，耐湿，适应性强，对土壤要求不严。

【成株生长发育节律】北京地区4月上旬萌动，绿期至12月。花期6～8月，果期7～9月。

【繁殖栽培技术要点】春秋季播种或春季分株，栽培管理粗放。

【应用】地被、攀缘、坡地、药用和造纸。

鹅绒藤 *Cynanchum chinensis*

科属：萝藦科鹅绒藤属

【植物学特征】多年生藤本。茎缠绕，全株被短柔毛。叶对生，宽三角状心形，长4～9cm，宽3～7cm，先端渐尖，基部心形，上面绿色，下面灰绿色，两面有短柔毛。伞状二歧聚伞花序，腋生，具多花；花白色。蓇葖果，角状圆柱形。

【产地分布】原产我国；分布东北、华北、西北、西南和华中等地。

【习性】耐寒，耐热，喜阳，耐阴，耐旱，耐瘠薄，耐湿，适应性强，对土壤要求不严。

【成株生长发育节律】北京地区4月上旬萌动，绿期至12月。花期6～8月，果期7～10月。

【繁殖栽培技术要点】春秋季播种或春季分株，栽培管理粗放。

【应用】坡地、地被、攀缘、疏林下和药用。

草麻黄 *Ephedra sinica*

科属：麻黄科麻黄属

【植物学特征】多年生草本或草木状小灌木，株高 20～40 cm。木质茎短，常呈横卧状。小枝丛生，直伸，少分枝。叶膜质鞘状，基部合生，上部二裂，裂片锐三角形。花单性，雌雄异株，雄花常成复穗状花序，雌花单生枝顶，成熟时红色。浆果。

【产地分布】原产我国；分布东北、西北、华北和中原等地。

【习性】耐寒，喜阳，耐旱，耐瘠薄，耐盐碱，对土壤要求不严。

【成株生长发育节律】北京地区 3 月中旬萌动，绿期至 11 月。花期 5～6 月，果期 9～10 月。

【繁殖栽培技术要点】春秋季播种或春季分株，栽培管理粗放。

【应用】花境、地被、河滩、岩石和药用。

落葵薯 *Anredera cordifolia* 又名藤三七

科属：落葵科落葵薯属

【植物学特征】多年生藤本，长可达数米。根状茎粗壮。叶具短柄，叶片卵形至近圆形，长 2～6cm，宽 1.5～5.5cm，顶端急尖，基部圆形或心形，稍肉质，腋生小块茎（珠芽）。总状花序，具多花，花序轴纤细，下垂，长 7～25cm；花白色。果卵球形。

【产地分布】原产我国和南美洲；分布我国西南、华东和华南等地，南美洲有分布；常见栽培。

【习性】较耐寒，喜阴，忌强光直射，耐潮湿，宜富含腐殖质肥沃的中性至微酸性土壤。

【成株生长发育节律】北京地区（小气候条件下）4 月下旬萌动，绿期至 10 月。花果期 8～10 月。

【繁殖栽培技术要点】春秋季播种或春季分株，适宜栽培在排水良好土壤和阴生环境条件下。

【应用】林下地被、攀缘、食用和药用。

马鞭草 *Verbena officinalis*

科属：马鞭草科马鞭草属

【植物学特征】多年生草本，株高 30～120cm。茎四棱，上部方形，老后下部近圆形，棱和节上被短硬毛。叶卵圆形或长圆状披针形，长 2～8cm，宽 1～5cm；基生叶的边缘常具粗齿；茎生叶为 3～5 深裂，裂片不规则的羽状分裂或不分裂而具粗齿，两面被硬毛，下面脉上的毛尤密。穗状花序，顶生或腋生；花淡蓝紫色。蒴果，长圆形。

【产地分布】原产我国；分布华北、西北和华东等地，世界各地均有分布。

【习性】耐寒，喜阳，耐热，怕涝，在肥沃、干燥、排水良好的沙质土壤上生长较好。

【成株生长发育节律】北京地区 4 月上旬萌动，绿期至 11 月。花期 6～10 月，果期 8～11 月。

【用途】花境、丛植、地被和药用。

老鹳草 *Geranium wilfordii*

科属：牻牛儿苗科老鹳草属

【植物学特征】多年生草本，株高 30～70 cm。茎伏卧或略倾斜，多分枝。叶对生，具平伏卷曲的柔毛，3～5 深裂，近五角形，基部略呈心形，裂片近菱形，先端钝或突尖，边缘具整齐的锯齿，上面绿色，具伏毛，下面淡绿色，沿叶脉被柔毛。花粉色，具深红色纵脉。蒴果。

【产地分布】原产我国；分布东北、华北、西北、华中和西南等地，俄罗斯远东、朝鲜和日本也有分布。

【习性】耐寒，喜阳，稍耐阴，耐热，耐干旱，耐碱盐，对土壤要求不严。

【成株生长发育节律】北京地区 3 月中旬萌动，绿期至 11 月。花期 6～7 月，果期 8～9 月。

【繁殖栽培技术要点】春秋季播种或春季分株，栽培管理粗放。

【应用】花坛、花境、疏林下和地被。

毛蕊老鹳草 *Geranium eriostemon*

科属：牻牛儿苗科老鹳草属

【植物学特征】多年生草本，株高 30～80cm。茎直立，向上分枝，有白毛。叶互生，肾状五角形，直径 5～10cm，掌状 5 中裂或略深，裂片菱状卵形，宽 3～5cm，边缘有羽状缺刻或粗牙齿，上面有长伏毛，下面脉上疏生长柔毛。聚伞花序顶生，花冠浅红紫色。蒴果，具毛。

【产地分布】原产我国；分布东北、华北、西北和西南等地，俄罗斯、朝鲜和蒙古也有分布。

【习性】耐寒，喜阳，稍耐阴，稍耐热，稍耐旱，对土壤要求不严。

【成株生长发育节律】北京地区 3 月中旬萌动，绿期至 11 月。花期 6～8 月，果期 8～9 月。

【繁殖栽培技术要点】春秋季播种或春季分株，栽培管理粗放。

【应用】花境、疏林下、草甸和地被。

白头翁 *Pulsatilla chinensis*

科属：毛茛科白头翁属

【植物学特征】多年生草本，株高 20 ～ 30cm。根茎粗直，颈部常分枝。全株密被白色长柔毛。基生叶 4 ～ 5 片；叶柄长 15 ～ 20cm，密被长柔毛；叶宽卵形，长 4 ～ 15cm，宽 7 ～ 16cm，下面有柔毛，3 出复叶；中央小叶三全裂，裂片顶端具 2 ～ 3 圆齿；侧生小叶 2 ～ 3 深裂，小裂片全缘或先端具数个圆齿，表面近无毛，背面密被伏毛。花单朵顶生，萼片花瓣状，蓝紫色，外被白色柔毛。瘦果，密集成头状，花柱宿存，银丝状，形似白头老翁。

【产地分布】原产我国；分布东北、华北和华东等地。

【习性】耐寒，喜阳，稍耐阴，喜凉爽气候，要求排水良好的土壤。

【成株生长发育节律】北京地区 3 月中旬萌动，绿期至 11 月。花期 4 ～ 5 月，果期 5 ～ 7 月。

【繁殖栽培技术要点】春秋季播种或春季分株，适宜栽培在排水良好的土壤。

【应用】花坛、花境、丛植、坡地、地被和药用。

银莲花 *Anemone cathayensis*

科属：毛茛科银莲花属

【植物学特征】多年生草本，株高 30 ～ 60cm。基生叶 4 ～ 8，叶柄长 6 ～ 30cm，疏生长柔毛；叶片圆肾形，3 全裂，中央裂片宽菱形或菱状倒卵形，3 裂近中部，2 回裂片浅裂，末回裂片卵形；侧裂片斜扁形，不等 3 深裂；两面疏生柔毛。花莛 2 ～ 6；花白色或带粉红色。瘦果。

【产地分布】原产北半球温带地区；广泛分布于世界各地，我国三北地区均有分布。

【习性】耐寒，稍耐阴、喜凉爽、湿润、排水良好的肥沃土壤。

【成株生长发育节律】北京地区 3 月下旬萌动，绿期至 11 月。花期 5 ～ 6 月，果期 7 ～ 8 月。

【繁殖栽培技术要点】春秋季播种或春季分株，适宜栽培在凉爽湿润的环境和排水良好的土壤。

【应用】花境、丛植、草甸和药用。

金莲花 *Trollius chinensis*

科属：毛茛科金莲花属

【植物学特征】多年生草本，株高 50 ～ 70cm。茎直立，全体无毛，基生叶具长柄。叶片五角形，长 3 ～ 7cm，宽 6 ～ 12cm，基部心形，3 全裂，中央裂片菱形，顶端急尖，基部楔形，3 中裂，中间小裂片又 3 裂，裂片边缘不等的三角形锐锯齿。花通常单生；花金黄色。蓇葖果。

【产地分布】原产北半球温带；我国东北、华北 、西北和西南等地均有分布。

【习性】耐寒，喜阳，喜凉爽湿润，稍耐阴，喜肥沃、排水良好的土壤。

【成株生长发育节律】北京地区 4 月初萌动，绿期至 11 月。花期 6 ～ 7 月，果期 8 ～ 9 月。

【繁殖栽培技术要点】春秋季播种或春季分株，适宜栽培在凉爽湿润的环境和排水良好的土壤。

【应用】花境、地被、草甸、食用、蜜源和药用。

冰凉花 *Adonis amurensis* 又名侧金盏花

科属：毛茛科冰凉花属

【植物学特征】多年生草木，株高 15～25cm。具横走根茎，节间短，密生黑褐色须根。地上茎直立或斜生。叶三回羽状分裂，灰绿色，先花后叶。花单生于主茎和少数分枝的顶端；花径 3～8cm，黄色。聚合瘦果，球形。

【产地分布】原产我国；分布东北等地，朝鲜、日本和俄罗斯远东地区也有分布。

【习性】耐寒，喜冷凉温暖湿润环境，耐阴，忌炎热、喜富含腐殖质、湿润而排水良好的沙质土壤。

【成株生长发育节律】北京地区 2 月上旬萌动，绿期至 7 月。花期 2～4 月，果期 5～6 月。夏季休眠。

【繁殖栽培技术要点】春秋季播种或春季分株，适宜栽培在凉爽湿润的环境和排水良好的土壤。

【应用】丛植、花境、地被、疏林下和药用。

翠雀 *Delphinium grandiflorum*

科属：毛茛科翠雀属

【植物学特征】多年生草本，株高 35～70cm。全株被柔毛。茎具疏分枝，基生叶和茎下部叶具长柄，掌状深裂，叶片圆五角形，三全裂，长 2～6cm，宽 4～8cm，裂片细裂，末回裂片线形，两面疏被短柔毛。总状花序，具 3～15 花；萼片花瓣状，蓝色或紫蓝色。蓇葖果。

大花飞燕草 *D. hybridu*

穗状花序长 15～30cm，花有浅蓝色、深蓝色和肉色等多色。园艺品种。

【产地分布】原产我国，分布东北、华北、西北和西南等地。

【习性】耐寒，喜阳，稍耐阴，耐干旱，喜凉爽干燥环境和排水通畅的沙质土壤。

【成株生长发育节律】北京地区 3 月下旬萌动，绿期至 11 月。花期 5～7 月，果期 8～9 月。

【繁殖栽培技术要点】春秋季播种或春季分株，适宜栽培在凉爽湿润的环境和排水良好的土壤。

【应用】花坛、花境、丛植、地被和药用。

大花飞燕草（园艺品种）

华北耧斗菜 *Aquilegia yabeana*

科属：毛茛科耧斗菜属

【植物学特征】多年生草本，株高 30～60 cm。疏被短柔毛，基生叶具长柄，1～2 回 3 出复叶；小叶菱状倒卵形或宽卵形，3 裂，边缘具圆齿，上面无毛，下面疏被短柔毛；茎生叶较小。花形独特，花下垂，有囊状长距向後延伸；花紫色，狭卵形。蓇葖果。

尖萼耧斗菜 *A. oxysepala*

基生叶为 2 回三出复叶，小叶倒卵形或倒卵状楔形，花红堇色。

【产地分布】原产我国；分布东北、华北、西北和华东等地。

【习性】耐寒，喜阳，耐阴，耐干旱，喜富含腐殖质、湿润而排水良好的沙质土壤。

【成株生长发育节律】北京地区 3 月中旬萌动，绿期至 11 月。花期 5～7 月，果期 7～9 月。

【繁殖栽培技术要点】春秋季播种或春季分株，适宜栽培排水良好的土壤。

【应用】花坛、花境、地被、丛植、疏林下、药用和工业原料。

尖萼耧斗菜

紫花耧斗菜 *Aquilegia viridiflora f.atropurpurea*

科属：毛茛科耧斗菜属

【植物学特征】多年生草本，株高 15～50cm。被短柔毛和腺毛。基生叶少数，2 回 3 出复叶；小叶楔状倒卵形，裂片常具 2～3 圆齿，上面绿色，下面淡绿色或粉绿色，被短柔毛；茎生叶多枚，1～2 回 3 出复叶，渐变小。花序具 3～7 朵；花灰紫色。蓇葖果。

大花耧斗菜 ***A. glandulosa***

花大、花色丰富。园艺品种。

【产地分布】原产我国。常分布东北、华北和西北等地。

【习性】耐寒，喜阳，耐阴，耐干旱性差，喜富含腐殖质、湿润而排水良好的沙质土壤。

【成株生长发育节律】北京地区 3 月中旬萌动，绿期至 11 月。花期 5～7 月，果期 7～9 月。

【繁殖栽培技术要点】春秋季播种或春季分株，适宜栽培在排水良好的土壤。

【应用】花坛、丛植、花境、地被和疏林下。

园艺品种

打破碗碗花 *Anemone hupehensis* 又名野棉花

科属：毛茛科银莲花属

【植物学特征】多年生草本，株高 50～90cm。具根状茎。叶基生深绿色，3 出复叶，具叶柄，小叶不裂或 3 至 5 浅裂，具细齿，背面有毛。聚伞花序顶生；花萼花瓣状，外密生柔毛；花粉红色，基部略带洋红色。瘦果。

【产地分布】原产我国；分布中南和西南等地。

【习性】耐寒，喜阳，耐旱，耐瘠薄，耐湿，适应性强，对土壤要求不严。

【成株生长发育节律】北京地区 4 月上旬萌动，绿期至 11 月。花期 7～9 月，果期 9～11 月。

【繁殖栽培技术要点】春秋季播种或春季分株，栽培管理粗放。

【用途】丛植、花境、地被和药用。

唐松草 *Thalictrum aquilegifolium* var. *sibiricum* 又名东亚唐松草

科属：毛茛科唐松草属

【植物学特征】多年生草本，株高 60～120cm。无毛。有分枝。叶为 2～3 回 3 出复叶；小叶片倒卵形至近圆形，3 浅裂，裂片顶端有缺刻状钝齿，基部楔形、圆形至近心形。复单歧聚伞花序；萼白色或带紫色，宽椭圆形，无花瓣。瘦果，倒卵形。

【产地分布】原产我国；分布东北、华北、西北和华东等地。

【习性】耐寒，喜阳，稍耐阴，耐旱，耐瘠薄，适应性强，对土壤要求不严。

【成株生长发育节律】北京地区 3 月下旬萌动，绿期至 11 月。花期 6～7 月，果期 8～9 月。

【繁殖栽培技术要点】春秋季播种或春季分株，栽培管理粗放。

【用途】花坛、花境、地被、蜜源和药用。

箭头唐松草 *Thalictrum simplex*

科属：毛茛科唐松草属

【植物学特征】多年生草本，株高 60～90m。根茎短，须根细长，黄棕色。全株无毛，茎有纵棱。叶为 2～3 回 3 出羽状复叶；叶柄基部有纵沟，具膜质耳状鞘，茎生叶愈向上叶柄愈短；小叶片线状长圆形或长圆状楔形，全缘或先端 2～3 裂，基部圆形或楔形，边缘反卷。圆锥花序顶生；苞片及小苞片均为卵状披针形；花萼淡绿色，卵形。瘦果，狭卵形。

【产地分布】原产我国；分布东北、华北和西北和西南等地。

【习性】耐寒，喜阳，稍耐阴，耐热，耐干旱，对土壤要求不严。

【成株生长发育节律】北京地区 3 月下旬萌动，绿期至 11 月。花期 5～6 月，果期 7～8 月。

【繁殖栽培技术要点】春秋季播种或春季分株，栽培管理粗放。

【应用】花境、地被和药用。

瓣蕊唐松草 *Thalictrum petaloideum*

科属：毛茛科唐松草属

【植物学特征】多年生草本，株高 20～70cm。无毛。叶为 3～4 回 3 出复叶；小叶狭长圆形至近圆形，不裂或 3 深裂，全缘，脉平或微隆起。伞房状聚伞花序；萼白色，卵形。瘦果，卵球形。

【产地分布】原产我国；分布东北、华北、西北和西南等地。

【习性】耐寒，喜阳，稍耐阴，耐旱，耐瘠薄，适应性强，对土壤要求不严。

【成株生长发育节律】北京地区 3 月下旬萌动，绿期至 11 月。花期 5～7 月，果期 8～9 月。

【繁殖栽培技术要点】春秋季播种或春季分株，栽培管理粗放。

【用途】花境、丛植、草甸、地被、蜜源和药用。

贝加尔唐松草 *Thalictrum baicalense*

科属：毛茛科唐松草属

【植物学特征】多年生草本，株高 50～80m。无毛。叶为 2～3 回 3 出复叶；小叶倒卵状楔形至近圆形，基部圆形或楔形，中下部全缘，先端 3 浅裂，裂片具 2～3 钝圆齿，脉在背面稍隆起明显。聚伞状圆锥花序；萼白色，长圆形。瘦果，卵球形。

【产地分布】原产我国；分布东北、华北、西北和西南等地。

【习性】耐寒，喜阳，稍耐阴，耐旱，耐瘠薄，适应性强，对土壤要求不严。

【成株生长发育节律】北京地区 3 月下旬萌动，绿期至 11 月。花期 5～6 月，果期 7～8 月。

【繁殖栽培技术要点】春秋季播种或春季分株，栽培管理粗放。

【用途】丛植、花境、地被和药用。

匐枝毛茛 *Ranunculus renpens*

科属：毛茛科毛茛属

【植物学特征】多年生草本，株高 15～50cm。须根发达，茎斜升或近直立，粗壮，具槽，上部分枝，具匍匐枝，节上生根。基生叶上具长柄，叶为三出复叶，小叶 3 全裂或 3 深裂，裂片菱形或楔形，具缺刻状牙齿，柄长 10～20cm，茎生叶形状与基生叶相似，叶柄较短。花黄色。瘦果，倒卵形。

【产地分布】原产我国；分布东北、华北和西北等地。

【习性】耐寒，耐热，喜阳，耐阴，耐湿，耐旱，适应性强，对土壤要求不严。

【成株生长发育节律】北京地区 3 月中旬萌动，绿期至 12 月。花期 5～7 月，果期 8～9 月。

【繁殖栽培技术要点】春秋季播种或春季分株，栽培管理粗放。

【应用】花境、坡地、地被和林下。

毛茛 *Ranunculus japonicus*

科属：毛茛科毛茛属

【植物学特征】多年生草本，株高 30～70cm。全株被白色细长毛。基生叶具叶柄，柄长 7～15cm；叶片掌状或近五角形，长 3～6cm，宽 4～7cm，基部心形，常作 3 深裂，裂片椭圆形至倒卵形，中央裂片又 3 裂，两侧裂片又作大小不等 2 裂，先端齿裂，具尖头。单歧聚伞花序，1 或数朵生于茎顶，具长柄；萼片长圆形或长卵形，淡黄色；花瓣亮黄色，阔倒卵形或微凹，基部钝或阔楔形，具蜜槽；瘦果，倒卵形。全株有毒。

小毛茛 *R. ternatus*

株高 8～20cm；叶大多基生并茎生，单叶或三出复叶，3 浅裂至 3 深裂，或全缘及有齿；花黄色。

【产地分布】原产我国；东北至华南均有分布。

【习性】耐寒，耐热，喜阳，耐阴，耐湿，耐旱，适应性强，对土壤要求不严。

【成株生长发育节律】北京地区 3 月中旬萌动，绿期至 12 月。花期 5～7 月，果期 8～9 月。

【繁殖栽培技术要点】春秋季播种或春季分株，适宜栽培在排水良好的土壤。

【应用】花境、丛植、坡地、地被和疏林下。

小毛茛

兴安升麻 *Cimicifuga dahurica* 又名升麻

科属：毛茛科升麻属

【植物学特征】多年生草本，株高 70～100m。根茎粗壮，多弯曲，表面黑色，具恶臭。茎有棱槽。下部茎生叶为 2～3 回三出复叶；小叶卵形，先端急尖，羽状浅裂或在基部深裂，边缘有不规则锯齿。圆锥花序，长 40cm，密被小腺毛；萼片花瓣状，宽椭圆形或宽倒卵形，白色。蓇葖果。

【产地分布】原产我国；分布东北、华北和西北等地。

【习性】耐寒，喜阳，稍耐阴，耐热，耐干旱，耐湿，对土壤要求不严。

【成株生长发育节律】北京地区 3 月下旬萌动，绿期至 11 月。花期 7～8 月，果期 8～9 月。

【繁殖栽培技术要点】春秋季播种或春季分株，适宜栽培在排水良好的土壤。

【应用】花境、坡地和药用。

乌头 *Aconitum carmichaeli*

科属：毛茛科乌头属

【植物学特征】多年生草本，株高 100～130cm。块根通常 2～3 个连生在一起，呈圆锥形或卵形，母根称乌头，旁生侧根称附子。叶互生，革质，卵圆形，有柄，掌状 2～3 回分裂，裂片有缺刻。总状花序狭长；花（萼片）蓝紫色。蓇葖果，长圆形。根有毒。

【产地分布】原产我国；分布在东北、华北、西北和西南等地。

【习性】耐寒，喜阳，喜凉爽，耐阴，耐湿，耐旱，忌烈日酷暑，宜含腐殖质、湿润而排水良好的沙质土壤。

【成株生长发育节律】北京地区 3 月中旬萌动，绿期至 11 月。花期 6～7 月，果熟期 7～8 月。

【繁殖栽培技术要点】春秋季播种或春季分株，适宜栽培在排水良好的肥沃土壤。

【用途】丛植、花境、疏林下和药用。

牛扁 *Aconitum barbatum* var.*puberulum* 又名黄花乌头

科属：毛茛科乌头属

【植物学特征】多年生草本，高可达 50～100cm。茎、叶柄均有反曲紧贴的短柔毛。基生叶和茎下部叶都有长叶柄，叶圆肾形，长 5～15cm，宽 10～20cm，3 全裂，中裂片菱形，不分裂至近中脉，末回小裂片三角形或狭披针形；侧面全裂片 2 深裂，深裂片又羽状深裂；两面被紧贴短毛。总状花序，长 15～25cm，密生反曲微柔毛；花黄色，上萼片呈圆筒形；花瓣 2，有长爪，有矩。蓇葖果。植株有毒。

【产地分布】原产我国；分布华北和西北等地。

【习性】耐寒，喜阳，稍耐阴，耐热，耐旱，耐瘠薄，对土壤要求不严。

【成株生长发育节律】北京地区 4 月上旬萌动，绿期至 11 月。花期 6～8 月，果期 8～10 月。

【繁殖栽培技术要点】春秋季播种或春季分株，适宜栽培排水良好的土壤。

【应用】丛植、花境、疏林下和药用。

草乌 *Aconitum kusnezoffii* 又名北乌头

科属：毛茛科乌头属

【植物学特征】多年生草本，株高 80～150cm。无毛。块根圆锥形。茎中部叶五角形，长 9～16cm，宽 10～20cm，基部心形，3 全裂；中央裂片菱形，渐尖，近羽状深裂，小裂片披针形。花序常分枝，具 9～22 朵花，无毛；花（萼片）紫蓝色。蓇葖果。块根有剧毒。

【产地分布】原产我国；分布东北、华北，朝鲜和俄罗斯西伯利亚也有分布。

【习性】耐寒，喜阳，喜凉爽，耐阴，耐湿，稍耐旱，宜含腐殖质、湿润而排水良好的沙质土壤。

【成株生长发育节律】北京地区 3 月中旬萌动，绿期至 11 月。花期 7～9 月，果期 9～11 月。

【繁殖栽培技术要点】春秋季播种或春季分株，适宜栽培在排水良好的土壤。

【用途】地被、花境、疏林下和药用。

高乌头 *Aconitum sinomontanum*

科属：毛茛科乌头属

【植物学特征】多年生草本，株高 80～150cm。具直根。叶互生，具长柄。叶片肾形，长 12～15cm，宽 20～28cm，基部宽心形，3 深裂；中裂片菱形，惭尖，中部以上具不等大的三角形小裂片和锐牙齿；侧裂片较大，不等的 3 裂；叶柄长 30～40cm。总状花序，长 30～40cm，密被反曲的微柔毛；花（萼片）蓝紫色。蓇葖果。

【产地分布】原产我国；东北、西北、华北和西南等均有分布。

【习性】耐寒，喜阳，喜冷凉，耐阴，耐湿，耐旱，宜含腐殖质、湿润而排水良好的沙质土壤。

【成株生长发育节律】北京地区 3 月下旬萌动，绿期至 11 月。花期 7～8 月，果期 9～10 月。

【繁殖栽培技术要点】春秋季播种或春季分株，适宜栽培在排水良好的土壤。

【应用】地被、疏林下和药用。

山西乌头 *Aconitum smithii*

科属：毛茛科乌头属

【植物学特征】多年生草本，株高 30～80cm。块根狭圆锥形。近等距离生叶，不分枝或分枝；叶片圆五角形，长 5.2～6.5cm，宽 7～10cm，3 全裂，中央全裂片菱形或楔状菱形，3 裂至中部，2 回裂片近邻接，末回裂片狭卵形至线形，两面无毛。顶生总状花序，有 3～7 花；花（萼片）蓝紫色。蓇葖果。

【产地分布】原产我国；分布华北和西北等地。

【习性】耐寒，喜阳，耐阴，耐湿，耐旱，宜含腐殖质、湿润而排水良好的沙质土壤。

【成株生长发育节律】北京地区 3 月下旬萌动，绿期至 11 月。花期 7～8 月，果期 9～10 月。

【繁殖栽培技术要点】春秋季播种或春季分株，适宜栽培在排水良好的土壤。

【应用】丛植、地被、疏林下和药用。

两色乌头 *Aconitum alboviolaceum*

科属：毛茛科乌头属

【植物学特征】多年生藤本，茎缠绕，长 100～250cm，疏被反曲的短柔毛。根圆柱形，长 10～15cm。叶互生，基生叶和茎下部叶具长柄，柄长达 20cm；叶片五角状肾形，长 6～12cm，宽 9～22cm，基部心形，3 深裂至近中部，中央深裂片菱形，侧深裂片不等 2 浅裂，浅裂片上部不明显 3 浅裂，边缘具粗牙齿，两面疏被短伏毛。总状花序，长 6～14cm，具花 3～8 朵；淡紫色。蓇葖果。

【产地分布】原产我国；分布东北和华北等地。

【习性】耐寒，喜阳，喜冷凉，耐阴，耐湿，耐旱，喜富含腐殖质、湿润而排水良好的沙质土壤。

【成株生长发育节律】北京地区 3 月下旬萌动，绿期至 11 月。花期 7～8 月，果期 9～10 月。

【繁殖栽培技术要点】春秋季播种或春季分株，适宜栽培排水良好的土壤。

【应用】地被、疏林下。

驴蹄草 *Caltha palustris*

科属：毛茛科驴蹄草属

【植物学特征】多年生草本，株高 20～4cm。须根肉质。茎直立，实心，具细纵沟，中部或中部以上分枝，稀不分枝。基生叶 3～7，草质，有长柄；柄长 7～24cm；叶片圆形、圆肾形，长 2.5～5cm，宽 3～9cm，先端圆，基部深心形，边缘密生小牙齿。聚伞花序生于茎或分枝顶端，通常有 2 朵花；花黄色，倒卵形或狭倒卵形，先端圆。蓇葖果，有横脉纹。

白花驴蹄草

白花驴蹄草 *C. natans*

全株无毛；叶质薄，有长柄；花白色。

【产地分布】原产我国；分布东北、华北、西北和西南等地。

【习性】耐寒，喜阳，耐阴，耐湿，宜含腐殖质、湿润而排水良好的沙质土壤。

【成株生长发育节律】北京地区 3 月中旬萌动，绿期至 11 月。花期 5～6 月，果期 7～8 月。

【繁殖栽培技术要点】春秋季播种或春季分株，适宜栽培在凉爽湿润的环境和排水良好的土壤。

【用途】地被、花境、岩石和林下。

大叶铁线莲 *Clematis heracleifolia*

科属：毛茛科铁线莲属

【植学物特征】多年生草本，株高 50～80cm.。茎直立，密生白绒毛。3 出复叶，叶宽卵形或近圆形，顶端短尖，基部圆形或楔形，质地厚，边缘有不整齐的粗锯齿，齿尖有小尖头，叶长 6～10cm，宽 3～9 cm。花序腋生和顶生，排列成 2～3 轮；花梗密生灰白色毛，雄花和两性花异株，花萼管状，长 1.5cm，蓝色。瘦果。

【产地分布】原产我国；分布东北、华北、西北、华东和中南等地。

【习性】耐寒，耐热，喜阳，耐阴，耐湿，耐旱，适应性强，对土壤要求不严。

【成株生长发育节律】北京地区 4 月上旬萌动，绿期至 12 月。花期 7～9 月，果期 9～10 月。

【繁殖栽培技术要点】春秋季播种或春季分株，栽培管理粗放。

【应用】丛植、花境、地被和林下。

黄花铁线莲 *Clematis intricata*

科属：毛茛科铁线莲属

【植物学特征】多年生藤本，茎攀缘，多分枝。叶对生，2回羽状复叶，长10～15cm，灰绿色；羽片通常2对，具细长柄；小叶披针形或狭卵形，不分裂或下部具1～2小裂片，边缘疏生牙齿或全缘。花单一或3朵成聚伞花序；花黄色。多数聚集呈丝绒般球状。瘦果。

【产地分布】原产我国；分布东北、华北和西北等地。

【习性】耐寒，喜阳，耐热，耐干旱，耐瘠薄，适应性强，对土壤要求不严。

【成株生长发育节律】北京地区4月上旬萌动，绿期至11月。花期7～8月，果期9～10月。

【繁殖栽培技术要点】春秋季播种或春季分株，适宜栽培在排水良好的土壤。

【应用】地被、坡地、攀缘和药用。

短尾铁线莲 *Clematia brevicaudata*

科属：毛茛科铁线莲属

【植物学特征】多年生藤本，茎攀缘，多分枝，褐紫色，疏生短柔毛。1～2回羽状复叶或2回3出复叶，小叶5～15；小叶长卵形或披针形，先端渐尖呈短尾状，基部圆形，边缘有疏齿，偶3裂，近无毛。圆锥花序，顶生或腋生，比叶短；萼片狭倒卵形，有短毛，白色。瘦果，卵形。

【产地分布】原产我国；分布东北、华北、西北和西南等地。

【习性】耐寒，喜阳，耐热，耐湿，耐干旱，耐瘠薄，适应性强，对土壤要求不严。

【成株生长发育节律】北京地区4月上旬萌动，绿期至11月。花期8～10月上旬，果期10～11月。

【繁殖栽培技术要点】春秋季播种或春季分株，栽培管理粗放。

【应用】地被、坡地、攀缘、蜜源和药用。

辣蓼铁线莲 *Clematis terniflora* var. *maushurie*

科属：毛茛科铁线莲属

【植物学特征】多年生藤本，茎攀缘，茎圆柱形，具细肋棱。节部和嫩枝被白毛。叶对生，三出羽状复叶，叶卵形或卵状披针形，长 3～8cm，宽 1～5cm，先端渐尖，基部圆形或楔形，全缘，稀 2～3 裂，表面绿色，无毛，背面淡缘色或苍白色，叶脉突出，沿叶脉疏生柔毛。圆锥状聚伞花序，腋生或顶生；多花，白色。瘦果，卵形。

大花铁线莲 *C. hybrids*

羽状复叶，小叶 3～5，卵圆形，全缘；花大（花径 8～15 cm），有蓝、紫、粉和白等色。园艺品种。

【产地分布】原产我国；分布东北、华北和西北等地，俄罗斯、蒙古和朝鲜也有分布。

【习性】耐寒，喜阳，喜凉爽，耐阴，稍耐旱，喜富含腐殖质、湿润而排水良好的沙质土壤。

【成株生长发育节律】北京地区 4 月上旬萌动，绿期至 11 月。花期 5～6 月，果期 7～8 月。

【繁殖栽培技术要点】春秋季播种或春季分株，适宜栽培在排水良好的土壤。

【应用】地被、攀缘、蜜源和药用。

大花铁线莲（园艺品种）

东北铁线莲 *Clematis manshurica*

科属：毛茛科铁线莲属

【植物学特征】多年生藤本。茎上升，圆柱形，有细棱，节部密生的毛。叶对生，1（2）回羽状复叶；小叶5～7枚，柄长1～3cm，柄弯曲或缠绕它物上，叶片革质，披针状卵形，先端渐尖，基部近圆形或微心形，全缘，或2～3裂，上面绿色，下面淡绿色，叶脉明显，沿叶脉生有硬毛。圆锥花序；花白色，长圆形至倒卵状长圆形。瘦果，近卵形。

【产地分布】原产我国；分布东北、华北和西北等地，朝鲜、俄罗斯远东地区也有分布。

【习性】耐寒，喜阳，耐阴，喜温暖湿润，宜肥沃的腐殖质壤土栽培。

【成株生长发育节律】北京地区4月上旬萌动，绿期至11月。花期6～8月，果期7～9月。

【繁殖栽培技术要点】春秋季播种或春季分株，适宜栽培在凉爽湿润的环境和排水良好的土壤。

【应用】地被、攀缘、蜜源和林下。

棉团铁线莲 *Clematis hexapetala*

科属：毛茛科铁线莲属

【植物学特征】多年生草本，株高40～100cm。老枝圆柱形，有纵沟；茎疏生柔毛。叶对生，1～2回羽状全裂，裂片基部再2～3裂，线状披针形、长椭圆状披针形至椭圆形，顶端锐尖或凸尖，有时钝，全缘，两面或沿叶脉疏生长柔毛或近无毛，网脉突出。聚伞花序，顶生或腋生，通常3花；花（萼片）白色。瘦果，倒卵形。

【产地分布】原产我国；分布东北、华北、西北和华东等地，蒙古、日本、韩国、俄罗斯西伯利亚东部等也有分布。

【习性】耐寒，喜阳，稍耐阴，喜温暖湿润，宜肥沃的腐殖质壤土栽培。

【成株生长发育节律】北京地区4月上旬萌动，绿期至11月。花期6～8月，果期7～10月。

【繁殖栽培技术要点】春秋季播种或春季分株，适宜栽培在凉爽湿润的环境和排水良好的土壤。

【应用】地被、疏林下和药用。

大花美人蕉 *Canna generalis*

科属：美人蕉科美人蕉属

【植物学特征】多年生球根草本，株高 100～150cm。根状茎粗壮。茎、叶和花序均被白粉。叶质厚，卵状长椭圆形，下部较大，长 30～40cm，宽 15～20cm，全缘，顶端尖，基部阔楔形，中脉明显，侧脉羽状平行，叶柄有鞘。总状花序，顶生，具蜡质白毛，自茎顶抽出，花红、黄、白色，倒披针形；蒴果。

粉美人蕉 *C. glauca*

叶披针形；花排列较疏，粉色。

‘紫叶’美人蕉 *C. warszewiczii*

株高 150～200cm，茎粗壮，紫红色，被蜡质白粉，有很密集的叶；叶片卵形或卵状长圆形，暗绿色，边绿、叶脉多少染紫或古铜色；苞片紫色，卵形，萼片披针形，紫色；唇瓣舌状或线状长圆形，顶端微凹或 2 裂，弯曲，红色。

‘花叶’美人蕉 *C.* ‘striata’

株高 80～120cm，叶宽椭圆形，互生，有明显的中脉和羽状侧脉，镶嵌着土黄、奶黄、绿黄诸色。

【产地分布】原种产亚热带地区；在我国华南和西南等有分布；常见栽培。

【习性】较耐寒，耐热，喜阳，生长旺盛，耐水湿，宜湿润肥沃的深厚土壤。

【成株生长发育节律】北京地区（在小气候条件下）3 月下旬萌动，绿期至 11 月。花期 6～10 月，种子不能自然结实。

【繁殖栽培技术要点】在北京冬季覆盖防冻。块根繁殖，春季种植，在栽培中保持土壤湿润。

【应用】花坛、花境、丛植和湿地。

湿地

‘紫叶’美人蕉

粉美人蕉

‘花叶’美人蕉

白蔹 *Ampelopsis japonica*

科属：葡萄科蛇葡萄属

【植物学特征】多年生藤本。枝褐绿色，无毛。具块根，呈纺锤状。卷须与叶对生，常单一，枝端卷须常渐变成花序。叶掌状复叶，长6～10cm，宽7～12cm；小叶3～5，一部分羽状分裂，一部分羽状缺刻；裂片卵形至披针形，中部裂片较大，两侧的较小，常不分裂，两面无毛。聚伞花序，较小。浆果，成熟时变白色或蓝色。

【产地分布】原产我国；分布于华北、东北、西北、华东和中南等地。

【习性】耐寒，喜阳，稍耐阴，耐旱，宜肥沃的沙质土壤。

【成株生长发育节律】北京地区4月初萌动，绿期至11月。花期6～7月，果期8～9月。

【繁殖栽培技术要点】春秋季播种或春季分株，适宜栽培在排水良好的土壤。

【应用】地被、疏林下、药用和造纸。

川鄂爬山虎 *Parthenocissus henryana*

科属：葡萄科爬山虎属

【植物学特征】多年生藤本，茎攀缘，枝条粗壮，卷须短，多分枝，小枝4棱形。顶端有吸盘，具气生根。掌状复叶5小叶，叶正面主侧脉浅乳白色，形成规则的美丽斑纹，叶背紫红色。聚伞花序，花序狭；花黄绿色。浆果，小球形，蓝黑色。

【产地分布】原产我国；分布湖北、河南、陕西和四川等地。

【习性】耐寒，耐热，喜阳，耐阴，耐旱，耐瘠薄，耐湿，适应性强，耐修剪，对土壤要求不严。

【成株生长发育节律】北京地区3月中旬萌动，绿期至12月。花期6～7月，果期9～10月。

【繁殖栽培技术要点】秋季扦插，栽培管理粗放。

【应用】地被、攀缘、垂直绿化和疏林下。

五叶爬山虎

地锦 *Parthenocisus tricuspidata* 又名爬山虎

科属：葡萄科爬山虎属

【植物学特征】多年生藤本（木质化），茎攀缘，枝条粗壮，卷须短，多分枝，顶端有吸盘，具气生根。叶具长柄，宽卵形，长8～18cm，宽6～16cm，3裂，基部心形，边缘具粗锯齿，上面无毛，下面脉上有柔毛。秋季叶片变红。聚伞花序，着生于两叶间的短枝上，长4～8cm，较叶柄短；萼全缘，花瓣顶端反折；花黄绿色。浆果，小球形，蓝黑色。

五叶爬山虎 *P. quinquefolia*

茎皮红褐色，嫩枝带红色；掌状复叶具5小叶，叶长圆状卵形至倒卵形。原产北美洲。广泛栽培。

【产地分布】原产亚洲东部和北美洲；我国分布极广，日本也有分布。

【习性】耐寒，耐热，喜阳，耐阴，耐旱，耐瘠薄，耐湿，适应性强，耐修剪，对土壤要求不严。

【成株生长发育节律】北京地区3月中旬萌动，绿期至12月。花期6～7月，果期9～10月。

【繁殖栽培技术要点】秋季扦插，栽培管理粗放。

【应用】地被、攀缘、垂直绿化、林下和药用。

垂直

地被

秋

乌头叶蛇葡萄 *Ampelopsis aconitifolia*

科属：葡萄科蛇葡萄属

【植物学特征】多年生藤本，根外皮紫褐色，内皮淡粉红色，具粘性。茎圆柱形，具皮孔，髓白色，幼枝被黄绒毛。卷须与叶对生，具2分叉，掌状3～5全裂，轮廓宽卵形，具长柄；小叶全裂片披针形或菱状披针形，边缘有大粗牙齿，无毛，或幼叶下面脉上稍有毛。聚伞花序，与叶对生，总花柄较叶柄长；花小，黄绿色；花萼不分裂；花盘边缘平截。浆果，近球形，橙黄或橙红色。

【产地分布】原产我国；分布华北、西北和黄河流域等地。

【习性】耐寒，耐热，喜阳，耐阴，耐旱，耐瘠薄，耐湿，适应性强，对土壤要求不严。

【成株生长发育节律】北京地区3月下旬萌动，绿期至12月。花期5～6月，果期7～8月。

【繁殖栽培技术要点】秋季扦插，栽培管理粗放。

【应用】地被、攀缘、垂直绿化、林下、药用和造纸。

蓬子菜 *Galium verum*

科属：茜草科猪殃殃属

【植物学特征】多年生草本，株高30～60cm。茎直立，密被短柔毛。叶6～10片轮生，线形，无柄，两侧密被柔毛，边缘反卷，中脉1，隆起。圆锥花序，顶生或腋生，具多花；花小，黄色。果小，果实双头形。

【产地分布】原产我国；分布东北、华北、西北和长江流域等地，亚洲温带、欧洲和北美洲也有分布。

【习性】耐寒，喜阳，耐热，耐干旱，耐瘠薄，适应能力强，对土壤要求不严。

【成株生长发育节律】北京地区3月下旬萌动，绿期至11月。花期6～7月，果期8～9月。

【繁殖栽培技术要点】春秋季播种或春季扦插，栽培管理粗放。

【应用】花境、丛植、地被、药用和染料。

砧草 *Galium boreale*

科属：茜草科猪殃殃属

【植物学特征】多年生草本，株高20～60cm叶光滑或在叶背中脉和叶缘有细毛；无叶柄，叶卵形或披针形，大小变异很大，先端钝，基部3（5）脉。聚伞花序，顶生或腋生；花白色。果实双头形。

【产地分布】原产我国；分布东北、华北、西北和西南等地。

【习性】耐寒，喜阴，耐热，耐干旱，耐瘠薄，适应能力强，对土壤要求不严。

【成株生长发育节律】北京地区3月下旬萌动，绿期至11月。花期6～7月，果期7～9月。

【繁殖栽培技术要点】春秋季播种或春季扦插，栽培管理粗放。

【应用】地被、林下和药用。

地榆 *Sanguisorba officinalis*

科属：蔷薇科地榆属

【植物学特征】多年生草本，70～120cm。根粗壮。茎直立，无毛，有槽。奇数羽状复叶，小叶5～19，长圆状卵形至线状长椭圆形，基部微心形、截形或宽楔形，边缘有锯齿，无毛；托叶2，抱茎，有锯齿，抱茎。穗状花序，顶生，圆柱状或卵圆形；花丝红色，花药黑色，无花瓣。瘦果。

【产地分布】原产我国；全国各地均有分布。

【习性】耐寒，喜阳，稍耐阴，耐热，耐湿，耐旱，耐瘠薄，适应性强，对土壤要求不严。

【成株生长发育节律】北京地区3月下旬萌动，绿期至12月。花期6～8月，果期8～9月。

【繁殖栽培技术要点】春秋季播种或春季分株，栽培管理粗放。

【应用】地被、坡地、林缘下、药用和农药。

野生草莓 *Fragaria vesca*

科属：蔷薇科草莓属

【植物学特征】多年生草本，株高10～15 cm。茎有柔毛。三出复叶或羽状五小叶，倒卵形、钝圆形，边缘有缺刻锯齿，上面疏被柔毛，下面被短柔毛或无毛。近总状聚伞花序，有花2～5朵，花梗紧贴柔毛；花白色。聚合果卵球形，红色；瘦果，卵形或长圆锥形，红色或淡红色。

【产地分布】原产我国；分布东北、华北、西北和西南等地，欧洲和西亚也有分布。

【习性】耐寒，喜阳，喜冷凉，稍耐阴，耐湿，耐旱，喜富含腐殖质、湿润而排水良好的沙质土壤。

【成株生长发育节律】北京地区3月中旬萌动，绿期至11月。花期5～9月，果期6～10月。

【繁殖栽培技术要点】春秋季播种或春季分株，适宜栽培在排水良好的土壤。

【用途】地被、花境、岩石、林下、蜜源和食用。

龙牙草 *Agrimonia pilosa*

科属：蔷薇科龙牙草属

【植物学特征】多年生草本，株高30～100cm。全株具白色长毛，多呈块茎状。茎直立。单数羽状复叶，小叶3～5对，无柄，卵圆形至倒卵形，先端急尖，基部楔形，边缘具粗锯齿，两面被柔毛，并有稀疏银白色腺体；托叶亚心形，近全缘或具锯齿。总状花序，顶生或腋生，花多；花黄色。瘦果，椭圆形。

【产地分布】原产欧洲；我国各地有分布，朝鲜、蒙古、日本、俄罗斯西伯利亚和远东地区也有分布。

【习性】耐寒，喜阳，耐热，耐旱，耐瘠薄，抗逆性强，对土壤要求不严。

【成株生长发育节律】北京地区4月上旬萌动，绿期至11月。花期6～8月，果期9～10月。

【繁殖栽培技术要点】春秋季播种或春季分株，栽培管理粗放。

【应用】花境、地被、坡地、饲用、药用和农药。

蛇莓 *Duchesnea indica*

科属：蔷薇科蛇莓属

【植物学特征】多年生草本，具长匍匐茎，被柔毛。羽状复叶，具3小叶，倒卵形或菱状长圆形，先端稍钝，边缘具钝齿，叶柄长5～12cm。花单生于叶腋，黄色。瘦果，球形，红色。

【产地分布】原产我国；分布辽宁以南各地，日本、欧洲、美洲也有分布。

【习性】耐寒，耐热，喜阳，耐阴，耐湿，耐旱，耐瘠薄，适应性强，覆盖地表快，自生繁衍能力强，对土壤要求不严。

【成株生长发育节律】北京地区3月上旬萌动，绿期至12月。花期5～6月，果期6～10月。

【繁殖栽培技术要点】春秋季播种或春季分株，栽培管理粗放。

【应用】花境、地被、坡地、岩石和林下。

秋

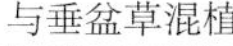

与垂盆草混植

林下

委陵菜 *Potentilla chinensis*

科属：蔷薇科委陵菜属

【植物学特征】多年生草本，株高 20～30cm。具长匍匐茎，被柔毛。羽状复叶，具 3 小叶；小叶片菱状卵圆形，先端稍钝，基部楔形，边缘具粗锯齿，两面散生长柔毛或上面近无毛；托叶椭圆状披针形，具柔毛。伞房状聚伞花序，多花；花黄色。瘦果，长圆状卵形，红色。

【产地分布】原产我国；分布辽宁以南各地。

【习性】耐寒，耐热，喜阳，耐阴，耐湿，耐旱，耐瘠薄，适应性强，对土壤要求不严。

【成株生长发育节律】北京地区 3 月中旬萌动，绿期至 12 月。花期 5～8 月，果期 9～11 月。

【繁殖栽培技术要点】春秋季播种或春季分株，栽培管理粗放。

【应用】花境、地被、坡地、岩石和林下。

莓叶委陵菜 *Potentilla fragarioides*

科属：蔷薇科委陵菜属

【植物学特征】多年生草本，株高 15～30cm。横走根茎。茎多数，丛生，上升或铺散，被开展长柔毛。羽状复叶，有小叶 5～7（9），顶端 3 小叶大，密集，倒卵状菱形或长圆形，顶端稍尖，基部楔形或宽楔形，边缘有多数急尖或圆钝锯齿，上面绿色，下面淡绿，被平铺疏柔毛，下面沿脉较密，锯齿边缘有时密被缘毛；茎生小叶 3～5，较基生叶小。聚伞花序，顶生，多花，松散；花黄色。瘦果，卵圆形，黄白色。

【产地分布】原产我国；分布全国南北各地，日本、朝鲜、蒙古和俄罗斯西伯利亚等地也有分布。

【习性】耐寒，耐热，喜阳，耐阴，耐湿，耐旱，耐瘠薄，适应性强，对土壤要求不严。

【成株生长发育节律】北京地区 3 月中旬萌动，绿期至 12 月。花期 5～7 月，果期 8～9 月。

【繁殖栽培技术要点】春秋季播种或春季分株，栽培管理粗放。

【应用】花境、坡地、地被和林下。

匍枝委陵菜 *Potentilla reptans*

科属：蔷薇科萎陵菜属

【植物学特征】多年生草本，茎细弱，具匍匐枝，长20～50 cm。节部生根。茎、叶、叶柄和花序被伏生柔毛或疏柔毛；基生叶掌状复叶，小叶5，稀3；菱状倒卵形，顶端急尖或渐尖，基部楔形，边缘不整齐的锯齿，两面绿色，叶下面伏生稀疏短毛。花单生叶腋，被短柔毛；花黄色。瘦果，长圆状卵形。

【产地分布】原产我国；分布东北、华北和江南等地，朝鲜、俄罗斯西伯利亚地区和蒙古也有分布。

【习性】耐寒，耐热，喜阳，耐阴，耐湿，耐旱，耐瘠薄，适应性强，对土壤要求不严，覆盖地表快，自生繁衍能力强。

【成株生长发育节律】北京地区3月中旬萌动，绿期至12月。花期5～7月，果期7～9月。

【繁殖栽培技术要点】春秋季播种或春季分株，栽培管理粗放。

【应用】花境、地被、坡地、岩石和林下。

翻白委陵菜 *Potentilla discolor* 又名翻白草

科属：蔷薇科萎陵菜属

【植物学特征】多年生草本，株高10～40cm。根粗壮。茎上升或铺散，密被白色绒毛。羽状复叶，基生小叶7～9；小叶长圆形或长圆状披针形，先端微尖或钝，基部楔形，边缘具粗锯齿；上面绿色，被疏白色绵毛；下面密被白色或灰白色绵毛；茎生叶3小叶。聚伞花序，顶生，花疏；萼片三角状卵形；花黄色。瘦果，近肾形。

【产地分布】原产我国；分布东北、华北、西北、华东、中南和西南等地，朝鲜、日本和俄罗斯也有分布。

【习性】耐寒，耐热，喜阳，耐阴，耐湿，耐旱，耐瘠薄，适应性强，对土壤要求不严。

【成株生长发育节律】北京地区3月中旬萌动，绿期至12月。花期5～7月，果期8～9月。

【繁殖栽培技术要点】春秋季播种或春季分株，栽培管理粗放。

【应用】花境、地被、坡地、岩石和林下。

三叶委陵菜 *Potentilla freyniana*

科属：蔷薇科委陵菜属

【植物学特征】多年生草本，株高 15～25cm。根茎短粗，横走或斜伸，呈串珠状。茎直立，细弱，无匍枝。三出复叶。基生叶通常超出茎或与茎等长；小叶长圆形、椭圆形或卵状长圆形，顶端钝或圆，边缘具微尖锯齿，近基部全缘；茎生叶较小。聚伞花序，顶生，开展；花黄色。瘦果，卵形。

【产地分布】原产我国；分布黄河和长江流域等地。

【习性】耐寒，耐热，喜阳，耐阴，耐湿，耐旱，耐瘠薄，适应性强，对土壤要求不严。

【成株生长发育节律】北京地区 3 月中旬萌动，绿期至 12 月。花期 6～7 月，果期 8～9 月。

【繁殖栽培技术要点】春秋季播种或春季分株，栽培管理粗放。

【应用】花境、地被、坡地、岩石和林下。

二裂委陵菜 *Potentilla bifurca* 又名叉叶委陵菜

科属：蔷薇科委陵菜属

【植物学特征】多年生草本，株高 10～30m。根圆柱形，木质化。花茎直立或上升，自基部分枝，枝上密被疏柔毛或微硬毛。羽状复叶。基生小叶 5～13，椭圆形或倒卵形，基部楔形或宽楔形，两面绿色，部分小叶先端 2 裂，伏生疏柔毛，全缘。茎生叶与基生叶相似。聚伞花序，顶生；花黄色。瘦果，椭圆形。

【产地分布】原产我国；分布东北、华北、西北和西南等地，蒙古和俄罗斯也有分布。

【习性】耐寒，喜阳，耐阴，耐热，耐干旱，耐瘠薄，耐湿，适应性强，对土壤要求不严。

【成株生长发育节律】北京地区 3 月下旬萌动，绿期至 11 月。花期 5～7 月，果期 8～9 月。

【繁殖栽培技术要点】春秋季播种或春季分株，栽培管理粗放。

【应用】花境、地被和坡地。

蚊子草 *Filipendula palmata*

科属：蔷薇科蚊子草属

【植物学特征】多年生草本，株高 50～80cm。根茎短而斜走，茎直立，有细棱。奇数羽状复叶基生叶与茎下部叶具长柄；小叶通常 5，质厚；顶生小叶大，掌状深裂，长 8～15cm，宽 12～16cm，裂片 7～19，宽披针形或长圆状披针形，先端渐尖，边缘有不整齐细锯齿；上面粗造，有短硬毛；下面密生灰白色短绒毛；侧生小叶 1～2 对，通常 3（5）裂；托叶大，常近心形。伞房状圆锥花序，顶生，花多；花白色。瘦果，镰刀形。

【产地分布】原产我国；分布东北、华北、西北和西南等地，世界北半球温带至寒温带均有分布。

【习性】耐寒，喜阳，稍耐阴，耐热，耐湿，适应性强，对土壤要求不严。

【成株生长发育节律】北京地区 3 月下旬萌动，绿期至 11 月。花期 6～7 月，果期 8～9 月。

【繁殖栽培技术要点】春秋季播种或春季分株，栽培管理粗放。

【应用】花境、地被和疏林下。

中华秋海棠 *Begonia sinensis*

科属：秋海棠科秋海棠属

【植物学特征】多年生草本，株高 20～70cm。植株光滑，具块根。在上部少分枝。叶斜卵形，先端渐尖，常呈尾状；叶基心形，偏斜，长 5～12cm，宽 3～9cm，边缘呈尖锯波状，有细尖牙齿，两面无毛。聚伞花序，腋生；花粉红色。蒴果，具 3 翅。

【产地分布】原产我国；分布华北、西南和长江流域等地。

【习性】耐寒，喜阴，耐湿，宜疏松肥沃排水良好的土壤。

【成株生长发育节律】北京地区 4 月上旬萌动，绿期至 11 月。花期 7～8 月，果期 9～10 月。

【繁殖栽培技术要点】春秋季播种或春季分株，适宜栽培在排水良好的土壤。

【应用】花境、地被、林下和药用。

血满草 *Sambucus adnata*

科属：忍冬科接骨木属

【植物学特征】多年生草本，株高 100～200cm。根细长，圆柱形，横生，具多数须根。茎圆，有纵纹，节明显，被粗毛，折断后有红色汁液。叶对生；单数羽状复叶，有突起的成对腺体；小叶片 3～11 枚，长 8～16cm，宽 4～7cm，卵形，两侧小叶均为矩状披针形以至矩卵形，先端渐尖以至长渐尖，边缘有细锯齿，基部平钝或阔楔形，两侧小叶基部均不对称；顶端小叶基部常与下面 2 对小叶相连。圆锥状聚伞花序；花小，繁密，白色，花间杂有黄色杯状腺体。浆果，状核果，黑色。圆形。

【产地分布】原产我国；分布西北和西南等地。

【习性】耐寒，喜阳，稍耐阴，耐热，耐干旱，对土壤要求不严。

【成株生长发育节律】北京地区 3 月下旬萌动，绿期至 11 月。花期 5～7 月，果期 8～10 月。

【繁殖栽培技术要点】春秋季播种或春季分株，栽培管理粗放。

【应用】地被、疏林下和药用。

鱼腥草 *Houttuynia cordata*

科属：三白草科蕺菜属

【植物学特征】多年生草本，株高 30～50cm。具爬行根茎，全株有腥臭味。茎上部直立，常呈紫红色，下部伏地蔓生、生根，节上轮生小根。叶互生，薄纸质，有腺点，背面尤甚，卵形或阔卵形，长 4～10cm，宽 2～6cm，基部心形，全缘，背面常紫红色，掌状叶脉 5～7 条，有柔毛，下部与叶柄合生成鞘。穗状花序，花小，离瓣花类中的不完全花，无花萼、无花瓣，花序茎部有 4 片，白色似花瓣状的总苞片。蒴果，近球形。

【产地分布】原产我国，爪哇和尼泊尔；分布甘肃和长江流域以南地区。

【习性】耐寒，喜阳，耐阴，耐热，耐湿，对土壤要求不严。

【成株生长发育节律】北京地区 4 月上旬萌动，绿期至 11 月。花期 5～6 月，果期 10～11 月。

【繁殖栽培技术要点】春秋季分株或扦插，栽培管理粗放。

【应用】地被、疏林下和食用。

欧当归 *Levisticum officinale*

科属：伞形科欧当归属

【植物学特征】多年生草本，全株有香气，株高 100～250cm。根茎肥大，径 4～5 cm，有多数支根，顶部有多数叶鞘残基。茎直立，光滑无毛，基部径 3～4 cm，带紫红色，有光泽，中空，有纵沟纹。基生叶和茎下部叶二至三回羽状分裂，有长柄，叶柄基部膨大成长圆形，带紫红色的叶鞘；茎上部叶通常仅一回羽状分裂；叶片轮廓为宽倒卵形至宽三角形，茎生叶叶柄较短，最上部的叶多简化成顶端三裂的小叶片；末回裂片倒卵形至卵状菱形，近革质，长 4～11 cm，宽 2～7 cm，叶缘上部 2～3 裂，有少数不整齐的粗大锯齿，叶缘下部全缘，顶端锐尖或有长尖，基部楔形。复伞形花序，直径约 12 cm；小伞形花序近圆球形，花黄绿色。分生果，椭圆形。

【产地分布】原产亚洲西部和地中海；常见栽培。

【习性】耐寒，喜阳，耐热，稍耐阴，耐旱，对土壤要求不严。

【成株生长发育节律】北京地区 3 月下旬萌动，绿期至 11 月。花期 6～8 月，果期 8～9 月。

【繁殖栽培技术要点】春秋季播种或春季分株，栽培管理粗放。

【应用】花境、丛植、地被和药用。

辽藁本 *Ligusticum jeholense*

科属：伞形科藁本属

【植物学特征】多年生草本，株高 30～70cm。茎直立，节间中空，具纵细纹，常下部带暗紫色。根茎呈不规则圆柱状或团块状，具芳香气。茎下部叶和中部叶有长柄，2～3 回三出羽状全裂，最终裂片卵形或菱状卵形，先端钝而具小尖头，基部楔形，边缘有少数缺刻状牙齿，齿顶端有小尖头，上面沿主脉有短糙硬毛。复伞形花序，顶生或腋生；花白色。双悬果，椭圆形。

【产地分布】原产我国；分布东北、华北和黄河流域等地。

【习性】耐寒，喜阳，稍耐阴，以喜温暖湿润的气候、排水良好的壤土栽培为宜。

【成株生长发育节律】北京地区 3 月下旬萌动，绿期至 11 月。花期 7～8 月，果期 8～9 月。

【繁殖栽培技术要点】春秋季播种或春季分株，适宜栽培在排水良好的土壤。

【应用】丛植、地被、林缘下和香用。

防风 *Saposhnikovia divaricata*

科属：伞形科防风属

【植物学特征】多年生草本，株高 30～80cm。根粗壮，长圆柱形，有分枝，有细棱。基生叶丛生，有扁长的叶柄，基部有宽叶鞘，稍抱茎；叶片轮廓三角状卵形，2～3 回羽状深裂，第一回裂片卵形或长圆形，有柄；第二回裂片下部具短柄，末回裂片狭楔形；顶生叶极简化，有宽叶鞘。复伞形花序，多数；花白色。双悬果，狭圆形或椭圆形。

【产地分布】原产我国；分布东北、华北和西北等地。

【习性】耐寒，喜阳，耐热，耐干旱，对土壤要求不严。

【成株生长发育节律】北京地区 3 月下旬萌动，绿期至 11 月。花期 8～9 月，果期 9～10 月。

【繁殖栽培技术要点】春秋季播种或春季分株，栽培管理粗放。

【应用】花境、地被、香用和药用。

兴安白芷 *Angelica dahurica* 又名白芷

科属：伞形科当归属

【植物学特征】多年生草本，株高 100～200m。根圆柱形，有分枝，径 3～5cm，外表皮黄褐色至褐色，有浓烈气味。茎基部径 2～6cm，通常带紫色，中空，有纵长沟纹。基生叶一回羽状分裂，有长柄，叶柄下部有管状抱茎边缘膜质的叶鞘；茎上部叶二至三回羽状分裂，叶片轮廓为卵形至三角形，长 15～30cm，宽 10～25cm，边缘有不规则的白色软骨质粗锯齿，具短尖头，基部两侧常不等大，沿叶轴下延成翅状。复伞形花序顶生或侧生，直径 10～30cm，花序梗长 5～20cm；花白色。果实长圆形至卵圆形，黄棕色，有时带紫色。

【产地分布】原产我国；分布东北和西北等地。

【习性】耐寒，喜阳，稍耐阴，耐干旱，耐湿，以疏松、排水良好的沙质土壤为宜。

【成株生长发育节律】北京地区 4 月上旬萌动，绿期至 11 月。花期 7～8 月，果期 9～10 月。

【繁殖栽培技术要点】春秋季播种或春季分株，适宜栽培在排水良好的土壤。

【应用】地被、林缘下和药用。

天山泽芹 *Berula erecta*

科属：伞形科天山泽芹属

【植物学特征】多年生草本，株高 30 ～ 60cm。常湿生，多须根，有走茎，茎近直立，中空。叶片一回羽状全裂，羽片长圆状披针形或长圆形，8 ～ 9 对，离生，近全缘或浅裂，有不规则锐齿，齿端有小尖头。复伞形花序多与叶对生，伞辐 5 ～ 15，不等长；总苞片 3 ～ 6，小总苞片 5 ～ 6；萼齿三角状钻形；花瓣广卵形，白色；分生果广卵形，外果皮木栓质增厚。

【产地分布】原产我国；分布欧洲、西亚和中亚等地。

【习性】耐寒，喜阳，稍耐阴，耐湿，宜在陆地、潮湿或水中生长。

【成株生长发育节律】北京地区 4 月上旬萌动，绿期至 11 月。花期 7 月，果期 8 月。

【繁殖栽培技术要点】春秋季播种或春季分株，适宜栽培在排水良好的土壤。

【应用】地被、湿地、湖边、水沟边和食用。

北柴胡 *Bupleurum chinense*

科属：伞形科柴胡属

【植物学特征】多年生草本，株高 40 ～ 80cm。主根较粗大，坚硬。茎单一或数茎丛生，上部多回分枝，微作“之”字形曲折。叶互生；基生叶倒披针形或狭椭圆形，先端渐尖，基部收缩成柄；茎生叶长圆状披针形，先端渐尖或急尖，有短芒尖头，基部收缩成叶鞘，抱茎，脉 7 ～ 9，上面鲜绿色，下面淡绿色，常有白霜。复伞形花序多分枝，顶生或侧生，梗细，常水平伸出，形成疏松的圆锥状；小伞形花序有花 5 ～ 10；花鲜黄色。双悬果，广椭圆形。

【产地分布】原产我国；分布东北、华北、西北、华东和西南等地。

【习性】耐寒，喜阳，耐热，耐干旱，耐瘠薄，适应性强，对土壤要求不严。

【成株生长发育节律】北京地区 3 月下旬萌动，绿期至 11 月。花期 7 ～ 9 月，果期 9 ～ 11 月。

【繁殖栽培技术要点】春秋季播种或春季分株，栽培管理粗放。

【应用】花境、丛植、坡地、地被和药用。

花叶羊角芹 *Aegopodium podagraria* 'Variegata'

科属：伞形科羊角芹属

【植物学特征】多年生草本，株高 20～50cm。茎直立，有条纹，近光滑，上部有少数分枝。基生叶柄长 5～20cm，基部有宽阔叶鞘。叶片轮廓呈阔卵状三角形或近圆形，长 8～10cm，宽与长相等或宽大于长，通常三出式 2 回羽状分裂，基部楔形，边缘具粗锯齿，齿端有小尖头，两面无毛，叶面有白色斑纹。复伞形花序顶生或侧生；花瓣白色。双悬果。

【产地分布】原产我国；园艺栽培品种。

【习性】耐寒，喜阳，耐阴，耐干旱，喜凉爽干燥环境和排水通畅的沙质土壤。

【成株生长发育节律】北京地区 3 月下旬萌动，绿期至 11 月。花期 5 月，果期 6～7 月。

【繁殖栽培技术要点】春秋季播种或春季分株，适宜栽培在排水良好的土壤。

【应用】花坛、花境、林下和地被。

拐芹当归 *Angelica polymorpha* 又名拐芹

科属：伞形科当归属

【植物学特征】多年生草本，株高 50～100m。根圆锥形，外皮灰棕色。茎单一，细长，中空，有浅沟纹，光滑无毛或有稀疏的短糙毛，节处常为紫色。叶片宽三角形或三角状卵形，2～3 回羽状全分裂或复叶，长 25～40cm，宽 15～25cm；一回羽片 3～4 对，三角状卵形，有柄；最终裂片卵形，顶端具长尖，边缘有粗锯齿、大小不等的重锯齿或缺刻状深裂，齿端有锐尖头，两面脉上疏被短糙毛或下表面无毛。复伞形花序；花白色。双悬果，长圆形。

【产地分布】原产我国；分布东北、华北和江淮等地，朝鲜和日本也有分布。

【习性】耐寒，喜阳，稍耐阴，喜凉爽湿润环境和排水通畅的沙质土壤。

【成株生长发育节律】北京地区 3 月下旬萌动，绿期至 11 月。花期 7～8 月，果期 9～10 月。

【繁殖栽培技术要点】春秋季播种或春季分株，适宜栽培在排水良好的土壤。

【应用】花境、疏林下、地被和药用。

峨参 *Anthriscus sylvestris*

科属：伞形科峨参属

【植物学特征】多年生草本，株高 100～150cm。茎粗壮，多分枝，下部有细柔毛。基生叶有长柄，柄长 5～20cm，基部有阔鞘；叶三角状卵形，2～3 回羽状分裂，长 10～30cm，一回羽片有长柄，卵形至宽卵形，有 2 回羽片 3～4 对，2 回羽片有短柄，轮廓卵状披针形，羽状全裂或深裂，末回裂片卵形或椭圆状卵形，有粗锯齿，背面疏生柔毛。复伞形花序，顶生和腋生，伞梗 5～15；花白色。双悬果，线状长圆形。

【产地分布】原产我国；分布东北、华北和黄河流域等地。

【习性】耐寒，喜阳，耐阴，喜凉爽干燥环境和排水通畅的沙质土壤。

【成株生长发育节律】北京地区 3 月下旬萌动，绿期至 11 月。花期 5～6 月，果期 6～7 月。

【繁殖栽培技术要点】春秋季播种或春季分株，适宜栽培在排水良好的土壤。

【应用】花境、林下、地被和药用。

高山刺芹 *Eryngium alpinum*

科属：伞形科刺芹属

【植物学特征】多年生草本，株高 50～80cm。基生叶披针形或倒披针形，革质，顶端钝，基部渐窄有膜质叶鞘，边缘有骨质尖锐锯齿，两面无毛，羽状网脉；茎生叶无柄，边缘有深锯齿，齿尖刺状，顶端不分裂。头状花序生于茎的分叉处及上部枝条的短枝上；花白色或蓝。果卵，球形，灰绿色。

【产地分布】原产欧洲；常见栽培。

【习性】耐寒，喜阳，耐阴，喜凉爽干燥环境和排水通畅的沙质土壤。

【成株生长发育节律】北京地区 3 月下旬萌动，绿期至 11 月。花期 6～8 月，果期 9～10 月。

【繁殖栽培技术要点】春秋季播种或春季分株，适宜栽培在排水良好的土壤。

【应用】花坛、花境、地被和药用。

啤酒花 *Humulus lupulus*

科属：桑科葎草属

【植物学特征】多年生攀缘草本，茎、枝和叶柄密生细毛和倒钩刺。叶卵形或宽卵形，长约 4～11cm，宽 4～8cm，先端急尖，基部心形或近圆形，不裂或 3～5 裂，边缘具粗锯齿，表面密生小刺毛，背面疏生小毛和黄色腺点；叶柄长不超过叶片。雌雄异株，雄花排列为圆锥花序，花被片与雄蕊均为 5；雌花每两朵生于一苞片腋间；苞片呈覆瓦状排列为一近球形的穗状花序。瘦果，扁平。

【产地分布】原产欧洲、美洲和亚洲。我国西北也有野生分布。

【习性】耐寒，喜冷凉，不择土壤，但以土层深厚、疏松、肥沃、通气性良好的壤土为宜，

【成株生长发育节律】北京地区 4 月上旬萌动，绿期至 11 月。花期 7～8 月，果期 9～10 月。

【繁殖栽培技术要点】春秋季播种或春季分株，适宜栽培在排水良好土壤条件下。

【应用】攀缘、垂直绿化、地被、食用和工业原料。

宽叶苔草 *Carex siderosticta*

科属：莎草科苔草属

【植物学特征】多年生草本，株高 15～30 cm。具长匍匐根状茎。叶宽，广披针形或披针形，上面脉上粗糙，背上面脉上具短硬毛，边缘无毛而粗涩。小穗 4～8 个，疏花；总苞片成很长的鞘，包裹花序基部。小坚果，椭圆形。

【产地分布】原产我国；分布东北、华北、西北、西南和华东等地，日本、朝鲜和俄罗斯远东地区也有分布。

【习性】耐寒，喜阴，喜温暖湿润，宜土层深厚、肥沃湿润、排水良好的沙质土壤。

【成株生长发育节律】北京地区 3 月下旬萌动，绿期至 11 月。花期 4～5 月，果期 5～6 月。

【繁殖栽培技术要点】春秋季播种或春季分株，适宜栽培在潮湿的环境和排水良好的土壤。

【应用】林下（花境、地被）、饲料。

涝峪苔草 *Carex giraldiana*

科属：莎草科苔草属

【植物学特征】多年生草本，株高 20～25m。丛生。根状茎木质化，匍匐。秆直立，平滑，近基部生叶。叶较秆短或等长，边缘粗糙。苞片佛焰苞状，具鞘。小穗 3～5 个，疏远。小坚果，倒卵形。

【产地分布】原产我国；分布西北和西南等地。

【习性】耐寒，喜阳，耐阴，耐干旱，耐湿，宜含腐殖质、湿润而排水良好的沙质土壤。

【成株生长发育节律】北京地区 3 月下旬萌动，绿期至 11 月。花期 4～5 月，果期 5～6 月。

【繁殖栽培技术要点】春秋季播种或春季分株，适宜栽培在潮湿的环境和排水良好的土壤。

【应用】林下（花境、地被）、饲料。

扁梗苔草 *Carex planiculmis*

科属：莎草科苔草属

【植物学特征】多年生草本，株高 40～60 cm。丛生。秆扁平。叶鲜绿色，带粉白色，扁平。花序稍高出叶层；小穗 4～5 个，长圆柱形；叶片总苞苞片多长于花序。小坚果，三棱状卵形。

【产地分布】原产我国；分布东北和华北等地。

【习性】耐寒，喜阴，喜温暖湿润，宜土层深厚、肥沃湿润、排水良好的沙质土壤。

【成株生长发育节律】北京地区 3 月下旬萌动，绿期至 11 月。花期 4～5 月，果期 6～7 月。

【繁殖栽培技术要点】春秋季播种或春季分株，适宜栽培在潮湿的环境和排水良好的土壤。

【应用】林下（花境、地被）、饲料。

细叶苔草 *Carex rigescens*

科属：莎草科苔草属

【植物学特征】多年生草本，秆高10～20cm。具细长根状茎，三棱形。叶基生，成束，疏丛或密集成小丛，叶片纤细。花穗顶生，隐藏于叶丛中或伸出叶丛以上，小穗具少数花，紧密排成卵状，红褐色；苞片广卵形，膜质，红褐色，背具1脉，先端锐尖。小坚果，果囊卵状披针形。

金叶苔草 *C. rigescens* 'Evergold'

叶有条纹，叶片两侧为绿边，中央呈黄色。

【产地分布】原产我国；分布东北、华北和西北等地。

【习性】耐寒，喜阳，耐阴，耐热，耐旱，对土壤要求不严。

【成株生长发育节律】北京地区3月下旬萌动，绿期至12月。花期4～5月，果穗期6～7月。

【繁殖栽培技术要点】春秋季播种或春季分株，适宜栽培在排水良好的土壤。

【应用】草皮、花境、地被和坡地。

金叶苔草

商陆 *Phytolacca acinosa*

科属：商陆科商陆属

【植物学特征】多年生草本，株高80～150cm。茎直立，圆柱形，有纵沟，肉质，绿色或红紫色，多分枝。叶椭圆形或长椭圆形，长10～30cm，宽4.5～15cm，顶端急尖或渐尖，基部楔形，全缘；总状花序顶生或叶对生，密生多花；花被黄绿色或淡红色。浆果，扁球形。

美国商陆 *P. americana*

叶椭圆状卵形或披针形，长10～20cm，宽5～10cm，先端短尖；总状花序下垂，顶生或侧生。原产北美洲，常见栽培。

【产地分布】原产我国；分布东北、华北、西北和西南等地。

【习性】耐寒，喜阳，稍耐阴，耐热，耐湿，耐旱，耐瘠薄，适应性强，对土壤要求不严。

【成株生长发育节律】北京地区3月中旬萌动，绿期至11月。花期5～7月，果期7～10月。

【繁殖栽培技术要点】秋季播种或春季分株，栽培管理粗放。

美国商陆

芍药 *Paeonia lactiflora*

科属：芍药科芍药属

【植物学特征】多年生草本，株高 50～100cm。茎基部圆柱形，上端多棱角，向阳部分多呈紫红晕。根由根颈、块根和须根组成，肉质，粗壮，呈纺锤形或长柱形。下部茎生叶为 2 回 3 出复叶，上部叶 3 出复叶；小叶有椭圆形、狭卵形、被针形等，先端长而尖，基部楔形或偏斜，叶缘密生白色骨质细齿，两面无毛。花数朵在茎的顶端或近顶端叶腋；花径 8～11cm，花瓣 9～13 枚，倒卵形，有白、粉、红、紫、黄、绿、黑和复色等。蓇葖果，呈纺锤形、椭圆形和瓶形。栽培品种极多，花色丰富。

【产地分布】原产我国；分布东北、华北、西北和西南等地。

【习性】耐寒，喜阳，耐阴，耐旱，耐湿，适宜疏松而排水良好、肥沃沙质土壤。

【成株生长发育节律】北京地区 4 月上旬萌动，绿期至 11 月。花期 5～6 月，果期 8～9 月。

【繁殖栽培技术要点】秋季播种或分株，适宜栽培在排水良好的土壤。

【用途】花坛、花境、地被、林下、药用和工业原料。

果

林下

雾灵香花芥 *Hesperis oreophila*

科属：十字花科香花芥属

【植物学特征】多年生草本，株高 50～100cm。根粗大，木质，多分歧。茎直立，单一或上部分枝。基生叶倒披针形或长圆状线形，长 4～6cm，先端稍渐尖，基部狭窄成楔形，边缘有深波状牙齿；茎生叶卵状披针形或卵形，长 4～15cm，外面有短柔毛。总状花序，单一；花瓣紫红色，倒卵形。长角果，近圆柱形。

【产地分布】原产我国；分布华北和西北等地。

【习性】耐寒，喜阳，喜凉爽，对土壤要求不严。

【成株生长发育节律】北京地区 3 月下旬萌动，绿期至 11 月。花期 6～7 月，果期 8～9 月。

【繁殖栽培技术要点】秋季播种，栽培管理粗放。

【应用】点缀、疏林下、地被和饲用。

糖芥 *Erysimum bungei*

科属：十字花科糖芥属

【植物学特征】多年生草本，株高 30～60cm。密生伏贴二叉状毛。茎直立，不分枝或上部分枝，具棱角。基生叶和茎下部叶披针形或长圆状线形，全缘；上部叶有短柄或无柄，基部渐狭，先端渐尖，边缘疏生波状小牙齿。总状花序，顶生；花橙黄色。长角果，呈四棱形。

【产地分布】原产我国；分布东北、西北、华北和西南等地；蒙古、朝鲜也有分布。

【习性】喜阳，稍耐阴，喜湿润，适应性强，自生繁衍能力强，对土壤要求不严。

【成株生长发育节律】北京地区 4 月上旬萌动，绿期至 10 月。花期 5～6 月，果期 6～7 月。

【繁殖栽培技术要点】秋季播种，栽培管理粗放。

【用途】点缀、花境、坡地、蜜源和药用。

白花碎米荠 *Cardamine leucantha*

科属：十字花科碎米荠属

【植物学特征】多年生草本，株高 30～70cm。根状茎细，匍匐。茎直立，单一，不分枝，有沟棱及柔毛。基生叶数个，奇数羽状复叶，小叶 2～3 对，顶生小叶长卵状披针形，长 3～5cm，宽 1～2cm，顶端渐尖，基部楔形或圆形，边缘有不整齐的钝齿或锯齿；侧生小叶的大小和顶生相似，但基部偏斜；叶两面均有柔毛。总状花序，顶生，分枝或不分枝；花白色。长角果，线形。

【产地分布】原产我国；分布东北、华北、黄河流域和西南等地；日本、朝鲜和俄罗斯也有分布。

【习性】喜阳，稍耐阴，喜潮湿，适应性强，自生繁衍能力强，对土壤要求不严。

【成株生长发育节律】北京地区 4 月上旬萌动，绿期至 10 月。花期 5～6 月，果期 6～7 月。

【繁殖栽培技术要点】秋季播种，栽培管理粗放。

【用途】点缀、坡地和药用。

岩生庭荠 *Alyssum saxatile* 又名金篮花

科属：十字花科庭荠属

【植物学特征】多年生草本，株高 20～30cm。匍匐状生长，形成 30～40cm 直径的株丛。叶倒卵形至披针形，叶表绿色，叶背灰绿色，基生叶匙形。总状花序排列疏松；花金黄色。

【产地分布】原产南欧；常见栽培。

【习性】耐寒，喜光，喜凉爽，忌炎热，忌涝，宜肥沃排水良好的沙壤土。

【成株生长发育节律】北京地区 3 月下旬萌动，绿期至 11 月。花期 5～6 月，果期 6～7 月。

【繁殖栽培技术要点】秋季播种，栽培管理粗放。常作二年生栽培。

【应用】花坛、花境、地被和岩生。

石蒜 *Lycoris radiata* 又名龙爪花

科属：石蒜科石蒜属

【植物学特征】多年生鳞茎草本，株高 50～80cm。有毒，鳞茎肥厚，广椭圆形，外被紫红色薄膜。叶带状，深绿色。先花后叶，伞形花序；花瓣裂片倒狭披针形，边缘皱缩，展开而反卷，花红色。不结实。

乳白石蒜 *L. albiflora*

叶带状；具花 6～8 朵，花被裂片倒针形，开后为乳白色。

长筒石蒜 *L. longituba*

叶披针形；具花 5～7 朵，花被裂片长椭圆形，花白色。

【产地分布】原产我国；分布于长江流域及西南各省。常见栽培。

【习性】耐寒，喜阳，稍耐阴，耐热，耐湿，适宜疏松、肥沃排水良好的土壤。

【成株生长发育节律】北京地区 8 月中旬萌动，绿期至翌年 5 月。花期 8～9 月，一般不结实。

【繁殖栽培技术要点】秋季切栽磷茎，适宜栽培在排水良好的土壤。

【应用】丛植、花境和药用。

乳白石蒜

长筒石蒜

忽地笑 *Lycoris aurea*

科属：石蒜科石蒜属

【植物学特征】多年生草本，株高30～60cm。鳞茎宽卵形。叶基生，质厚，宽条形，粉绿色，下部渐狭。先花后叶，伞形花序；花大，鲜黄色或橘黄色。蒴果，具三棱。

【产地分布】原产我国；分布华中、华南和西南等地，日本和缅甸也有分布。

【习性】耐寒，喜阳，耐阴，耐热，耐湿，适宜疏松而排水良好的沙质土壤。

【成株生长发育节律】北京地区9月上旬萌动，绿期至翌年5月。花期8～10月，果期10～11月。

【繁殖栽培技术要点】春秋季播种或分株，适宜栽培在排水良好的土壤。

【应用】丛植、花境和药用。

石竹 *Dianthus chinensis* 又名中国石竹

科属：石竹科石竹属

【植物学特征】多年生草本，株高30～40cm。全株微带粉绿色，无毛。茎簇生，直立，上部分枝。叶线状披针形，先端渐尖，基部渐狭成短鞘围抱茎节，灰绿色，两面平滑或边缘微粗糙，具不明显3～5脉。聚伞花序，花单朵或数朵簇生于茎顶；花瓣先端锯齿状，微具香气，花有淡红、粉红或白色等。蒴果，圆筒形。

五彩石竹 *D. barbatus*

株高20～50cm，丛生，微四棱，无毛；叶披针形或卵状披针形，基部渐狭围抱茎节上，边缘具纤毛；聚散花序；花多数，花有红、红、粉、白、复色等。原产欧洲，园艺品种很多。

【产地分布】原产我国，分布东北，华北、西北和西南等地。

【习性】耐寒，喜阳，怕热，耐旱，耐贫瘠，忌涝，要求肥沃、疏松、排水良好土壤。

五彩石竹

【成株生长发育节律】在北京地区3月中旬萌动，绿期至11月。花期5～6月，果期7～8月。

【繁殖栽培技术要点】春秋季播种或春季分株，适宜栽培在排水良好的土壤。

【应用】花坛、花境、坡地和地被。

常夏石竹 *Dianthus plumarius*

科属：石竹科石竹属

【植物学特征】多年生草本，株高 20～30cm。茎蔓状簇生，上部分枝，越年呈木质状。叶厚，长线形，光滑而被白粉，灰绿色。聚伞花序，顶生枝端；多花密集，花有紫、粉红、白等色，具芳香。蒴果。

【产地分布】原产奥地利和西伯利亚；常见栽培。

【习性】耐寒，喜光，稍耐阴，耐旱，耐贫瘠，怕涝，对土壤要求不严。

【成株生长发育节律】北京地区小气候条件下半常绿。花期 5～10 月，果期 8～11 月。

【繁殖栽培技术要点】春秋季播种或春季分株，栽培管理粗放。

【应用】花坛、花境、丛植、坡地、地被和岩石。

冬季

瞿麦 *Dianthus superbus*

科属：石竹科石竹属

【植物学特征】多年生草本，株高 30～60cm。茎丛生，直立，上部疏分枝。叶线形至线状披针形，顶端长渐尖，基部成短鞘状抱茎，全缘，两面粉绿色。花单生或数朵集成疏聚伞花序；花有白、浅粉或紫红等色；具香气。蒴果，狭圆筒形。

【产地分布】原产我国，分布东北、华北、中原和华东等地。

【习性】耐寒，稍耐旱，忌涝，喜凉爽湿润气候，要求肥沃、疏松、排水良好土壤。

【成株生长发育节律】北京地区 3 月中旬萌动，绿期至 11 月。花期 7～8 月，果期 8～9 月。

【繁殖栽培技术要点】春秋季播种，适宜栽培在排水良好的土壤。

【应用】花境、地被、坡地、疏林下和药用。

卷耳 *Cerastium arvense*

科属：石竹科卷耳属

【植物学特征】多年生草本，株高 10～30cm。根茎细长，淡黄白色。茎直立，丛生，密被短柔毛，上部混生腺毛。叶线状披针形或长圆状披针形，先端急尖，基部渐狭，微抱茎，两面被短柔毛，中脉明显。二歧聚伞花序，顶生；花白色。蒴果，圆筒状。

【产地分布】原产我国；分布东北，华北和西北等地。

【习性】耐寒，喜阳，怕热，稍耐旱，忌涝，要求肥沃、疏松、排水良好土壤。

【成株生长发育节律】北京地区 3 月中旬萌动，绿期至 11 月。花期 5～6 月，果期 7～8 月。

【繁殖栽培技术要点】春秋季播种或春季分株，适宜栽培在排水良好的土壤。

【应用】丛植、花境和地被。

肥皂花 *Saponaria officinalis* 又名石碱花

科属：石竹科肥皂草属

【植物学特征】多年生草本，株高40～70cm。茎直立，上部分枝，被短柔毛，节部稍膨大。叶椭圆形、椭圆披针形或长圆形，先端短尖，基部渐狭成柄，抱茎，并稍连生，边缘粗糙。聚伞花序，顶生或上部腋生，具3～7花；花浅粉或白色，有重瓣和单瓣。蒴果，长圆状卵形。

【产地分布】原产欧洲；常见栽培。

【习性】耐寒，喜阳，稍耐阴，稍耐湿，稍耐旱，耐修剪，适宜于排水良好、肥沃、疏松的土壤。

【成株生长发育节律】北京地区3月下旬萌动，绿期至11月。花期6～8月，果期9～10月。

【繁殖栽培技术要点】春秋季播种或春季分株，适宜栽培在排水良好的土壤。

【应用】花坛、花境、地被和药用。

大花剪秋罗 *Lychnis fulgens*

科属：石竹科剪秋萝属

【植物学特征】多年生草本，株高60～90cm。全株被较长的柔毛。茎直立，单生或上部分枝。叶卵状长圆形或卵状披针形，长5～10cm，宽1～3cm，两面及边缘被较硬的毛。聚伞花序，顶生，具3～7朵，有时单花生枝端叶腋；花红色。蒴果，长卵形。

皱叶剪秋罗 *L. chalcedonica*

单叶对生，全缘，卵形至披针形，平行脉，基生叶长5～10cm。小花10～50朵密生于茎顶形成大型聚伞花序，花鲜红色或砖红色。

【产地分布】原产我国；分布东北、华北和西南等地。

【习性】耐寒，不甚耐热，喜阳，稍耐阴，稍耐旱，适应性强，耐修剪，对土壤要求不严，但喜排水良好的肥沃沙质土。

【成株生长发育节律】北京地区3月中旬萌动，绿期至11月。花期6～9月，果期8～10月。

【繁殖栽培技术要点】春秋季播种或春季分株，适宜栽培在排水良好的土壤。

【应用】花境、地被和疏林下。

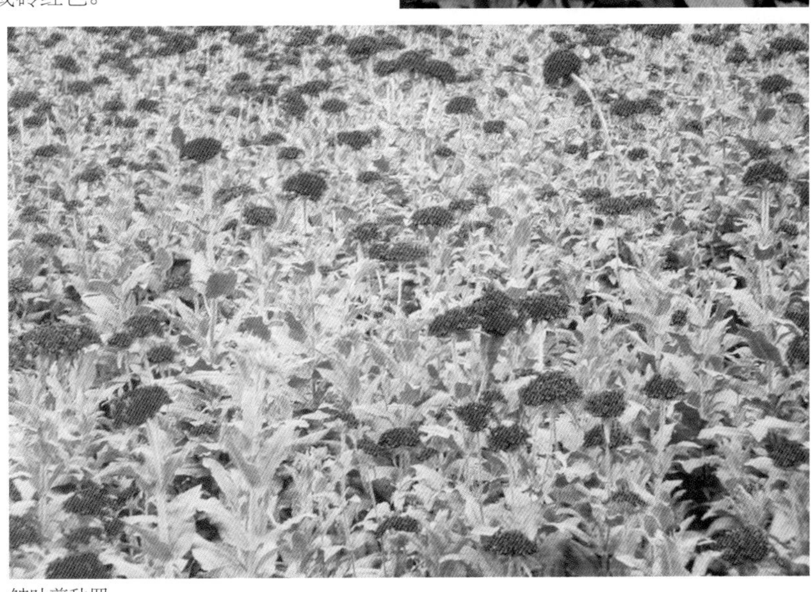

皱叶剪秋罗

穿山龙 *Dioscorea nipponica*

科属：薯蓣科薯蓣属

【植物学特征】多年生藤本，长达5m。根茎横生，圆柱形，木质，多分枝，栓皮层显著剥离。茎圆柱形，具沟纹。叶具长柄；叶片广卵形或卵心形，长10～15cm，宽9～13cm，掌状3～7浅裂，中脉隆起，密布细毛，叶基心形，边缘作不等大的三角状浅裂、中裂或深裂，先端叶片小，近于全缘，叶表面黄绿色，有光泽。花单性，雌雄异株。雄花序穗状，生于叶腋；雌花序下垂，单生于叶腋。蒴果，倒卵形。

【产地分布】原产我国；分布东北、华北和西北等地，朝鲜和日本也有分布。

【习性】耐寒，耐热，喜阳，稍耐阴，耐旱，耐瘠薄，耐湿，适应性强，对土壤要求不严。

【成株生长发育节律】北京地区3月下旬萌动，绿期至11月。花期7～8月，果期8～9月。

【繁殖栽培技术要点】秋季播种或春季分株，栽培管理粗放。

【应用】坡地、攀缘、垂直绿化和药用。

山药 *Dioscorea opposita* 又名薯蓣

科属：薯蓣科薯蓣属

【植物学特征】多年生藤本。块茎长圆柱状或棒状，肥大，肉质，具黏液。茎粗壮，带紫红色。叶具长柄，对生或轮生，叶片卵状三角形或长圆形，顶端渐尖，基部心形，具7～9脉，叶胚内有珠芽。花序穗状，着生于叶腋；雄花乳白色，具香气。蒴果，倒卵状圆形。

【产地分布】原产我国；分布东北、华北、西北和西南等地，朝鲜和日本也有分布。

【习性】耐寒，耐热，喜阳，稍耐阴，耐旱，耐瘠薄，耐湿，适应性强，喜土层深厚的沙质壤土。

【成株生长发育节律】北京地区3月下旬萌动，绿期至11月。花期6～8月，果期8～10月。

【繁殖栽培技术要点】秋季播种栽培珠芽或春季分切珠芽根茎，栽培管理粗放。

【应用】攀缘、垂直绿化、食用和药用。

红旱莲 *Hypericum ascyron* 又名黄海棠

科属：藤黄科金丝桃属

【植物学特征】多年生草本，株高80～100cm。茎直立，有4棱。叶对生，卵状披针形，长5～12cm，宽1.5～3cm，先端渐尖，基部抱茎，两面都有黑色小斑点。聚伞花序，顶生，具花9～12朵；花黄色，直径3～5cm，花瓣呈万字形旋转。蒴果，卵圆形。

【产地分布】原产我国；分布东北、华北、黄河和长江流域，日本也有分布。

【习性】耐寒，喜阳，稍耐阴，耐热，耐干旱，对土壤要求不严。

【成株生长发育节律】北京地区4月上旬萌动，绿期至11月。花期7～8月，果期9～10月。

【繁殖栽培技术要点】春秋季播种或春季分株，栽培管理粗放。

【应用】地被、湿地和药用。

小贯叶金丝桃 *Hypericum perforatum*

科属：藤黄科金丝桃属

【植物学特征】多年生草本，株高 20～60cm。茎直立，多分枝，茎及分枝两侧各有 1 纵线棱，全体无毛。叶椭圆形至线形，先端钝形，基部近心形而抱茎，边缘全缘，背卷，坚纸质，上面绿色，下面白绿色，全面散布淡色但有时黑色腺点。花序为 5～7，聚伞花序，生于茎及分枝顶端，多个再组成顶生圆锥花序；花瓣黄色。蒴果，长圆状卵形

【产地分布】原产我国；分布华北、西北、西南、黄淮和长江流域等地，南欧、北非、中亚和蒙古等也有分布。

【习性】耐寒，喜阳，稍耐阴，耐热，耐干旱，耐瘠薄，对土壤要求不严。

【成株生长发育节律】北京地区 4 月上旬萌动，绿期至 11 月。花期 7～8 月，果期 9～10 月。

【繁殖栽培技术要点】春秋季播种或春季分株，栽培管理粗放。

【应用】花坛、地被和药用。

半夏 *Pinellia ternata*

科属：天南星科半夏属

【植物学特征】多年生草本，株高 15～35cm。块茎近球形，有毒。基生叶 1～4 枚，叶出自块茎顶端，小叶卵状椭圆形至倒卵状长圆形，叶柄长 10～25cm，基部具鞘，鞘内、鞘部以上或叶片基部具珠芽。花序柄长于叶；佛焰苞绿色或绿白色，管部狭圆柱形；肉穗花序。浆果，卵圆形，黄绿色。

【产地分布】原产我国；分布东北、华北、华东和西南等地，朝鲜和日本也有分布。

【习性】耐寒，耐阴，不耐旱，喜湿，忌烈日暴晒，自生繁衍能力强，宜排水良好的沙质土壤。

【成株生长发育节律】北京地区 3 月下旬萌动，绿期至 11 月。花期 5～7 月，果期 8～9 月。

【繁殖栽培技术要点】春秋季播种或春季分栽块茎，适宜栽培在排水良好的土壤。

【应用】阴湿地、疏林下地被和药用。

东北南星 *Arisaema amurense*

科属：天南星科天南星属

【植物学特征】多年生草本，株高 35～60cm。块茎近球状。叶 1 片，小叶片 5（幼叶 3），形状变化较大，卵形或广倒卵形，长 11～15cm，宽 6～8cm，先端尖，基部楔形，全缘或有不规则牙齿。花序柄长 20～40cm，佛焰苞全长 11～15cm，绿色或带紫色而且具白色条纹。肉穗花序，从叶鞘中伸出，附属器棍棒状。浆果，红色。

【产地分布】原产我国；分布东北、华北、西北和西南等地，朝鲜、日本和俄罗斯也有分布。

【习性】耐寒，耐阴，不耐旱，喜湿，忌烈日暴晒，自生繁衍能力强，宜排水良好的沙质土壤。

【成株生长发育节律】北京地区 3 月下旬萌动，绿期至 11 月。花期 5～7 月，果期 8～9 月。

【繁殖栽培技术要点】春秋季播种或春季分株，适宜栽培在排水良好的土壤。

【应用】阴湿地、疏林下地被和药用。

常春藤 *Hedera helix* 又名洋常春藤

科属：五加科常春藤属

【植物学特征】多年生常绿藤本，借气生根攀缘。叶革质，互生，在营养枝上的叶具掌状3～5浅裂，长4～10cm，上面暗绿色，脉常为黄白色，叶背苍绿色；在生殖枝上的叶为卵形至菱形，全缘。总状花序，小花球形；花黄白色。浆果。

【产地分布】原产欧洲；常见栽培。

【习性】耐寒，耐热，喜阳，喜阴，耐旱，对土壤要求不严。

【成株生长发育节律】北京地区小气候条件下四季长绿，花期7～8月，种子败育。

【繁殖栽培技术要点】春秋季扦插，适宜栽培在排水良好的土壤。

【应用】地被、攀缘、垂直绿化、林下和药用。

中华常春藤 *Hedara nepalensis var.sinensis*

科属：五加科常春藤属

【植物学特征】多年生常绿藤本，借气生根攀缘。老枝灰白色，幼枝淡青色，被鳞片状柔毛，枝蔓处生有气生根。叶革质，深绿色，有长柄，营养枝上的叶三角状卵形，全缘或三浅裂。花枝上的叶卵形至菱形，花小，淡绿白色，有微香。核果圆球形，橙黄色。

【产地分布】原产我国；分布华中、华南、西南以及陕西和甘肃等地。

【习性】耐寒，耐热，喜阳，耐阴，耐旱，对土壤要求不严。

【成株生长发育节律】北京地区小气候条件下四季长绿，花期9～11月，果期翌年3～5月。

【繁殖栽培技术要点】春秋季扦插，适宜栽培在排水良好的土壤。

【应用】地被、攀缘、垂直绿化、林下和药用。

东北土当归 *Aralia continentalis*

科属：五加科楤木属

【植物学特征】多年生草本，株高80～100cm。上部具灰色细毛。叶2～3回羽状复叶；叶柄长10～24cm，疏生灰色细毛；托叶与叶柄茎部合生，卵形或狭卵形，上部有整齐裂齿；羽片有小叶3～7，倒卵形或椭圆状倒卵形，先端短渐尖，基部圆形至心形，侧生者长圆形、椭圆形至卵形，先端突渐尖，基部歪斜，两面有灰色细硬毛，边缘有不整齐的锯齿。伞形花序集成大形圆锥花序；花瓣三角状卵形。核果，浆果状。

【产地分布】原产我国；分布东北、华北、黄河流域和西南等地。

【习性】耐寒，耐热，喜阳，耐阴，耐旱，对土壤要求不严。

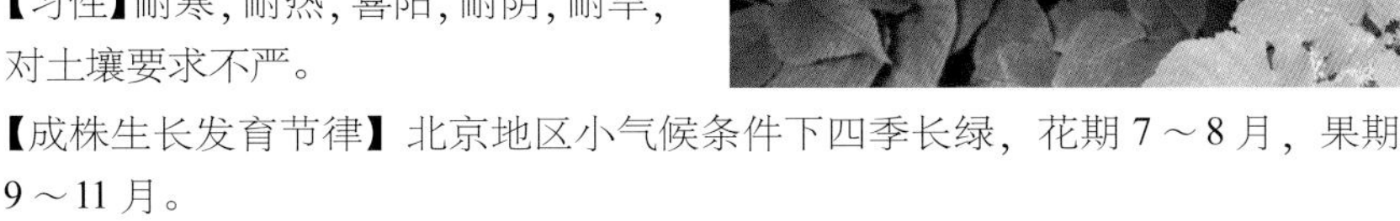

【成株生长发育节律】北京地区小气候条件下四季长绿，花期7～8月，果期9～11月。

【繁殖栽培技术要点】春秋季扦插，适宜栽培在排水良好的土壤。

【应用】山坡、地被、疏林下和香用、药用。

返顾马先蒿 *Pedicularis resupinata* 又名马先蒿

科属：玄参科马先蒿属

【植物学特征】多年生草本，株高30～70cm。叶互生，长圆状披针形，叶缘具钝圆羽状缺刻重锯齿，齿上有刺尖，常反卷，两面无毛或疏被毛。花排成顶生的穗状花序或总状花序；花冠上唇盔状，先端伸直，自基部起向右扭旋，使下唇及盔部或成回顾之状；花淡紫红色或粉红色。蒴果，斜长圆状披针形。

【产地分布】原产我国；分布全国各地，朝鲜、日本、蒙古和俄罗斯也有分布。

【习性】耐寒，喜阳，稍耐干，喜冷凉湿润环境，喜含腐殖质、微酸性排水良好的沙质土壤。

【成株生长发育节律】北京地区3月下旬萌动，绿期至11月。花期6～8月，果期8～9月。

【繁殖栽培技术要点】春秋季播种或春季分株，适宜栽培在冷凉湿润环境和排水良好的土壤。

【应用】草甸、林缘地被和药用。

地黄 *Rehmannia glutinosa*

科属：玄参科地黄属

湖北地黄

【植物学特征】多年生草本，株高 15～30cm。全体密被白色或褐色长柔毛及腺毛。根状茎肉质。茎单一或基部分枝，紫红色，茎上很少有叶片着生。叶多基生，倒卵形至长椭圆形，先端钝，基部渐狭成长叶柄，边缘具锯齿，上面具皱纹，下面常淡紫色，被白色长柔毛及腺毛。总状花序，顶生，密被腺毛；花萼钟状；花冠筒状而微弯，外面紫红色，内面黄色有紫斑，下部渐狭，顶部二唇形，上唇 2 裂反折，下唇 3 裂片伸直，内外被毛。蒴果，卵球形。

湖北地黄 *R. henryi*

叶多基生，莲座状，叶片椭圆状倒卵形，羽状浅裂，裂片有尖齿；花萼钟状；花紫红色。

【产地分布】原产我国；分布东北、西北、华北和长江流域；朝鲜和日本也有分布。

【习性】耐寒，喜阳，耐阴，耐热，耐干旱，耐瘠薄，耐碱盐，适应性强，自生繁衍能力强，对土壤要求不严。

【成株生长发育节律】北京地区 3 月上旬萌动，绿期至 11 月。花期 4～6 月，果期 6～7 月。

【繁殖栽培技术要点】春秋季播种或春季分株，栽培管理粗放。

【应用】花境、地被、坡地、岩石、林下、蜜源和药用。

水蔓青 *Veronica linarifolia var.dilatata*

科属：玄参科婆婆纳属

【植物学特征】多年生草本，株高30～80cm。常不分枝，常被白色而多卷的柔毛。叶下部的对生，上部互生，线形至长椭圆形，基部渐狭成短柄或无柄，下部全缘，中上部边缘有三角状锯齿，两面无毛或白色柔毛。总状花序，单出或复出，长穗状；花淡蓝紫色，少白色。蒴果，卵球形。

【产地分布】原产我国；分布东北、华北和西北等地。

【习性】耐寒，耐热，喜阳，稍耐阴，耐旱，耐湿，耐修剪，对土壤要求不严。

【成株生长发育节律】北京地区3月下旬萌动，绿期至11月。花期6～9月，果期8～11月。

【繁殖栽培技术要点】春秋季播种或春季分株，栽培管理粗放。

【应用】花坛、花境、地被、坡地和药用。

长尾婆婆纳 *Veronica longifolia*

科属：玄参科婆婆纳属

【植物学特征】多年生草本，株高60～100cm。根状茎长而斜长。茎直立，被柔毛或光滑，常不分枝。叶对生，披针形，基部浅心形或宽楔形，先端渐尖或长渐尖，边缘具细尖锯齿，有时呈大牙齿状，常夹有重锯齿，齿端常呈弯钩状，两面近无毛。总状花序，顶生，细长，单生或复出；花蓝色。蒴果，卵球形。

【产地分布】原产我国；分布东北、华北和西北等地。

【习性】耐寒，耐热，喜阳，稍耐阴，耐旱，耐湿，耐修剪，对土壤要求不严。

【成株生长发育节律】北京地区3月下旬萌动，绿期至11月。花期6～9月，果期7～11月。

【繁殖栽培技术要点】春秋季播种或春季分株，栽培管理粗放。

【应用】花坛、花境、地被。坡地和药用。

东北婆婆纳 *Veronica rotunda* var. *subintegra*

科属：玄参科婆婆纳属

【植物学特征】多年生草本，株高 30 ~ 60cm。茎直立，上部多分枝。叶对生，披针形至卵圆形，边缘有锯齿。总状花序，顶生，穗状，花穗长 15 ~ 30cm；花蓝色。蒴果。

穗花婆婆纳 *V. rotunda spicata*

叶近无柄，叶缘具圆齿或锯齿，少全缘的，生黏质腺毛。花蓝紫、粉和白色。原产欧洲。园艺品种。

【产地分布】原产我国；分布东北、华北和西北等地，朝鲜、日本和俄罗斯远东地区也有分布。

【习性】耐寒，耐热，喜阳，稍耐阴，耐旱，耐湿，耐修剪，对土壤要求不严。

【成株生长发育节律】北京地区 3 月下旬萌动，绿期至 11 月。花期 5 ~ 10 月，果期 7 ~ 11 月。

【繁殖栽培技术要点】春秋季播种或春季分株，栽培管理粗放。

【应用】花坛、花境、丛植、地被和药用。

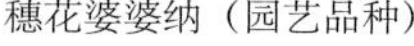

穗花婆婆纳（园艺品种）

细叶婆婆纳 *Veronica linariifolia*

科属：玄参科婆婆纳属

【植物学特征】多年生草本，株高 30～60cm。茎直立，少分枝，通常被白色柔毛。下部的叶常对生，上部的叶多互生，条状形，顶端钝或急尖，基部楔形，上部边缘有三角形锯齿。总状花序，顶生穗状，花穗长 15～30cm；花浅蓝和白色。蒴果。

【产地分布】原产我国；东北、华北和西北等地；朝鲜、日本、蒙古和俄罗斯远东地区也有分布。

【习性】耐寒，耐热，喜阳，稍耐阴，耐旱，耐湿，耐修剪，对土壤要求不严。

【成株生长发育节律】北京地区 3 月下旬萌动，绿期至 11 月。花期 6～10 月，果期 8～11 月。

【繁殖栽培技术要点】春秋季播种或春季分株，栽培管理粗放。

【应用】花坛、花境、地被、坡地和药用。

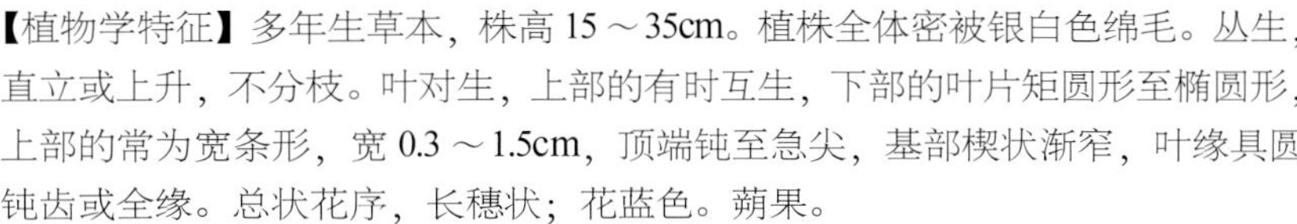

白婆婆纳 *Veronica incana*

科属：玄参科婆婆纳属

【植物学特征】多年生草本，株高 15～35cm。植株全体密被银白色绵毛。丛生，直立或上升，不分枝。叶对生，上部的有时互生，下部的叶片矩圆形至椭圆形，上部的常为宽条形，宽 0.3～1.5cm，顶端钝至急尖，基部楔状渐窄，叶缘具圆钝齿或全缘。总状花序，长穗状；花蓝色。蒴果。

【产地分布】原产我国；分布东北、华北和西北等地，俄罗斯也有分布。

【习性】耐寒，耐热，喜阳，喜凉爽，稍耐阴，耐旱，不耐湿，耐修剪，对土壤要求不严。

【成株生长发育节律】北京地区 3 月下旬萌动，绿期至 11 月。花期 6～9 月，果期 7～10 月。

【繁殖栽培技术要点】春秋季播种或春季分株，栽培管理粗放。

【应用】花坛、花境、坡地和地被。

草本威灵仙 *Veronicastrum sibiricum* 又名轮叶婆婆纳

科属：玄参科腹水草属

【植物学特征】多年生草本，株高 60 ～ 120cm。根状茎横走，节间，短根多而须状，茎圆形，不分枝。叶 3 ～ 8 轮生，广披针形或长椭圆形；长 10 ～ 15cm，宽 2 ～ 5cm，先端锐尖，基部通常楔形，边缘有锯齿。花序顶生，长尾状，长 20 ～ 35cm；花冠青紫色，筒状。蒴果，卵状圆锥形。

【产地分布】原产我国；分布东北，华北和西北等地；朝鲜、日本、蒙古和俄罗斯远东地区也有分布。

【习性】耐寒，耐热，喜阳，耐阴，耐旱，耐湿，耐修剪，对土壤要求不严。

【成株生长发育节律】北京地区 3 月下旬萌动，绿期至 11 月。花期 6～8 月，果期 8 ～ 10 月。

【繁殖栽培技术要点】春秋季播种或春季分株，栽培管理粗放。

【应用】花坛、花境、丛植、地被、疏林下和药用。

地被婆婆纳 *Veronica peduncularis*

科属：玄参科婆婆纳属

【植物学特征】多年生草本，株高 10 ～ 15cm。茎匍匐状。叶片卵圆，边缘有锯齿。总状花序，顶生穗状；花蓝色。蒴果。

【产地分布】原产北欧和亚洲；常见栽培。

【习性】适应性强，耐寒，耐热，喜阳，稍耐阴，耐旱，耐修剪，对土壤要求不严。

【成株生长发育节律】北京地区 3 月下旬萌动，绿期至 11 月。花期 5～6 月，果期 7 ～ 8 月。

【繁殖栽培技术要点】春秋季播种或春季分株，栽培管理粗放。

【应用】花坛、花境、点缀、地被和岩石。

柳穿鱼 *Linaria vulgaris*

科属：玄参科柳穿鱼属

【植物学特征】多年生草本，株高 50～100cm。茎直立，上部多分枝，光滑无毛。单叶互生，叶片披针形或线状披针形，顶端渐尖，基部渐狭并下延，具单脉，极少 3 脉，全缘，无毛。总状花序，顶生，花多；花粉、黄、紫等色。蒴果，卵圆形。

【产地分布】原产欧亚大陆；分布东北、华北和黄河流域等地。

【习性】耐寒，喜阳，耐热，耐湿，耐干旱，对土壤要求不严，自生繁衍能力强。

【成株生长发育节律】北京地区 3 月下旬萌动，绿期至 11 月。花期 5～10 月，果期 7～11 月。

【繁殖栽培技术要点】春秋季播种或春季分株，栽培管理粗放。

【用途】花坛、花境、坡地、地被和药用。

电灯花 *Peustemon* sp.

科属：玄参科钓钟柳属

【植物学特征】多年生草本，株高 50～80cm。单叶对生，叶片披针形，全缘光滑。总状或圆锥状花序，花筒形，花粉白色。

【产地分布】原产北美洲；常见栽培。

【习性】耐寒，喜阳，耐湿，耐旱，耐瘠薄，适应性强，对土壤要求不严，自生繁衍能力强。

【成株生长发育节律】北京地区 3 月下旬萌动，绿期至 12 月，在冬季茎生叶呈半常绿状。花期 6～8 月，果期 8～10 月。

【繁殖栽培技术要点】春秋季播种或春季分株，栽培管理粗放。

【用途】花境和地被。

钓钟柳 *Pentstemon campanulatus*

科属：玄参科钓钟柳属

【植物学特征】多年生草本，株高 50～60cm。茎直立，丛生，茎叶皆被绒毛。单叶交互对生，卵形至披针形。花单生或 3～4 朵着生叶腋总梗上，呈不规则总状花序；花冠筒长 2.5cm，有白、紫、玫瑰等色。蒴果。

【产地分布】原产墨西哥及危地马拉；常见栽培，园艺品种很多。

【习性】耐寒，喜阳，忌炎热，忌涝，对土壤要求不严。

【成株生长发育节律】北京地区 3 月下旬萌动，绿期至 11 月。花期 6～9 月，果期 9～10 月。

【繁殖栽培技术要点】春秋季播种或春季分株，栽培管理粗放。

【应用】花坛、花境、丛植和地被。

田旋花 *Convolvulus arvensis*

科属：旋花科旋花属

【植物学特征】多年生草本，根状茎横走，茎平卧或缠绕，有棱。叶片卵状长圆形或披针形，先端钝或具小的短尖头；叶基大多为戟形或箭形，全缘或3裂；中裂片卵状椭圆形、狭三角形、披针状椭圆形或线性；侧裂片开展或呈耳形。花常单生于叶腋；花冠漏斗形，粉红色或白色。蒴果，圆锥状。

【产地分布】原产我国；分布东北、华北、西北、西南和黄河流域等地。

【习性】耐寒，喜阳，稍耐阴，耐热，耐干旱，耐涝，耐瘠薄，耐碱盐，适应性强，自生繁衍能力强，对土壤要求不严。

【成株生长发育节律】北京地区3月上旬萌动，绿期至11月。花期5～9月，果期7～10月。

【繁殖栽培技术要点】春秋季播种，分切根状茎，栽培管理粗放。

【应用】花境、地被、坡地、岩石和药用。

宿根亚麻 *Linum perenne*

科属：亚麻科亚麻属

【植物学特征】多年生草本，株高40～50cm。基部多分枝，丛生。叶互生，线形至披针形，先端锐尖，基部渐狭，具1脉，全缘，叶面浅蓝绿色；无叶柄。聚伞花序，顶生或生于上部叶腋；淡蓝色。蒴果，球形。

【产地分布】原产欧洲；常见栽培。

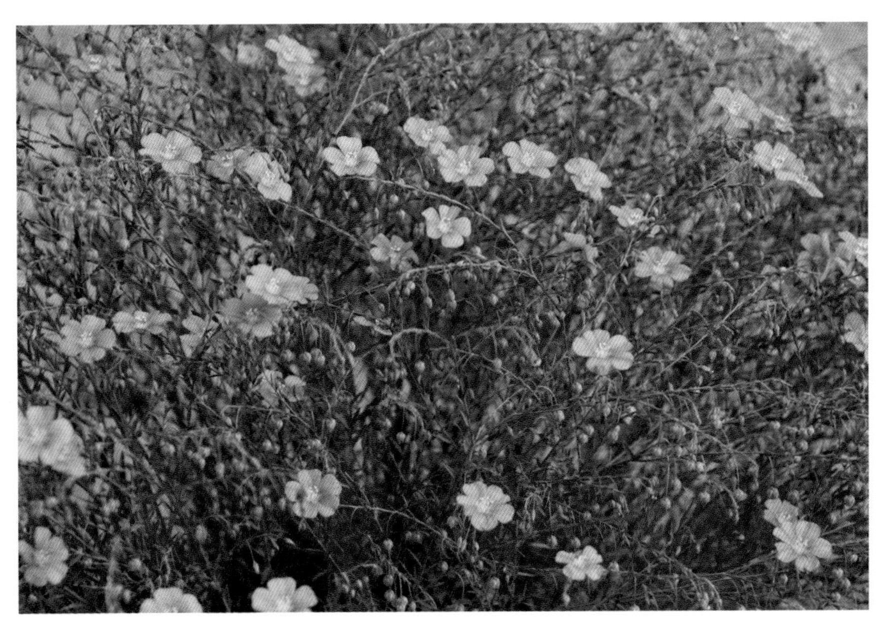

【习性】耐寒，喜阳，不耐热，耐湿，稍耐旱，耐碱盐，宜腐生质丰富、排水良好的土壤。

【成株生长发育节律】北京地区3月中旬萌动，绿期至11月。花期5～7月，果期7～8月。

【繁殖栽培技术要点】春秋季播种，栽培管理粗放。

【应用】花坛、花境和地被。

狭叶荨麻 *Urtica angustifolia*

科属：荨麻科荨麻属

【植物学特征】多年生草本，株高 40～150cm。有木质化根状茎，具蜇毛。单叶，对生；叶披针形至长圆状披针形，长 4～15cm，宽 1～3（6）cm，先端长渐尖或锐尖，基部圆形，稀浅心形，边缘有锯齿，具 3 主脉。花序圆锥状；雌雄异株。瘦果，卵形。

【产地分布】原产我国；分布东北、华北和西北等地，朝鲜和俄罗斯西伯利亚地区也有分布。

【习性】耐寒，喜阳，耐热，耐湿，耐瘠薄，耐盐碱，抗逆性强，对土壤要求不严。

【成株生长发育节律】北京地区 3 月下旬萌动，绿期至 11 月。花期 7～8 月，果期 8～9 月。

【繁殖栽培技术要点】春秋季播种或春季分株，栽培管理粗放。

【应用】丛植、地被、坡地、食用、饲用、纺织、榨油和药用。

小赤麻 *Boehmeria gracilis*

科属：荨麻科苎麻属

【植物学特征】多年生草本，株高 50～90cm。茎常分枝。叶对生宽卵形，先端尾状渐尖，基部宽楔形，叶缘具粗锯齿。雌雄异株；穗状花序，腋生；雌花簇生成球形，花被 3～4 齿裂。瘦果。

【产地分布】原产我国；分布东北、华北、西北和西南等地。

【习性】耐寒，喜阳，耐热，耐湿，耐瘠薄，耐盐碱，抗逆性强，对土壤要求不严。

【成株生长发育节律】北京地区 3 月下旬萌动，绿期至 11 月。花期 7～8 月，果期 9～10 月。

【繁殖栽培技术要点】春秋季播种或春季分株，栽培管理粗放。

【应用】丛植、地被、疏林下和药用。

紫露草 *Tradescantia reflexa*

科属：鸭跖草科紫露草属

【植物学特征】多年生草本，株高 30～50cm。茎直立，光滑，苍绿色，簇生。叶线形，淡绿色，长 15～30cm，多弯曲，基部具叶鞘。花多朵簇生于枝顶，成伞形，托以 2 个长短不等的苞片，苞片长 10～20cm；花蓝紫色。蒴果。

‘金叶’紫露草 *T. reflexa* ‘Gold leaf’

叶线形，金黄色，花蓝色。

【产地分布】原产北美洲；常见栽培。

【习性】耐寒，耐热，喜阳，耐阴，耐湿，适应性强，对土壤要求不严。

【成株生长发育节律】北京地区 4 月上旬萌动，绿期至 12 月。花期 6～9 月，果期 8～11 月。

【繁殖栽培技术要点】春秋季播种或春季分株或秋季扦插，栽培管理粗放。

【应用】花坛、花境、林下和地被。

‘金叶’紫露草

白屈菜 *Chelidonium majus*

科属：罂粟科白屈菜属

【植物学特征】多年生草本，株高50～90cm。主根粗壮，圆锥形。茎直立，多分枝，具白色细长柔毛，全株含黄色汁液。叶互生，有长柄，1～2回羽状全裂，全裂片5～7，卵形至长圆形；顶裂片常3裂；侧裂片基部具托叶状小裂片；边缘有不整齐齿或缺刻；叶上面绿色，下面绿白色，有白粉，伏生细毛。花数朵成伞形聚伞花序；花黄色。蒴果，细圆柱形。

【产地分布】原产我国；全国各地均有分布。

【习性】耐寒，喜阳，稍耐阴，耐热，耐干旱，耐瘠薄，耐湿，适应性强，耐修剪，不择土壤，自生繁衍能力强。

【成株生长发育节律】北京地区3月上旬萌动，绿期至12月。花期4～11月，果期8～11月。

【繁殖栽培技术要点】春秋季播种，栽培管理粗放。

【应用】花坛、花境、地被、坡地、林缘和药用。

东方罂粟 *Papaver orientale*

科属：罂粟科罂粟属

【植物学特征】多年生草本，株高70～120cm。具直根。茎粗壮，密生粗毛。叶羽状半裂，裂片规则，长30 cm，长圆状披针形，先端齿尖锐。花梗上有一层白色茸毛，花通常单朵，直径10～15cm，花瓣基部有黑色斑块，花色鲜艳娇丽，有红、粉红和白色。蒴果，球形。

【产地分布】原产地中海沿岸至伊朗；常见栽培。

【习性】耐寒，阳光充足喜凉爽气候，忌水涝，宜富含腐殖质、肥沃的土壤。

【成株生长发育节律】北京地区3月中旬萌动，绿期至12月（夏季休眠）。花期5～6月，果期6～7月。

【繁殖栽培技术要点】秋季播种或根插，栽培管理粗放。

【应用】花坛、花境和地被。

野罂粟 *Papaver nudicaule*

科属：罂粟科罂粟属

【植物学特征】多年生草本，株高 30～60cm。全株有硬毛，具乳汁。叶全基生，具长柄；叶羽状浅裂至全裂，轮廓卵形至披针形，长 6～9cm，两面稍具白粉。花单生顶端，花莛 1 至多数，亭高 30～60cm；花瓣宽楔形，黄色。蒴果，狭倒卵形。

【产地分布】原产我国；分布东北、西北和华北等地。

【习性】喜阳，喜凉爽温和气候，耐旱，耐瘠薄，适应性强，自生繁衍能力强，对土壤要求不严。

【成株生长发育节律】北京地区 4 月下旬萌动，绿期至 8 月。花期 6～7 月，果期 7～8 月。

【繁殖栽培技术要点】秋季播种，栽培管理粗放。

【用途】花境、草甸、溪边、地被和药用。

齿瓣延胡索 *Corydalis remota*

科属：罂粟科紫堇属

【植物学特征】多年生草本，株高 8～25cm。块茎球形，生于鳞片叶腋处，鳞叶较大。茎基部具 1 片鳞片叶，茎生叶 2～3，叶片轮廓宽卵形，长 6～9cm，二回三出全裂，一回裂片 5；末回裂片狭卵形，具短柄；先端常 2～3 深裂。总状花序，顶生，花密；花蓝紫色。蒴果，长圆形。

【产地分布】原产我国；分布东北、内蒙古、河北、山西和山东等地。

【习性】耐寒，喜阳，稍耐阴，以喜温和湿润的气候，排水良好的壤土。

【成株生长发育节律】北京地区 4 月初萌动，绿期至 11 月。花期 4～5 月，果期 6～7 月。

【繁殖栽培技术要点】秋季播种，适宜栽培在排水良好的土壤。

【应用】疏林下（花境和地被）。

荷苞牡丹 *Dicentra spectabilis* 又名兔儿牡丹

科属：罂粟科荷苞牡丹属

白花荷包牡丹

【植物学特征】多年生草本，株高 30～60cm。具根状茎，无毛。叶二回三出复叶，全裂，顶生小叶具长柄，侧生小叶近无柄；小叶倒卵形，深裂，基部楔形。总状花序，顶生呈拱形或弯垂；花两侧对称，整个花序又似一串串小荷苞，红色，内侧花瓣白色。蒴果细长。

白花荷包牡丹 *Dicentra Spectabilis* 'Alba'

花白色。

【产地分布】原产欧洲；常见栽培。

【习性】耐寒，喜阳，稍耐阴，稍耐旱，忌炎热高温，在肥沃、干燥、排水良好的沙质土壤上生长较好。

【成株生长发育节律】北京地区 3 月下旬萌动，绿期至 10 月。花期 5～6 月，果 7～8 月。

【繁殖栽培技术要点】秋季播种，适宜栽培在排水良好的土壤。

【应用】花境、丛植、地被和岩石。

荷青花 *Hylomecon japonica*

科属：罂粟科荷青花属

【植物学特征】多年生草本，株高 20～30cm。茎叶含有黄色液汁，茎直立。上部稍分枝，有散生的毛，单数羽状复叶；基生叶有长柄，小叶 5～7，有短柄，长广卵形至菱状卵形，先端尖锐，基部楔形，边缘有缺刻及不整齐的锯齿。花 1～2 朵，生顶部叶腋，花黄色。蒴果，线形。

【产地分布】原产我国；全国大部分地区均有分布，朝鲜、日本和俄罗斯东西伯利亚也有分布。

【习性】耐寒，喜阳，耐阴，以喜温暖湿润的气候，排水良好的壤土栽培为宜。

【成株生长发育节律】北京地区 4 月初萌动，生长期至 11 月，花期 5～6 月，果期 6～7 月。

【繁殖栽培技术要点】秋季播种，适宜栽培在排水良好的土壤。

【应用】花境、地被和药用。

博落回 *Macleaya cordata*

科属：罂粟科博落回属

【植物学特征】多年生草本，株高100～200cm。植株有毒，茎基部木质化，含乳黄色浆汁，光滑，被白粉。叶片宽卵形或近圆形，长10～20cm，宽10～22cm，7～9浅裂，边缘波状或波状牙齿，下面有白粉。圆锥花序，多花，长15～40cm，生于分枝顶端；萼片狭倒卵状长圆形，黄白色；花瓣无。蒴果，倒披针形。

【产地分布】原产我国；分布长江以南地区。

【习性】耐寒，喜阳，耐热，稍耐阴，耐旱，对土壤要求不严，但以肥沃、砂质壤和黏质壤土生长较好。

【成株生长发育节律】北京地区4月初萌动，生长期至11月，花期6～7月，果期8～10月。

【繁殖栽培技术要点】秋季播种，适宜栽培在排水良好的土壤。

【应用】丛植和药用。

马蔺 *Iris lactea var. chinensis*

科属：鸢尾科鸢尾属

【植物学特征】多年生草本，株高30～50cm。根状茎短粗，常聚集成团，基部具有纤维的老叶的叶鞘，红褐色或深褐色。叶基生，狭线形，长30～50cm，平滑无毛。花蓝色，垂瓣倒披针形。蒴果，长圆柱形。

【产地分布】原产我国；分布全国南北各地，中亚细亚和朝鲜亦有分布。

【习性】耐寒，喜阳，稍耐阴，耐热，耐旱，耐瘠薄，耐湿，耐盐碱，耐践踏，适应性强，对土壤要求不严。

【成株生长发育节律】北京地区3月上旬萌动，绿期至12月。花期5～6月，果期6～7月。

【繁殖栽培技术要点】秋季播种或春季分株，栽培管理粗放。

【应用】花境、地被、岩石、坡地、药用和造纸。

鸢尾 *Iris tectorum* 又名蓝蝴蝶

科属：鸢尾科鸢尾属

【植物学特征】多年生草本，株高 30～50cm。根状茎粗短。叶剑形，长 20～45cm，呈二纵列交互排列，基部互相包叠。花序 1～2 枝，每枝有花 2～3 朵；花蝶形，外花被有深紫斑点，中央面有一行鸡冠状白色带紫纹突起，花蓝色。蒴果，长圆形。鸢尾园艺栽培品种很多，花色丰富。

【产地分布】原产我国；全国南北各地均有分布。

【习性】耐寒，喜阳，耐阴，耐热，耐旱，耐瘠薄，耐盐碱，适应性强，对土壤要求不严。

【成株生长发育节律】北京地区 3 月上旬萌动，绿期至 12 月。花期 5～6 月，果期 6～7 月。

【繁殖栽培技术要点】春秋季分株，栽培管理粗放。

【应用】花坛、花境、地被、岩石、林下和药用。

园艺品种

园艺品种

园艺品种

德国鸢尾 *Iris germanica*

科属：鸢尾科鸢尾属

【植物学特征】多年生草本，株高 60 ～ 90cm，根状茎肥厚，略成扁圆形，有横纹，生多数肉质须根；叶剑形，基部鞘状，深绿色，短于花茎。花大，直径 10 ～ 12cm，紫色或淡紫色。

【产地分布】原产欧洲；已广泛栽培。

【习性】耐寒，喜阳，稍耐阴，耐热，耐旱，耐瘠薄，耐盐碱，适应性强，对土壤要求不严。

【成株生长发育节律】北京地区 3 月上旬萌动，绿期至 12 月。花期 5 ～ 6 月，果期 6 ～ 7 月。

【繁殖栽培技术要点】春秋季分株，栽培管理粗放。

【应用】花坛、花境、地被、岩石和疏林下。

细叶鸢尾 *Iris tenuifolia*

科属：鸢尾科鸢尾属

【植物学特征】多年生草本，株高 20 ～ 60cm。密丛。叶质地坚韧，丝状或狭条形，无明显的中脉。花茎短，不易伸出地面；花蓝紫色。蒴果，倒卵形。

【产地分布】原产我国；分布东北、华北、西北和西南等地，蒙古、土耳其、俄罗斯和阿富汗也有分布。

【习性】耐寒，喜阳，喜凉爽，耐旱，耐瘠薄，耐盐碱，适应性强，对土壤要求不严。

【成株生长发育节律】北京地区 3 月上旬萌动，绿期至 12 月。花期 4 ～ 5 月，果期 8 ～ 9 月。

【繁殖栽培技术要点】春秋季分株，栽培管理粗放。

【应用】花境、地被、岩石和砂石地。

射干 *Belamcanda chinensis*

科属：鸢尾科射干属

【植物学特征】多年生草本，株高30～90cm。根状茎匍匐生。叶无柄，2列，扁平，剑形，多脉，叶基抱茎。聚伞花花，顶生，花柄及分枝的基部均具膜质苞片，苞片卵形或披针形；花橘黄色，具紫红色斑点。蒴果。

‘红花’射干 *B. chinensis* cv. ‘Red Flower’

花红色。

‘黄花’射干 *B. chinensis* cv. ‘Yellow Flower’

花黄色。

【产地分布】原产我国和日本；分布华北、西北和南方各地。

【习性】耐寒，喜阳，稍耐阴，耐热，耐旱，耐瘠薄，适应性强，对土壤要求不严。

【成株生长发育节律】北京地区3月下旬萌动，绿期至11月。花期7～8月，果期9～10月。

【繁殖栽培技术要点】春秋季播种或分株，栽培管理粗放。

【应用】花境、地被、岩石、林缘和药用。

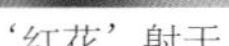

‘红花’射干

‘黄花’射干

芸香 *Ruta graveolens*

科属：芸香科芸香属

【植物学特征】多年生草本，株高 40～80cm。茎基部木质化，呈半灌木状，全株无毛而有腺点，有强烈气味。叶 2～3 回羽状全裂，裂片全缘或深裂，银灰色。聚伞花序顶生；花黄色。蒴果。

【产地分布】原产欧洲南部和地中海地区；常见栽培。

【习性】耐寒，喜阳，耐热，耐湿，耐旱，耐瘠薄，抗病虫害，耐修剪，适应性强，对土壤要求不严。

【成株生长发育节律】北京地区 3 月下旬萌动，绿期至 12 月。花期 5～12 月上旬，果期 7～12 月。

【繁殖栽培技术要点】春秋季播种，栽培管理粗放。

【应用】花坛、花境、地被、岩石、香用、蜜源和药用。

白藓 *Dictamnus dasycarpus*

科属：芸香科白藓属

【植物学特征】多年生草本，株高 30～90cm。根肉质粗长，淡黄白色。茎直立，基部木质。叶互生，通常密集于茎中部，奇数羽状复叶，小叶 9～13，卵形、长圆状卵形至卵状披针形，长 3～10cm，宽 1～3cm，基部广楔形或近圆形，稍偏斜，边缘有细锯齿，表面密集油点，两面疏生毛，脉上毛较多。总状花序，顶生，长 15～25cm；花大，花轴及花梗密布黑紫色腺点及白色柔毛；花淡红色或紫红色，稀为白色，花瓣有明显的红紫色条纹，基部渐细成爪状，先端钝。蒴果。

【产地分布】原产我国；分布东北、华北、西北和华东等地，朝鲜、蒙古和俄罗斯也有分布。

【习性】耐寒，喜阳，稍耐阴，耐旱，耐贫瘠，对土壤要求不严。

【成株生长发育节律】北京地区 3 月下旬萌动，绿期至 11 月。花期 5～7 月，果期 7～9 月。

【繁殖栽培技术要点】春秋季播种或春季分株，栽培管理粗放。

【用途】花境、丛植、地被、疏林下和药用。

牛舌草 *Anchusa ajurea*

科属：紫草科牛舌草属

【植物学特征】多年生草本，株高 70～100cm。通常不分枝或上部花序分枝，密生具基盘的白色长硬毛。基生叶和茎下部叶长圆形至倒披针形，长 4～15cm，基阔，无柄或稍抱茎，有时具柄及狭翅，全缘或具波状齿。花排列成圆锥总状花序，顶生及腋生；花蓝色。小坚果，长椭圆形。

【产地分布】原产地中海；常见栽培。

【习性】耐寒，喜阳，稍耐阴，耐干旱，对土壤要求不严。

【成株生长发育节律】北京地区 3 月下旬萌动，绿期至 11 月。花期 6～8 月，果期 8～10 月。

【繁殖栽培技术要点】春秋季播种或春季分株，栽培管理粗放。

【用途】花境、点缀和地被。

滨紫草 *Mertensia davurica*

科属：紫草科滨紫草属

【植物学特征】多年生草本，株高 20～50cm。茎直立，具棱槽，细硬毛。基茎下部叶为匙形或披针形，基部渐狭下延成柄，上面暗绿色，密被伏生细刚毛，下面灰绿色；茎上叶为披针形或倒披针形，上面有短伏毛和小疣点，下面平滑，先端钝或渐尖，侧脉不明显。镰状聚伞花序；花蓝紫色。小坚果，卵圆形。

【产地分布】原产我国；分布东北、华北和西北等地，蒙古和俄罗斯也有分布。

【习性】耐寒，喜阳，稍耐阴，耐干旱，但喜冷凉湿润环境，对土壤要求不严。

【成株生长发育节律】北京地区 3 月下旬萌动，绿期至 11 月。花期 6～7 月，果期 8～9 月。

【繁殖栽培技术要点】春秋季播种或春季分株，适宜栽培冷凉湿润环境，管理粗放。

【应用】花境、草甸和地被。

酢浆草 *Oxalis corniculata*

科属：酢浆草科酢浆草属

【植物学特征】多年生草本，株高 10～35cm。全株疏生状毛。茎细弱，多分枝，直立或匍匐，匍匐茎节上生根。三出掌状复叶，互生；小叶 3，无柄，倒心形，先端心形，基部宽楔形，两面被柔毛或表面无毛。花单生或数朵集为伞形花序状，腋生；花瓣黄色，长圆状倒卵形。蒴果，长圆柱形。

直酢浆草 *O. stricta*

茎直立，不分枝或分枝少；叶紫色，托叶不明显或无；花黄色。

黄花酢浆草 *O. pes-caprae*

具鳞茎，叶上有紫色斑；花黄色，花瓣基部稍带橙黄色，花较大，微向外反卷。

红花酢浆草 *O. martiana*

具鳞茎，有 3 纵棱；三小叶复叶，均茎生，小叶阔倒卵形，先端凹缺，被毛，两面有棕色瘤状小腺点；复伞形花，花粉红色。原产南美洲，常见栽培。

白花酢浆草 *O. acetosella*

小倒心形，先端凹陷，两侧角钝圆，茎部楔形，两面被毛或背面无毛；花白色。

【产地分布】原产我国；分布全国南北各地。

【习性】耐寒，喜阳，耐阴， 耐热，耐干旱，耐瘠薄，耐湿，适应性强，自生繁衍能力强，对土壤要求不严。

白花酢浆草和红花酢浆草在北京地区小气候条件下可越冬，冬季适当覆盖。

【成株生长发育节律】北京地区 3 月上旬萌动，绿期至 12 月。花期 3～10 月，果期 5～11 月。

【繁殖栽培技术要点】春秋分株，适宜栽培在排水良好的土壤。

【应用】花境、地被、点缀和疏林下。

红花酢浆草

直酢浆草

黄花酢浆草

白花酢浆草

蕨 *Pteridium aquilinum var.iatiusculum*

科属：蕨科蕨属

【植物学特征】蕨类，株高80～100cm。根状茎长而横走，黑色，密被锈黄色短毛。叶片阔三角形或长圆三角形，长30～60cm，宽20～45cm，3回羽状或4回羽裂，末回小羽片或裂片长圆形，圆钝头，钱缘或下部具1～3对浅裂或成波状圆齿；叶脉羽状，侧脉2～3叉，下面隆起。孢子囊群线形，着生于小脉顶端的联结脉上，沿叶脉分布，囊群盖条形，具叶缘反卷而成的假盖。

【产地分布】原产我国；全国各地均有分布。

【习性】耐寒，喜阴，忌强光直射，耐湿，宜土层深厚、肥沃湿润、排水良好的沙质土壤。

【成株生长发育节律】北京地区4月上旬萌动，绿期至11月。孢子形成期6～8月。

【繁殖栽培技术要点】在春季萌动时分株，栽培管理简易。

【应用】林下（地被和丛植）、食用和药用。

节节草 *Equisetum ramosissimum*

科属：木贼科木贼属

【植物学特征】多年湿生草本，茎高30～80cm。根状茎横走，黑色。茎一型，无孢子和营养茎的区别。茎灰绿色，粗糙；基部有2～5个分枝，中空，有棱脊6～20条；分枝近直立，细长，鞘片背上无棱脊；鞘齿短三角形，黑色。孢子囊穗生枝顶，长圆形，有小尖头，无柄；孢子叶六角形，中央凹入，盾状着生，排列紧密，边缘生长形孢子囊。

【产地分布】原产我国；分布全国各地。

【习性】耐寒，喜阴，耐湿，宜土层深厚、肥沃湿润、排水良好的沙质土壤。

【成株生长发育节律】北京地区4月上旬萌动，绿期至11月。孢子形成期6～8月。

【繁殖栽培技术要点】在春季萌动时分株，栽培管理简易。

【应用】水边、草甸、林下和药用。

粗茎鳞毛蕨 *Dryopteris crassirhizoma* 又名绵马鳞毛蕨

科属：鳞毛蕨科鳞毛蕨属

【植物学特征】蕨类，株高1m。根状茎粗大成块状，被鳞片，直立或斜升。叶丛生，叶柄基部密被鳞片。叶片倒披针形，长50～100cm，宽15～30cm，2回羽状裂；羽片无柄，长圆形，边缘具微细锯齿，与羽轴合生，两面皆被线状鳞毛；叶脉分离。孢子囊群生于羽片的中部以上；囊群盖圆肾形或马蹄形，质厚，棕色。

【产地分布】原产我国；分布东北、华北和西北等地，朝鲜和日本也有分布。

【习性】耐寒，喜阴，忌强光直射，宜土层深厚、肥沃湿润、排水良好的沙质土壤。

【成株生长发育节律】北京地区4月上旬萌动，绿期至11月。孢子形成期6～8月。

【繁殖栽培技术要点】在春季萌动时分株，栽培管理简易。

【应用】林下（地被和丛植）、药用和农药。

荚果蕨 *Matteuccia struthiopteris*

科属：球子蕨科荚果蕨属

【植物学特征】蕨类，株高30～90cm。根状茎短，直立，被棕色膜质披针形鳞片。叶二型，丛生成莲座状。叶披针形、倒披针形或长椭圆形，长30～90cm，宽15～25cm，2回羽状深裂，羽叶40～60对，互生，线状披针形至三角状耳形，裂片长圆形，先端钝，边缘具波状圆齿或两侧基部全缘；叶脉羽状，分离；叶草质，羽轴和主脉多少被有柔毛。孢子叶的叶片为狭倒披针形，一回羽状，羽片两侧向背面反卷成荚果状；孢子囊群圆形，具膜质囊群盖。

【产地分布】原产我国；分布东北、华北、西北和西南等地。

【习性】耐寒，喜阴，忌强光直射，耐湿，宜土层深厚、肥沃湿润、排水良好的沙质土壤。

【成株生长发育节律】北京地区4月上旬萌动，绿期至11月。孢子形成期6～8月。

【繁殖栽培技术要点】在春季萌动时分株，栽培管理简易。

【应用】林下（地被和丛植）和药用。

蹄盖蕨 *Athyrium filix - femina*

科属：蹄盖蕨科蹄盖蕨属

【植物学特征】蕨类，株高20～50cm。叶片二回羽状，下部几对逐渐缩短，成熟的小羽片狭长圆形，边缘脱裂，顶端钝圆，有小齿牙。孢子囊群近圆形，生分叉侧脉的上侧一脉；囊群盖同形，边缘有睫毛。

【产地分布】原产我国；全国温带以南都有分布。

【习性】耐寒，喜阴，忌强光直射，耐湿，宜土层深厚、肥沃湿润、排水良好的沙质土壤。

【成株生长发育节律】北京地区4月上旬萌动，绿期至11月。孢子形成期6～8月。

【繁殖栽培技术要点】在春季萌动时分株，栽培管理简易。

【应用】林下（地被和丛植）和药用。

掌叶铁线蕨 *Adiantum pedatum*

科属：铁线蕨科铁线蕨属

【植物学特征】蕨类，株高30～70cm。根茎短而粗，斜生，有被褐色膜质鳞片。叶丛生；叶片长18～40cm，从叶柄顶端二叉分歧，每个侧枝上生有4～6片一回羽状的条状披针形羽片，小羽竿具短柄，呈三角形（掌状），顶端钝圆，上方具数个圆齿。叶脉扇分叉，孢子囊群生于由裂片顶部反卷的囊群盖下面，囊群盖肾形或长圆形。

【产地分布】原产我国；分布东北、华北、西北、西南和西南等地，也广布于喜马拉雅山南部、朝鲜、日本和北美洲。

【习性】耐寒，喜阴，忌强光直射，耐湿，宜土层深厚、肥沃湿润、排水良好的沙质土壤。

【成株生长发育节律】北京地区4月上旬萌动，绿期至11月。孢子形成期6～8月。

【繁殖栽培技术要点】在春季萌动时分株，栽培管理简易。

【应用】林下（地被和丛植）和药用。

华北鳞毛蕨 *Dryopteris laeta*

科属：中国蕨科鳞毛蕨属

【植物学特征】蕨类，株高 60～100cm。根状茎短粗而横走，被棕褐色的披针形鳞片。叶丛生，叶柄除基部外几乎无毛，叶片卵状广椭圆形，3 回羽状分裂，基部略变狭；小羽片基部不对称，边缘深羽裂，裂片顶端具 2～3 个尖齿，侧脉羽状分叉。孢子囊群近圆形，着生于侧脉上，排成两行；囊群盖圆贤形，边缘具齿。

【产地分布】原产我国；分布东北、华北和西北等地。

【习性】耐寒，喜阴，忌强光直射，耐湿，宜土层深厚、肥沃湿润、排水良好的沙质土壤。

【成株生长发育节律】北京地区 4 月上旬萌动，绿期至 11 月。孢子形成期 6～8 月。

【繁殖栽培技术要点】在春季萌动时分株，栽培管理简易。

【应用】林下地被和丛植，也可与林下其它植物配植应用。

中华卷柏 *Selaginella sinensis*

科属：卷柏科卷柏属

【植物学特征】多年生草本，株高 5～18cm。茎纤细圆柱状，黄色或黄褐色，匍匐，随处着地生根；枝互生，二叉分。主茎及侧枝基部的叶疏生，贴伏茎上，钝头，边缘有长纤毛；侧枝顶部茎叶背腹扁平；侧叶与中叶近同形，长圆状卵形，尖或具短尖头，边缘具白缘毛。囊穗生于枝顶，四棱形；孢子叶卵状三角形，边缘有微细锯齿，背部龙骨状；大小孢子囊同穗，大孢子囊黄色；常仅在孢子囊穗基部具 1 个大孢子囊。

【产地分布】原产我国；分布东北、华北、西北、华东和长江流等地。

【习性】耐寒，耐阴，极度耐旱，对土壤要求不严。

【成株生长发育节律】北京地区 3 月下旬萌动，生长期至 11 月。孢子形成期 6～8 月。

【繁殖栽培技术要点】秋夏季插扦，在旱季适当浇水，宜含有机质多的土壤。

【应用】林下、岩石和药用。

北京铁角蕨 *Asplenium pekinense*

科属：铁角蕨科铁角蕨属

【植物学特征】蕨类，株高 10～20cm。根状茎短而直立，密生锈褐色披针形具粗筛孔鳞片，鳞片上有褐色毛。叶簇生。叶柄淡绿色，疏生小鳞片。叶片披针形，灰绿色，无毛，2 回羽状或 3 回羽裂，羽轴和叶轴均具狭翅。叶脉羽状分枝，每裂片有 1 小脉。孢子囊群长圆形，全缘。

【产地分布】原产我国；全国各地均有分布。

【习性】耐寒，喜阴，忌强光直射，耐湿，宜土层深厚、肥沃湿润、排水良好的沙质土壤。

【成株生长发育节律】北京地区 4 月上旬萌动，绿期至 11 月。孢子形成期 6～8 月。

【繁殖栽培技术要点】在春季萌动时分株，栽培管理简易。

【应用】林下地被和丛植，也可与林下其它植物配植应用。

第四篇　水生植物

芦苇

荇菜

睡莲、千屈菜、水蓼

水葱、千屈菜、水莎草、荇菜

荷花、香蒲

荷花、香蒲

水苏 *Stachys japonica*

科属：唇形科水苏属

【植物学特征】多年生草本，株高 60～100cm。根状茎长，横走。茎直立，棱上疏生倒生刺毛或近无毛，节部毛较多。叶卵状长圆形，基部截形，圆形或微心形，有时稍斜截形，先端钝尖至渐尖，边缘具圆锯齿，两面近无毛，苞叶与叶同型，向上渐小。轮伞花序，多轮；花淡紫色或紫色。小坚果，卵形。

【产地分布】原产我国；分布华北、西北、黄河和长江流域等地。

【习性】耐寒，耐热，喜阳，耐阴，喜湿，耐旱，耐瘠薄，耐盐碱，适应性强，宜在陆地、潮湿或水中生长。

【成株生长发育节律】北京地区 3 月中旬萌动，绿期至 11 月。花期 7～9 月，果期 9～11 月。

【应用】地被、湿地和河岸。

毛水苏 *Stachys baicalensis*

科属：唇形科水苏属

【植物学特征】多年生草本，株高 40～60cm。茎单一或少分枝，沿棱及节具伸展的则毛。叶长圆状披针形、披针形，先端钝或稍尖，基部近圆形或浅心形，边缘具圆锯齿状锯齿，两面被贴生的刚毛。轮伞花序多轮，于茎顶端集成穗状花序；花粉紫色或淡紫色。小坚果，圆卵形。

【产地分布】原产我国；分布东北、华北、西北、黄河和长江流域等地，俄罗斯和日本也有分布。

【习性】耐寒，耐热，喜阳，耐阴，喜湿，耐旱，耐瘠薄，耐盐碱，适应性强，宜在陆地、潮湿或水中生长。

【成株生长发育节律】北京地区 3 月中旬萌动，绿期至 11 月。花期 7～8 月，果期 9～11 月。

【应用】地被、湿地和河边。

灯心草 *Juncus effusus*

科属：灯心草科灯心草属

【植物学特征】多年湿生草本，秆高 40～90cm。根状茎横走，丛生。叶片退化呈刺芒状。花序假侧生，聚伞状，多花，密集或疏散。蒴果，矩圆形。

【产地分布】原产我国；全国南北各地均有分布。

【习性】耐寒，耐热，喜阳，稍耐阴，喜湿，耐旱，耐碱盐，适应性强，宜在陆地、潮湿或水中生长。

【成株生长发育节律】北京地区 3 月中旬萌动，绿期至 12 月。花期 6～7 月，果期 8～11 月。

【繁殖栽培技术要点】春季萌动时分株或秋季播种，栽培管理简易。

【应用】地被、湿地和湖泊。

白茅 *Imperata cylindrical*

科属：禾本科白茅属

【植物学特征】多年生草本，秆高 30～80cm。具长根状茎。秆直立，形成疏丛，具 2～3 节，节上具长柔。叶多集中于基部，叶鞘无毛，或上部边缘和鞘口具纤毛，老时常破碎成纤维状；叶舌干膜质，钝尖；叶片长 10～50cm，主脉明显，向背部突出，顶生叶片很小。圆锥花序，圆柱状，长 5～20cm，分枝短缩密集，银白色；小穗成对或有时单生，基部围以细长丝状柔毛；小穗披针形或长圆形；颖果，长圆形。

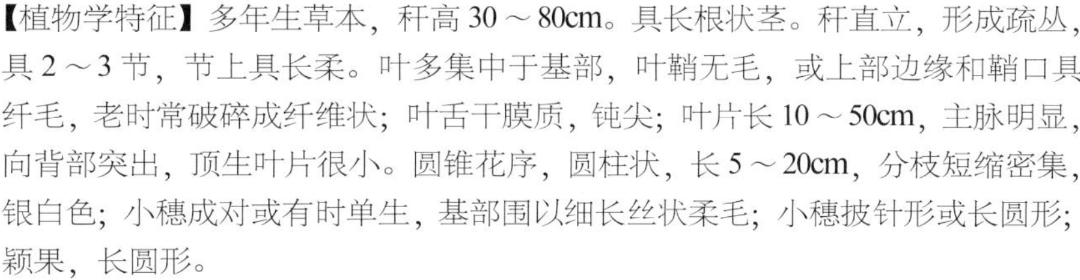

【产地分布】原产我国；分布全国各地。

【习性】耐寒，喜阳，耐热，水湿，耐碱盐，适应性强，自生繁衍能力强，宜在陆地或潮湿地。

【成株生长发育节律】北京地区 3 月下旬萌动，绿期至 12 月。花期 4～6 月，果期 6～7 月。

【繁殖栽培技术要点】匍匐走茎，分蘖力强，在春季萌动时分株，栽培管理简易。

【应用】地被、坡地、河滩、水溪边、药用和工业原料。

芦竹 *Arundo donax*

科属：禾本科芦竹属

【植物学特征】多年生湿地草本，株高 200～400cm。具根茎，秆粗斜升，茎上部的节常有分枝。叶鞘互相紧抱，叶鞘长于节间，叶片线状披针形，扁平，上面与边缘微粗糙。圆锥花序，长 30～60cm，穗多紧密，每小穗 2～4 花。颖果。

花叶芦竹 var. *versicolor*

株高 150～300cm，嫩叶乳黄白色宽狭不等的条纹，纵贯整条叶片，后渐变黄白色更为明显。

【产地分布】原产地中海地区；分布长江中下地区湖泊有分布。

【习性】耐寒，喜阳，耐热，耐旱，耐瘠薄，耐湿，适应性强，自生繁衍能力较强，宜在陆地、潮湿或浅水中生长。

【成株生长发育节律】北京地区 4 月上旬萌动，绿期至 11 月。花果期 9～11 月，种子败育。

【繁殖栽培技术要点】有较强分蘖力，在春季萌动时分株，栽培管理简易。

【应用】丛植、湿地、湖泊、工业原料和药用。对污染水质净化能力强。

花叶芦竹

（春季）

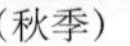

（秋季）

（夏季）

芦苇 *Phragmites communis* 又名苇子

科属：禾本科芦苇属

【植物学特征】多年生水生草本，秆高 100～300cm。具粗壮的匍匐根状茎，节下通常具白粉。叶鞘圆筒形；叶舌有毛；叶片线形，长 15～45cm，宽 1～4cm，渐尖，基部宽。圆锥花序，顶生，疏散，长 10～40cm，稍下垂，下部枝腋具白毛，小穗通常含 4～7 花。颖果，长圆形。

‘花叶’芦苇 *P. communis* ‘Versicolor’

叶互生，排成两列，弯垂，具白色条纹。

【产地分布】原产我国和世界多地；分布几遍全球温带地区。

【习性】耐寒，喜阳，耐热，喜水湿，耐碱盐，适应性强，自生繁衍能力强，净化水质能力强，宜在陆地、潮湿或水中生长，以富含有机质肥沃黏性湖塘泥为好。

【成株生长发育节律】北京地区 3 月下旬萌动，绿期至 11 月。花果期 7～11 月，种子败育。

【繁殖栽培技术要点】匍匐走茎，分蘖力强，在春季萌动时分株，栽培管理简易。

【应用】湿地、湖泊、食用、药用和工业原料。对污染水质净化能力强。

‘花叶’芦苇

深秋初冬

秋季

春夏季

荻 *Miscanthus sacchariflorus* 又名荻草

科属：禾本科荻属

【植物学特征】多年生草本，秆高 100～150cm。根状茎粗壮，被磷片。秆直立，无毛，具多节，节上具长须毛。叶片扁平，线形，长 20～60cm，边缘锯齿状粗糙，基部常收缩成柄，顶端长渐尖，中脉白色。圆锥花序疏展成伞房状，长 10～20cm，小穗线状披针形。颖果。

【产地分布】原产我国；分布东北、西北、华北、华中和华东等地。

【习性】耐寒，喜阳，耐热，水湿，耐碱盐，适应性强，自生繁衍能力强，净化水质能力强，宜在陆地、潮湿或水中生长，以富含有机质肥沃黏性湖塘泥为好。

【成株生长发育节律】北京地区 3 月下旬萌动，绿期至 11 月。花果期 8～11 月，种子败育。

【繁殖栽培技术要点】匍匐走茎，分蘖力强，在春季萌动时分株，栽培管理简易。

【应用】地被、水岸、坡地、药用和工业原料。

菰 *Zizania caduciflora* 又名茭白

科属：禾本科菰属

【植物学特征】多年水生草本，秆高 100～200cm。根状茎细长，须根粗壮，基部节上具不定根。叶鞘肥厚，长于节间，叶舌膜质，呈三角形，叶片长 30～50cm，分枝多数簇生，基部分枝开展。雄小穗常生于花序的下部，具短柄，紫色；雌小穗多位于花序的上部。颖果，圆柱形。

【产地分布】原产我国，分布全国南北各地。

【习性】耐寒，喜阳，耐热，水湿，适应性强，有自生繁衍能力，宜在潮湿或水中生长，以富含有机质肥沃黏性湖塘泥为好。

【成株生长发育节律】北京地区 4 月中旬萌动，绿期至 10 月。花果期 7～9 月。

【繁殖栽培技术要点】匍匐走茎，分蘖力强，在春季萌动时分株，栽培管理简易。

【应用】湿地、湖泊、食用和饲用。对污染水质净化能力强。

黑三棱 *Sparganium stoloniferum*

科属：黑三棱科黑三棱属

【植物学特征】多年生草本或沼生草本，株高 70～120cm。根茎细长，下生粗短的块茎，须根多。叶线形，长 40～90cm，具中脉，上部扁平，下部背面呈龙骨状凸起，或呈三棱形，基部鞘状。雌花序 1 个，生于最下方枝顶端，雄花序多个，生于分枝上部或枝端，球形，花密集。聚花果球形。

【产地分布】原产我国；我国南北各地均有分布，阿富汗、朝鲜、日本、中亚地区和西伯利亚及远东等地有分布。

【习性】耐寒，耐热，喜阳，稍耐阴，喜湿，耐碱盐，适应性强，宜在半陆地、潮湿或水中生长。

【成株生长发育节律】北京地区 3 月中旬萌动，绿期至 11 月。花果期 5～10 月。

【繁殖栽培技术要点】春季萌动时分株或秋季播种，栽培管理简易。

【应用】湿地、湖泊和饲用。对污染水质净化能力强。

花蔺 *Butomus umbellatus*

科属：花蔺科花蔺属

【植物学特征】多年草本或沼生草本，株高 20～120cm。根茎粗壮横生。叶基生，线形，呈三棱状，长 20～120cm，先端渐尖，基部成鞘状。花茎圆柱形，有纵纹；伞形花序。蓇荚果。

【产地分布】原产我国；分布于东北、华北、西北和华东等地，在北美洲、欧洲北部地区、亚洲北部地区也有分布。

【习性】耐寒，耐热，喜阳，稍耐阴，喜湿，耐碱盐，适应性强，宜在半陆地、潮湿或水中生长。

【成株生长发育节律】北京地区 3 月中旬萌动，绿期至 11 月。花期 5～7，果期 6～9 月。

【繁殖栽培技术要点】春季萌动时分株或秋季播种，栽培管理简易。

【应用】湿地、湖泊和工业原料。对污染水质净化能力强。

水蓼 *Polygonum hydropiper*

科属：蓼科蓼属

【植物学特征】一年生草本，株高 60～100cm。单一或基部分枝，基部节上生根，节部有时膨大。叶披针形，先端渐尖，基部楔形，两面具黑褐色腺点；托叶鞘圆筒形，边缘具缘毛。花序穗状，顶生或腋生；花淡绿色或粉红色。瘦果。

【产地分布】原产我国；分布东北、华北、华南和西南等地。

【习性】耐寒，喜阳，耐热，耐旱，耐瘠薄，耐湿，耐碱盐，适应性强，自生繁衍能力强，宜在陆地、潮湿或水中生长。

【成株生长发育节律】北京地区 4 月种子自播萌动，绿期至 11 月。花期 7～9 月，果期 8～10 月。

【繁殖栽培技术要点】春季播种或自播，栽培管理简易。

【应用】浅湿地、水沟边和药用。

酸模 *Rumex acetosa* 又名山大黄

科属：蓼科酸模属

【植物学特征】多年生草本，株高 30～80cm。根茎肥厚，黄色。茎直立，通常不分枝，具棱槽。基生叶长圆形至披针形，长 4～10cm，宽 2～4cm，先端圆钝或急尖，基部箭形，全缘，有时呈波状；茎生叶小，无柄而抱茎。圆锥花序，顶生；花小，雌雄异株。瘦果，三棱形。

【产地分布】原产我国；分布全国南北各地。

【习性】耐寒，喜阳，稍耐阴，耐热，喜湿也耐干旱，适应性强，对土壤要求不严。

【成株生长发育节律】北京地区 3 月下旬萌动，绿期至 11 月。花期 6～7 月，果期 8～10 月。

【繁殖栽培技术要点】春秋季播种或春季分株，适宜栽培在潮湿土壤，管理粗放。

【应用】地被、湿地、坡地、林缘下、药用和食用（嫩叶）。

水生酸模 *Rumex aquaticus*

科属：蓼科酸模属

【植物学特征】多年生草本，株高 60～130cm。茎直立，具棱槽，上部有分枝。基生叶卵形或长圆状卵形，长 15～30cm，宽 5～10cm，先端圆钝，基部心形，边缘波状；上部叶渐尖，长圆形或广披针形。圆锥花序，顶生，分枝多。瘦果，椭圆状三角形。

【产地分布】原产我国；分布全国南北各地，日本、朝鲜、俄罗斯和蒙古等也有分布。

【习性】耐寒，喜阳，稍耐阴，耐热，喜湿也耐干旱，适应性强，对土壤要求不严。

【成株生长发育节律】北京地区 3 月下旬萌动，绿期至 11 月。花期 6～7 月，果期 8～10 月。

【繁殖栽培技术要点】春秋季播种或春季分株，适宜栽培在潮湿土壤，管理粗放。

【应用】地被、湿地、湖泊、药用和食用（嫩叶）。

野菱 *Trapa incisa*

科属：菱科菱属

【植物学特征】一年生浮叶草本。茎细长，下部无毛，顶端节处有毛。浮叶三角形斜方形或三角状菱形，上部边缘有不规则锐齿，基部边缘宽楔形，全缘，上面深绿色，有光泽，下面淡绿色，无毛。花白色，单生于叶腋。坚果，三角形，具尖锐的刺。

【产地分布】原产我国；分布华北、华中、华东和西南等地，日本和东南亚也有分布。

【习性】耐寒，喜阳，耐热，水湿，适应性强，自生繁衍能力强，对污染水质净化能力强，适宜水中生长。

【成株生长发育节律】北京地区4月下旬萌动，绿期至11月。花期7～8月，果期9～10月。

【繁殖栽培技术要点】匍匐走茎，分蘖力强，在春季萌动时分株，栽培管理简易。

【应用】湿地、湖泊和食用。对污染水质净化能力强。

菱角 *Trapa japonica* 又名丘角菱

科属：菱科菱属

【植物学特征】一年生浮叶草本。二叶型，沉水叶细裂。浮水叶聚生于茎顶，呈莲座状，叶片广菱形或卵状菱形，基部广楔形或近截形，中上部具牙齿，表面深亮绿色，无毛；背面密被软毛，叶柄中部以具长圆形海绵质气囊。叶片下部全缘，基部广楔形。花白色，单生于叶腋。果实稍扁平，三角形，具2刺状角。

【产地分布】原产我国；分布东北、华北、西北、华中、华东和西南等地，朝鲜、日本和俄罗斯也有分布。

【习性】耐寒，喜阳，耐热，水湿，适应性强，自生繁衍能力强，对污染水质净化能力强，适宜水中生长。

【成株生长发育节律】北京地区4月下旬萌动，绿期至11月。花期7～8月，果期9～10月。

【繁殖栽培技术要点】匍匐走茎，分蘖力强，在春季萌动时分株，栽培管理简易。

【应用】湿地、湖泊和食用。对污染水质净化能力强。

荇菜 *Nymphoides peltatum* 又名莕菜

科属：龙胆科莕菜属

【植物学特征】多年生水生草本。茎圆柱形，多分枝，沉水中，具不定根。叶漂浮，圆形，深心脏形，近革质，具不明显的掌状脉；上部叶对生，其它叶互生，叶柄基部膨大，抱茎。花序束生于叶腋；花梗圆柱形，稍不等长，较叶为长；花冠辐形，黄色，直径2～3cm。蒴果。

【产地分布】原产我国；分布全国南北各地，欧洲、日本和朝鲜也有分布。

【习性】耐寒，喜阳，耐热，水湿，适应性强，宜水深100cm以下中生长。

【成株生长发育节律】北京地区4月下旬萌动，绿期至11月。花期7～9月，果期9～10月。

【繁殖栽培技术要点】匍匐走茎，分蘖力强，在春季萌动时分株，栽培管理简易。

【应用】湿地、湖泊和药用。对污染水质净化能力强。

水芹 *Oenanthe decumbens*

科属：伞形科水芹属

【植物学特性】多年生湿生草本，株高30～60cm。植株无毛。具匍匐根状茎，节上生须根，中空，节部有横隔。基生叶具长柄，叶柄基部成鞘抱茎。上部叶叶柄渐短，一部或全部成鞘状，叶鞘边缘膜质；叶轮廓三角形，1～2回羽状复叶；小叶约3对，披针形或卵状披针形。基部小叶3裂，顶生小叶菱状卵形，有缺刻状锯齿。复伞形花序，小伞形花序有花10～20朵；花白色。双悬果，椭圆形。

【产地分布】原产我国，分布全国各地，日本、印度、缅甸、越南和俄罗斯等地也有分布。

【习性】耐寒，喜阳，耐热，稍耐阴，喜湿，自生繁衍能力强，潮湿或水中生长。

【成株生长发育节律】北京地区3月下旬萌动，绿期至11月。花期7～8月，果期8～9月。

【繁殖栽培技术要点】匍匐走茎，分蘖和自播能力强，在春季萌动时分株，栽培管理简易。

【应用】湿地、水岸边、食用、饲料和药用。

千屈菜 *Lythrum salicaria* 又名水柳

科属：千屈菜科千屈菜属

【植物学特征】多年生草本，株高 80～130cm。茎直立，多分枝，具柔毛，有时光滑。叶对生或 3 枚轮生，披针形，先端渐尖，基部略抱茎。总状花序，顶生，花序长 15～30cm；花紫红色。蒴果。

‘落紫’千屈菜 *L. salicaria* ‘Luo Purple’

‘粉花’千屈菜 *L. salicaria cv.* ‘Pink Flowers’

花粉色。

【产地分布】原产我国；分布华北、西北和西南等地，欧洲也有分布。

【习性】耐寒，喜阳，耐热，耐湿，耐旱，耐瘠薄，耐盐碱，适应性强，宜在陆地、潮湿或水中生长。

【成株生长发育节律】北京地区 3 月中旬萌动，绿期至 11 月，花期 7～9 月，果期 9～10 月。

【繁殖栽培技术要点】春秋季播种或春季扦插，栽培管理粗放。

【应用】花坛、花境、地被和湿地。

‘落紫’千屈菜

‘粉花’千屈菜

光千屈菜 *Lythrum anceps*

科属：千屈菜科千屈菜属

【植物学特征】多年生草本，株高80～130cm。直立，少分枝，茎叶均无毛。叶对生，披针形或椭圆状披针形，顶端渐尖，基部短尖或阔楔形，全缘，几无柄，不抱茎。3～5朵组成聚伞花序，生于苞腋成轮生状；花紫红色。蒴果。

【产地分布】原产我国；分布东北、华北、西北和华东等地，日本、朝鲜也有分布。

【习性】耐寒，喜阳，耐热，耐湿，耐旱，耐瘠薄，耐盐碱，适应性强，宜在陆地、潮湿或水中生长。

【成株生长发育节律】北京地区3月中旬萌动，绿期至11月，花期7～9月，果期9～10月。

【繁殖栽培技术要点】春秋季播种或春季扦插，栽培管理粗放。

【应用】花坛、花境、地被和湿地。

水莎草 *Juncellus serotinus*

科属：莎草科水莎草属

【植物学特征】多年生湿生草本，株高60～100cm。根状茎长，横走。秆粗壮，扁三棱形，光滑。叶片线形，先端狭尖，基部折合，全缘，上面平展，下面中肋呈龙骨状突起。复出长侧枝聚伞花序有4～7个第一次辐射枝，辐射枝向外展开，长短不等，每一辐射枝上有1～3个穗状花序，每一穗状花序又有5～17个小穗；小穗排列疏松，近平展，披针形或线状披针形，有花10～30多朵，小穗轴有白色透明翅；鳞片红褐色或暗红褐色。小坚果，椭圆形或倒卵形。

【产地分布】原产我国；分布东北、华北、西北、西南和长江流域等地。

【习性】耐寒，喜阳，耐热，水湿，适应性强，有自生繁衍能力，宜在陆地、潮湿或水中生长。

【成株生长发育节律】北京地区4月上旬萌动，绿期至11月。花期7～8月，果期9～11月。

【繁殖栽培技术要点】分蘖力较强，在春季萌动时分株，栽培管理简易。

【应用】湿地。对污染水质净化能力强。

水葱 *Scirpus tabernaemontani*

科属：莎草科莎草属

【植物学特征】多年生湿生草本，秆高 100～200cm。具粗壮匍匐根茎，圆柱状，平滑，基部具 3～5 个叶鞘。叶片线形；总苞苞片 1 个，鳞片状或叶状。长侧枝聚伞花序，简单或复出，顶生或假侧生；小穗具少数到多数花；小坚果。

花叶水葱 *S. validus cv.* ‘Zebrinus’

茎秆上有白色环状带。

【产地分布】原产我国；分布东北、华北、西北和南方各地。

【习性】耐寒，喜阳，耐热，喜水湿，耐碱盐，适应性强，有自生繁衍能力，宜在潮湿或水中生长。

【成株生长发育节律】北京地区 3 月下旬萌动，绿期至 11 月。花期 6～8 月，果期 9～10 月。

【繁殖栽培技术要点】分蘖力较强，在春季萌动时分株，栽培管理简易。

【应用】湿地、湖泊和工业原料。对污染水质净化能力强。

花叶水葱

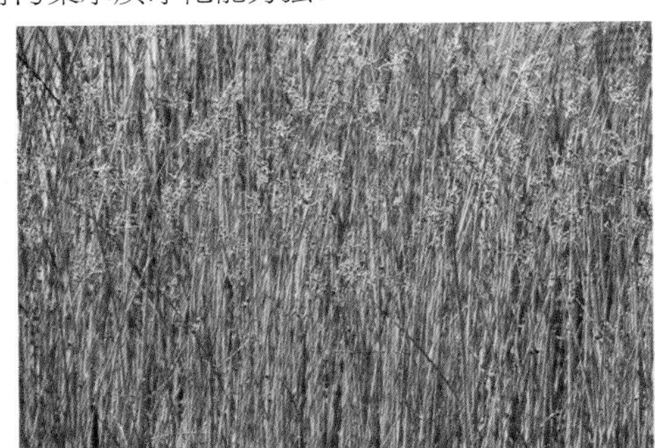

藨草 *Scirpus triqueter* 又名野荸荠

科属：莎草科藨草属

【植物学特征】多年湿生草本，匍匐根状茎细长，干时呈红棕色。秆散生，粗壮，高 20 ~ 90cm，三棱形，基部具 2 ~ 3 个鞘，鞘膜质，横脉明显隆起，最上一个鞘顶端具叶片。叶片扁平，长 1.3 ~ 5.5（8）cm。苞片 1 枚，为秆的延长，三棱形，长 1.5 ~ 7cm。简单长侧枝聚伞花序假侧生，有 1 ~ 8 个辐射枝；辐射枝三棱形，棱上粗糙，长可达 5cm，每辐射枝顶端有 1 ~ 8 个簇生的小穗；小穗卵形或长圆形，密生许多花。小坚果倒卵形，平滑，成熟时褐色。

【产地分布】原产我国；除广东、海南外，在全国均有分布。俄罗斯、欧洲和印度、朝鲜、日本等国也有分布。

【习性】耐寒，喜阳，耐热，水湿，耐碱盐，适应性强，有自生繁衍能力，有较强的优势群落，宜在陆地、潮湿或水中生长。

【成株生长发育节律】北京地区 4 月上旬萌动，绿期至 11 月。花期 7 ~ 8 月，果期 9 ~ 11 月。

【繁殖栽培技术要点】分蘖力较强，在春季萌动时分株，栽培管理简易。

【应用】湿地、水岸边和工业原料。对污染水质净化能力强。

华扁穗草 *Blysmus sinocompressus*

科属：莎草科扁穗草属

【植物学特征】多年湿生草本，秆高 5 ~ 25cm。具匍匐根状茎，节上生根。秆近于散生，扁三棱形，具槽，中部以下生叶，基部有褐色或紫褐色老叶鞘。叶平张，边略内卷，具有疏而细的小齿，渐向顶端渐狭，顶端三棱形；叶舌很短，白色，膜质。穗状花序，顶生，长圆形或狭长圆形；小穗 3 ~ 10 多个，排列成二列或近二列；鳞片近二行排列，长卵圆形。小坚果，宽倒卵形。

【产地分布】原产我国；分布华北、西北和西南等地。

【习性】耐寒，喜阳，耐热，水湿，耐碱盐，适应性强，有自生繁衍能力，有较强的优势群落，宜在陆地、潮湿或水中生长。

【成株生长发育节律】北京地区 4 月上旬萌动，绿期至 11 月。花期 6 ~ 7 月，果期 8 ~ 10 月。

【繁殖栽培技术要点】分蘖力较强，在春季萌动时分株，栽培管理简易。

【应用】湿地和饲用。对污染水质净化能力强。

伞草 *Cyperus alternifolius* 又名旱伞草

科属：莎草科莎草属

【植物学特征】多年生湿生草本，株高 40～120cm。茎秆粗壮，近圆柱形，丛生。叶鞘状，叶状叶片呈螺旋状排列在茎秆的顶端，向四面辐射，扩散呈伞状。聚伞花序，小穗短矩形，扁平。小坚果，椭圆形。

【产地分布】原产南非；在我国南北均有栽培。

【习性】较耐寒，喜阳，耐阴，耐热，水湿也稍耐旱，适应性强，有自生繁衍能力，宜在陆地、潮湿或水中生长，以富含有机质肥沃黏性湖塘泥为好。

【成株生长发育节律】北京地区（小气候条件下）4 月上旬萌动，绿期至 11 月。花期 7～9 月，果期 9～11 月。

【繁殖栽培技术要点】分蘖力较强，在春季萌动时分株，栽培管理简易。

【应用】丛植、水岸边和浅水。

荸荠 *Eleocharis tuberosus*

科属：莎草科荸荠属

【植物学特征】多年生湿生草本，秆高 30～90cm。匍匐根状茎细长，顶端膨大成球茎，称为荸荠。秆圆柱状，丛生，不分枝，中空，光滑。叶片退化，在秆基部有 2～3 枚叶鞘。穗状花序顶生；花数鳞片宽倒卵形，螺旋式或覆瓦状排列，背部有细密纵直条纹。小坚果，宽倒卵形。

【产地分布】原产我国和印度；全国南北各地均有分布，朝鲜、日本和越南等也有分布。

【习性】耐寒，喜阳，耐热，水湿，适应性强，有自生繁衍能力，宜在潮湿或水中生长，以富含有机质肥沃黏性湖塘泥为好。

【成株生长发育节律】北京地区 4 月上旬萌动，绿期至 11 月。花期 6～7 月，果期 9～10 月。

【繁殖栽培技术要点】分蘖力较强，在春季萌动时分株，栽培管理简易。

【应用】湿地、湖泊、食用和药用。对污染水质净化能力强。

羽毛荸荠 *Heleocharis wichurai*

科属：莎草科荸荠属

【植物学特征】多年湿生草本，秆高30～50cm。秆锐四　柱状，细弱，光滑，无毛，基部有1～2个叶鞘。小穗卵形或长圆形，顶端急尖，稍斜生，多数花。小穗基部的2片鳞片中空无花，对生，其余鳞片紧密地螺旋状排列，全有花。小坚果，倒卵形。

【产地分布】原产我国；分布东北、华北、西北和华东等地，朝鲜、日本和俄罗斯族等也有分布。

【习性】耐寒，喜阳，耐热，水湿，适应性强，有自生繁衍能力，宜在潮湿或水中生长，以富含有机质肥沃黏性湖塘泥为好。

【成株生长发育节律】北京地区4月上旬萌动，绿期至11月。花期6～7月，果期8～9月。

【繁殖栽培技术要点】分蘖力较强，在春季萌动时分株，栽培管理简易。

【应用】湿地和湖泊。对污染水质净化能力强。

湿苔草 *Carex humida*

科属：莎草科苔草属

【植物学特征】多年湿生草本，株高50～70cm。匍匐根状茎。丛生，钝三角形，上部稍粗糙，下部平滑。叶线形，边缘稍外卷，具小横隔脉，无毛或疏被柔毛，具较长的叶鞘。小穗，狭披针形。小坚果。

【产地分布】原产我国；分布东北、华北、西北和西南等地。

【习性】耐寒，喜阳，耐热，水湿，适应性强，有自生繁衍能力，宜在陆地、潮湿或水中生长，以富含有机质肥沃黏性湖塘泥为好。

【成株生长发育节律】北京地区4月上旬萌动，绿期至11月。花期6～7月，果期8～9月。

【繁殖栽培技术要点】分蘖力较强，在春季萌动时分株，栽培管理简易。

【应用】湿地和湖泊。对污染水质净化能力强。

睡莲 *Nymphaea tetragona* 又名子午莲

科属：睡莲科睡莲属

【植物学特征】多年生水生草本，根状茎粗短，直立。叶丛生，盾状圆形，基部具深弯缺，先端圆钝，全缘，无毛，长 5 ～ 14cm，宽 4 ～ 9cm，具细长叶柄，漂浮于水面，表面浓绿有光泽，下面暗紫。花单生，直径 7 ～ 12cm，漂浮于水面，白天开花，夜间闭合；花红、黄、粉、白等色。浆果。

【产地分布】原产亚洲东部；在我国南北各池沼地均有分布，日本、朝鲜、印度、西伯利亚及欧洲等地亦有分布。

【习性】耐热，喜阳，水湿，适应性强，有自生繁衍能力，喜富含有机质的壤土，生长季节池水深度以不超过 80cm 为宜。

【成株生长发育节律】北京地区（冬季在种植地需 30 ～ 50cm 浅水过冬）4 月下旬萌动，绿期至 11 月。花期 5 ～ 9 月，果期 9 ～ 10 月。

【繁殖栽培技术要点】有较强分蘖力，在春季萌动时分株，栽培管理简易。

【应用】湿地、湖泊、食用和药用。对污染水质净化能力强。

荷花 *Nelumbo nucifera* 又名莲花

科属：睡莲科莲属

【植物学特征】多年生水生草本，株高 100～200cm。肥厚根茎，地下横生，圆柱形，节间肥大，内有多数孔眼，须根生于节上，称为藕。叶柄挺出水面，叶片大，盾状圆形，上被蜡质蓝绿色，叶背淡绿，光滑，叶柄侧生钢刺。花单生，两性，花大，有单瓣、重瓣；花有深红、粉红、白、淡绿及复色等色；花后膨大的花托称莲蓬，上有 3～30 个莲室，发育正常时，每个心皮形成一个小坚果，俗称莲子，成熟时果皮青绿色，老熟时变为深蓝色，干时坚固，果壳内有种子，胚乳之间着生绿色胚芽，俗称莲心。

【产地分布】原产我国；分布全国各地，亚洲热带地区和大洋洲亦有分布。

【习性】耐寒，喜阳，耐热，水湿，适应性强，自生繁衍能力强，宜在浅水中生长，以富含有机质肥沃黏性湖塘泥为好。

【成株生长发育节律】北京地区 4 月下旬萌动，绿期至 10 月。花期 6～8 月，果期 9～10 月。

【繁殖栽培技术要点】匍匐走茎，分蘖力强，在春季萌动时分株，栽培管理简易。

【应用】湿地、湖泊、食用和药用 (茎叶花果全都是宝) 。对污染水质净化能力强。

芡实 *Euryale ferox* 又名鸡头苞

科属：睡莲科芡实属

【植物学特征】一年生草本，根须状，根状茎短缩。叶自短缩茎中抽出，初生叶箭形，过度叶盾状，定形叶圆形，叶面绿色，皱褶缩，光亮，背面紫红色，网状叶脉隆起，形似蜂巢。花单生，紫色或白色；萼片有刺，密聚；浆果，每果含种子 160～200 粒，豌豆状，种仁黄色，称为“芡米”。

【产地分布】原产我国及印度；分布全国南北各地。

【习性】耐寒，喜阳，耐热，水湿，自生繁衍能力强，适应性强，宜水深 100cm 以下中生长。

【成株生长发育节律】北京地区春季播种，5 月中旬种植水中，绿期至 10 月。花期 7～9 月，果期 9～10 月。

【繁殖栽培技术要点】种子自播力强，也可在春季萌动时分株，栽培管理简易。

【应用】沼池、湖泊、食用和药用。对污染水质净化能力强。

石菖蒲 *Acorus gramineus*

科属：天南星科菖蒲属

【植物学特征】多年生草本，株高 20～40cm，全株具香气，根茎上部多分枝，成丛生。叶基生，叶剑状条形，长 10～30cm，中脉不明显，基部对折，全缘，先端渐尖，有光泽，具窄的膜质边缘。花莛扁三棱形，肉穗花序；花小而密生，花绿色；浆果，卵圆形。

【产地分布】原产我国和日本；南北两半球的温带、亚热带都有分布。

【习性】耐寒，喜阳，稍耐阴，耐热，喜湿，耐盐碱，适应性强，有自生繁衍能力，宜在陆地、沼泽地或水中生长。

【成株生长发育节律】北京地区 4 月上旬萌动，绿期至 11 月。花期 5～6 月，果期 7～8 月。

【繁殖栽培技术要点】匍匐走茎，分蘖力较强，在春季萌动时分株，栽培管理简易。

【应用】池塘、湿地和药用。对污染水质有净化能力。

菖蒲 *Acorus calamus*

科属：天南星科菖蒲属

【植物学特征】多年生草本，株高 90～100（150）cm。根茎横走，稍扁，分枝，外皮黄褐色，芳香。叶基生，基部两侧膜质叶鞘宽，叶片剑状线形，中脉明显突出，基部叶鞘套折，有膜质边缘，绿色，光亮。花序柄三棱形，叶状佛焰苞剑状线形；肉穗花序斜向上或近直立，狭锥状圆柱形，花黄绿色。浆果，长圆形，红色。

花叶菖蒲 *A. calamus* 'Varegatus'

叶片有非常明显的黄白色条纹。

【产地分布】原产我国和日本；南北两半球的温带、亚热带都有分布。

【习性】耐寒，喜阳，稍耐阴，耐热，喜湿，耐盐碱，适应性强，有自生繁衍能力，宜在陆地、沼泽地或水中生长。

【成株生长发育节律】北京地区 4 月上旬萌动，绿期至 11 月。花期 6～8 月，果期 8～10 月。

【繁殖栽培技术要点】匍匐走茎，分蘖力较强，在春季萌动时分株，栽培管理简易。

【应用】河滩、湿地和药用。对污染水质有净化能力。

花叶菖蒲

东方香蒲 *Typha orientalis*

科属：香蒲科香蒲属

【植物学特征】多年生沼生草本，株高 100～150cm。根茎粗壮。叶条形，叶鞘有白色边缘。肉穗花序，长 9～20cm；雌花序圆柱形，红褐色，长 5～7cm，雌花基部的白色与花柱及柱头等长或稍长，无小苞；雄花序长约为雌花序的一半。小坚果。

【产地分布】原产我国；分布全国南北各地，日本、俄罗斯和大洋洲也有分布。

【习性】耐寒，喜阳，耐热，水湿，适应性强，自生繁衍能力强，宜在潮湿或水中生长，以富含有机质肥沃黏性湖塘泥为好。

【成株生长发育节律】北京地区 4 月上旬萌动，绿期至 11 月。花期 6～7 月，果期 7～9 月。

【繁殖栽培技术要点】匍匐走茎，分蘖力强，在春季萌动时分株，栽培管理简易。

【应用】湿地、民用和工业原料。对污染水质净化能力强，是民间和工业原料。

香蒲 *Typha angustifolia* 又名蒲草和水烛

科属：香蒲科香蒲属

【植物学特征】多年生沼生草本，株高150～300cm。叶线形，下部为鞘状，抱茎。肉穗花序，长30～60cm，雌花序与雄花序间隔一段距离。雄花序在上，长20～30cm；雌花在下，长10～30cm。小坚果。

【产地分布】原产我国；分布东北、华北、西北和西南等地。

【习性】耐寒，喜阳，耐热，水湿，适应性强，自生繁衍能力强，宜在潮湿或水中生长，以富含有机质肥沃黏性湖塘泥为好。

【成株生长发育节律】北京地区3月下旬萌动，绿期至11月。花期5～6月，果熟期7～9月。

【繁殖栽培技术要点】匍匐走茎，分蘖力强，在春季萌动时分株，栽培管理简易。

【应用】湿地、民用和工业原料。对污染水质净化能力强。

小香蒲 *Typha minima*

科属：香蒲科香蒲属

【植物学特征】多年生沼生草本，株高100～150cm。根茎白色，横走。茎直立。叶窄线形，茎生叶无叶片。肉穗花序，长10～12cm，圆柱形；雌雄花序远离，雄花序花在上，雌花序在下，有小苞片。小坚果。

【产地分布】原产我国；分布东北、华北、西北和西南等地，在欧亚大陆皆有分布。

【习性】耐寒，喜阳，耐热，水湿，适应性强，自生繁衍能力强，宜在潮湿或水中生长，以富含有机质肥沃黏性湖塘泥为好。

【成株生长发育节律】北京地区3月下旬萌动，绿期至11月。花期5～7月，果熟期7～9月。

【繁殖栽培技术要点】匍匐走茎，分蘖力强，在春季萌动时分株，栽培管理简易。

【应用】湿地、民用和工业原料。对污染水质净化能力强。

雨久花 *Monochoria korsakowii*

科属：雨久花科雨久花属

【植物学特征】多年生水生草本，株高 30～60cm。根状茎粗壮，下生纤维根，主茎短，在泥中生根。基生叶具长柄，茎生叶的柄短，心形、肾状心形，下部膨大鞘状，具紫色斑。总状花序，顶生，花梗斜向上升；花蓝紫色或稍带白色。蒴果。

【产地分布】原产我国；我国南北各地均有分布，朝鲜、俄罗斯、日本也有分布。

【习性】耐寒，耐热，喜阳，稍耐阴，喜湿，耐碱盐，适应性强，宜在半陆地、潮湿或水中生长。

【成株生长发育节律】北京地区 3 月中旬萌动，绿期至 11 月。花期 7～9 月，果期 8～10 月。

【繁殖栽培技术要点】春季萌动时分株或秋季播种，栽培管理简易。

【应用】湿地、湖泊和饲用。对污染水质净化能力强。

凤眼莲 *Eichhornia crassipes* 又名水葫芦

科属：雨久花科凤眼莲属

【植物学特征】多年生水生草本，株高 30～40cm。根毛能浅浅地扎在泥土中，也能漂在水中生长。具有横生的匍匐枝，可蔓延而发生新的株丛。叶丛直立而挺出水面，叶基生，下部膨大或气囊，在水面较深的情况下，可使株丛脱离泥土而直立漂浮，叶片顶部呈菱状宽卵圆形，上具平行叶脉，叶脉明显而下凹，全缘。花莛单生，高 30cm，着花 6～12 朵，排列面穗状花序；花冠堇蓝色。蒴果。

【产地分布】原产南美洲；分布全国南北各地。

【习性】不耐寒，喜阳，耐热，喜水湿，稍耐阴，自生繁殖力极强，覆盖水面快。

【成株生长发育节律】北京地区（冬季在温室过冬）常作一年生栽墙 4 月上旬萌动，春季种植水中，绿期至 10 月。花果期 6～10 月。

【繁殖栽培技术要点】匍匐走茎，分蘖力强，在春季萌动时分株，栽培管理简易。

【应用】湿地、池塘、湖泊和饲用。对污染水质净化能力强，但过多也会造成对水质的污染或生物危害。

溪荪 *Iris sanguinea*

科属：鸢尾科鸢尾属

【植物学特征】多年生草本，株高 40～50cm。根状茎粗壮，斜伸，残留老叶叶鞘纤维，具多数灰白色须根。叶宽线形，长 20～70cm，宽 0.5～1.5cm，基部鞘状，先端渐尖，无明显中脉。花茎高 40～50cm，实心，具 1～2 枚茎生叶；花 2～3 朵，蓝色，直径 6～7cm，外花被片倒卵形，基部有黑褐色的网纹及黄色斑纹，爪部楔形，狭倒卵形；花瓣状，先端裂片三角形，有细齿。蒴果，三棱状圆柱形。

【产地分布】原产我国；分布东北和西北等地；朝鲜、日本和俄罗斯也有分布。

【习性】耐寒，喜阳，耐阴，耐热，耐旱，耐瘠薄，耐湿，耐盐碱，适应性强，喜微酸性土壤，有较强自生繁衍能力，宜在陆地、潮湿或水中生长。

【成株生长发育节律】北京地区 3 月上旬萌动，绿期至 12 月。花期 6～7 月，果期 8～9 月。

【繁殖栽培技术要点】匍匐走茎，分蘖力强，在春季萌动时分株，栽培管理简易。

【应用】花境、地被、岩石、疏林和湿地。

黄菖蒲 *Iris pseudacorus*

科属：鸢尾科鸢尾属

【植物学特征】多年生草本，株高 60～90cm。植株基部有少量老叶残留的纤维，根状茎粗壮，斜伸，节明显，黄褐色。须根黄白色，有皱缩的横纹。基生叶灰绿色，宽剑形，长 40～60cm，宽 1.5～3cm，顶端渐尖，基部鞘状，色淡，中脉较明显。花茎粗壮，高 60～90cm，有明显的纵棱，上部分枝，茎生叶比基生叶短而窄；苞片 3～4 枚，绿色，膜质，披针形，顶端渐尖；花黄色，直径约 10cm；外花被裂片卵圆形或倒卵形，爪部狭楔形，中央下陷呈沟状，有黑褐色的条纹，内花被裂片较小，倒披针形，直立。蒴果。

【产地分布】原产欧洲；常见栽培。

【习性】耐寒，喜阳，耐阴，耐热，喜湿，耐旱，耐盐碱，适应性强，宜在陆地、潮湿或水中生长。

【成株生长发育节律】北京地区 3 月下旬萌动，绿期至 12 月。花期 5～6 月，果期 7～8 月。

【繁殖栽培技术要点】匍匐走茎，分蘖力强，在春季萌动时分株，栽培管理简易。

【应用】花坛、花境、地被、岩石、疏林和湿地。

花菖蒲 *Iris kaempferi*

科属：鸢尾科鸢尾属

【植物学特征】多年生草本，株高 50～100cm。根状茎短而粗。叶基生，线形，长 40～90cm，宽 10～18cm，平行脉多数，中脉凸起，两侧脉较平整。花莛直立；花大，有红、白、紫、蓝、复色等色。蒴果，长圆形。

【产地分布】原产我国；分布东北和华东等地。

【习性】耐寒，喜阳，耐阴，稍耐热，喜湿，耐旱，耐盐碱，适应性强，宜在陆地、潮湿或浅水中生长。

【成株生长发育节律】北京地区 3 月下旬萌动，绿期至 12 月。花期 4 月下～月，果期 6～7 月。

【繁殖栽培技术要点】匍匐走茎，分蘖力强，在春季萌动时分株，栽培管理简易。

【应用】沼泽地、草甸和湿地。

野慈菇 *Sagittaria trifolia*

科属：泽泻科慈姑属

【植物学特征】多年生湿生草本，株高 60～120cm。具地下匍匐枝，枝端有球茎。叶基生，叶形变化极大，通常呈戟形或箭形，裂片卵形至线形，顶端片长 5～15cm，有 3～7 脉，先端锐尖，侧裂片开展，叶柄长 30～60cm，全缘。总状花序，基部有分枝；花多数，每 3 朵轮生于节上；花反卷，白色。瘦果。

【产地分布】原产我国；分布全国南北各地。

【习性】耐寒，喜阳，耐热，水湿，适应性强，有较强自生繁衍能力，宜在潮湿或水中生长，以富含有机质肥沃黏性湖塘泥为好。

【成株生长发育节律】北京地区 4 月上旬萌动，绿期至 11 月。花期 7～9 月，果期 9～10 月。

【繁殖栽培技术要点】有较强分蘖力，在春季萌动时分株，栽培管理简易。

【应用】池塘、稻田、湿地、食用和药用。对污染水质净化能力强。

泽泻 *Alisma plantago-aquatica*

科属：泽泻科泽泻属

【植物学特征】多年湿生草本，株高80～100cm。具球茎。叶基生，广卵状椭圆线形至广卵形，长5～15cm，宽2～8cm，先端短尖，基部圆形或心形，具7～11脉，各主脉间有成横生支脉，形成网状。花莛50～80cm；圆锥花序，顶生；花小，白色。瘦果，扁平。

【产地分布】原产我国；全国南北各地均有分布，朝鲜、日本也有分布。

【习性】耐寒，喜阳，稍耐阴，耐热，水湿，适应性强，有较强自生繁衍能力，宜在潮湿或水中生长，以富含有机质肥沃黏性湖塘泥为好。

【成株生长发育节律】北京地区4月下旬萌动，绿期至11月。花期6～8月，果期8～10月。

【繁殖栽培技术要点】有较强分蘖力，在春季萌动时分株，栽培管理简易。

【应用】河边、湿地和药用。对污染水质净化能力强。

湿地勿忘草 *Myosotis caespitosa*

科属：紫草科勿忘草属

【植物学特征】多年生草本，株高 20～50cm。植株被短硬毛。茎下部叶具柄，叶长圆形至倒卵状长圆形，先端圆或钝尖；茎上部叶无柄，叶倒披针形，两面被短硬毛。圆锥花序；花淡蓝色。小坚果，宽卵形。

【产地分布】原产我国；分布东北、华北、西北和西南等地，欧亚其它地区也有分布。

【习性】耐寒，半耐热，喜阳，稍耐阴，喜湿，稍耐碱盐，适应性强，宜在半陆地、潮湿或水中生长。

【成株生长发育节律】北京地区 3 月中旬萌动，绿期至 11 月。花期 5～7 月，果期 8～9 月。

【繁殖栽培技术要点】春季萌动时分株或秋季播种，栽培管理简易。

【应用】山地、河滩、沼泽和草甸。

杉叶藻 *Hippuris vulgaris*

科属：杉叶藻科杉叶藻属

【植物学特征】多年生水生草本，株高 20～80cm。具匍匐根状茎，生于泥中。茎直立，不分枝，具关节。茎的下部沉水，上部浮水或挺水，圆柱形，具关节。叶线形，6～12 枚软生，全缘，尖钝，向外水平展开。花单生于叶腋，无柄。核果，狭椭圆形。

【产地分布】原产我国；分布全国南北各地，亚洲其它地区也有分布。

【习性】耐寒，喜湿，耐阴，适宜林缘湿地。

【成株生长发育节律】北京地区 4 月上旬萌动，生长期至 11 月。花期 6 月，果期 7～8 月。

【繁殖栽培技术要点】在春季萌动时分株，栽培管理简易。

【应用】林缘湿地和浅水。

第五篇 | 灌 木

（包括小乔木）

金叶女贞、紫叶小檗、藤本月季

紫薇

紫叶小檗、黄刺玫

郁李、榆叶梅、樱花

碧桃

金叶接骨木

大花月季

李叶绣线菊、连翘、碧桃

八角枫 *Alangium chinensis*

科属：八角枫科八角枫属

【植物学特征】落叶灌木，株高 3～5。叶圆形或椭圆形，顶端短锐尖或钝尖，基部两侧常不对称，一侧微向下扩张，另一侧向上倾斜，除脉腋有丛状毛外，其余部分近无毛；基出脉 3～5(7)，成掌状，侧脉 3～5 对。聚伞花序，腋生；花，初为白色，后变黄色。核果，卵圆形。

【产地分布】原产我国；分布黄河以南和西南等地。

【习性】耐寒，喜阳，耐热，耐干旱，耐瘠薄，适应性强，对土壤要求不严。

【成株生长发育节律】北京地区 3 月下旬萌动，绿期至 11 月。花期 5～6 月，果期 9～11 月。

【繁殖栽培技术要点】秋季播种或扦插，在生长期适时浇水，栽培管理粗放。

【应用】孤植、丛植和片植。

凤尾兰 *Yucca gloriosa* 又名丝兰

科属：百合科丝兰属

【植物学特征】常绿灌木，株高 0.5～1.5cm。具茎，有时分枝。叶密集，螺旋排列茎端，质坚硬，有白粉，剑形，长 40～70cm，顶端硬尖，边缘光滑，老叶边缘有少数丝线。圆锥花序；花多而密，白色，常带红晕，下垂。蒴果，长圆状卵形。

【产地分布】原产北美洲；常见栽培。

【习性】耐寒，耐热，喜阳，稍耐阴，耐旱，耐湿，耐瘠薄，对土壤要求不严。

【成株生长发育节律】北京地区常绿，花期 7～9 月，果期 10～11 月。

【繁殖栽培技术要点】秋季播种和春季分株，在生长期适时浇水，在冬季忌冻水过大。

【应用】丛植、片植和岩石。

叉子圆柏 *Sabina vulgaris* 又名沙地柏

科属：柏科圆柏属

【植物学特征】常绿匍匐状灌木，长 0.5 ～ 1.2m。枝密，斜上伸展，枝皮灰褐色，裂成薄片脱落。一年生枝的分枝皆为圆柱形。叶二型，刺叶常生于幼龄树枝上，稀在壮龄树上与鳞叶并存，常交互对生或兼有三叶交叉轮生，排列较密，向上斜展，先端刺尖，上面凹，下面拱圆，中部有长椭圆形或条形腺体。鳞叶常生于壮龄株或树上，斜方形或菱状卵形，先端微钝或急尖，背面中部有明显的椭圆形或卵形腺体。球果熟时呈暗褐紫色。

【产地分布】原产我国；分布内蒙古、陕西、新疆、宁夏、甘肃和青海等地。

【习性】耐寒，喜光，稍耐阴，耐热，极耐干旱、耐瘠薄，耐碱盐，怕涝，适应性强，对土壤要求不严。

【成株生长发育节律】北京地区常绿。花期 4 ～ 5 月，果期 9 ～ 10 月。

【繁殖栽培技术要点】秋季扦插，早春适当浇水，栽培管理简易粗放。

【应用】丛植、片植（地被）、岩石、护坡、防风固沙、林缘下和香用。

侧柏 *Platycladus orientalis*

科属：柏科侧柏属

【植物学特征】常绿乔木，常作灌木应用。树皮浅灰色，纵裂成薄片。枝条开展，小枝扁平，排列成复叶状。叶全为鳞片状，交互对生，小枝中央的叶的露出部分呈倒卵状菱形或斜方形，背面中间有条状腺槽，两侧的叶船形。雌雄异株，球花生于枝顶。球果，有钩状尖头。

【产地分布】原产我国；除青海、新疆外，全国均有分布。

【习性】耐寒，喜光，稍耐阴，耐热，耐旱、耐瘠薄，耐修剪，怕涝，适应性强，对土壤要求不严。

【成株生长发育节律】北京地区常绿。花期 4 ～ 5 月，果期 10 月。

【繁殖栽培技术要点】秋季扦插，早春适当浇水，栽培管理简易粗放。

【应用】孤植、丛植、片植、造型、绿篱、建材和药用。

绿篱

圆柏 *Sabina chinensis* 又名桧柏

科属：柏科圆柏属

【植物学特征】常绿乔木，常作灌木应用。树皮深灰色或赤褐色，成窄条纵裂脱落。幼树枝条常斜上伸展，树冠尖塔形；老树大枝平展，树冠宽卵球形。叶二型，刺叶生于幼树之上，老龄树则全为鳞叶，壮龄树兼有刺叶与鳞叶；叶刺为三枚轮生或交互对生，窄披针形，先端锐尖成刺，基部下延生长，上面有两条白色粉带。鳞形叶菱卵形，交互对生三叶交互轮生，排列紧密。雌雄异株。球果，种子生于种鳞腹面基部。

龙柏 var. *kaizuka*

是圆柏的栽培变种，枝条螺旋盘曲向上生长，形成柱状或尖塔形，全叶为鳞形或在下部枝上间有刺形叶，叶排列紧密，球果蓝色，有白粉。

【产地分布】原产我国，除东北外，全国均有分布。

【习性】耐寒，喜光，稍耐阴，耐热，耐旱、耐瘠薄，怕涝，适应性强，对土壤要求不严。

【成株生长发育节律】北京地区常绿。花期 4 月，球果第二年成熟。

【繁殖栽培技术要点】秋季扦插，早春适当浇水，栽培管理简易粗放。

【应用】孤植、丛植、片植、造型、绿篱、建材和药用。

造型

绿篱

龙柏

绿篱

造型

华北香薷 *Elsholtzia stauntoni* 又名木本香薷

科属：唇形科香薷属

林下

【植物学特征】落叶亚灌木，株高 0.8～2m。茎上部多分枝，上部钝圆四棱形，常带紫红色，被微柔毛。叶披针形至椭圆状披针形，长 8～12cm，宽 2～4cm，先端渐尖，基部渐狭至叶柄，边缘具粗锯齿，两面脉上被微柔毛，下面密布凹腺点。轮伞花序，具 5～10 花，组成顶生的穗状花序，长 7～13cm，近偏向一侧；花萼管状钟形，花紫红、白色。小坚果。

【产地分布】原产我国；分布华北和西北等地。

【习性】耐寒，耐热，喜阳，耐阴，耐旱，耐瘠薄，耐湿，适应性强，有自生繁衍能力，对土壤要求不严。

【成株生长发育节律】北京地区 3 月下旬萌动，绿期至 11 月。花期 8～10 月，果期 9～11 月。

【繁殖栽培技术要点】秋季播种或自播，在生长期适时浇水，栽培管理简易粗放。

【应用】丛植、片植（地被）、沟谷、护坡、林缘、蜜源、香用和药用。

叶底珠 *Securinega suffruticosa* 又名一叶荻

科属：大戟科一叶荻属

【植物学特征】落叶灌木，株高1～3m，多分枝；小枝浅绿色，近圆柱形，有棱槽，有不明显的皮孔。叶椭圆形或长椭圆形，稀倒卵形，顶端急尖至钝，基部钝至楔形，全缘或间中有不整齐的波状齿或细锯齿，下面浅绿色；侧脉每边5～8条，两面凸起，网脉略明显。花小，雌雄异株，簇生于叶腋。蒴果，三棱状扁球形，成熟时淡红褐色。

【产地分布】原产我国；全国各地均有分布，蒙古、俄罗斯、日本、朝鲜等地也有分布。

【习性】耐寒，喜阳，稍耐阴，耐热，耐干旱，耐瘠薄，耐湿，对土壤要求不严。

【成株生长发育节律】北京地区4月上旬萌动，绿期至11月。花期4～6月，果期7～11月。

【繁殖栽培技术要点】秋季播种或扦插，栽培管理简易粗放。

【应用】坡地、孤植、丛植、林缘、片植和造纸。

秋季

鱼鳔槐 *Colutea arborescens*

科属：蝶形花科膀胱豆属

【植物学特征】落叶灌木，株高 1～4m，小枝白色伏毛。羽状复叶有 7～13 片小叶，叶轴上面具沟槽；小叶长圆形至倒卵形，先端微凹或圆钝，具小尖头，上面绿色，无毛，下面灰绿色，疏生短伏毛，薄纸质，具清楚而分离的脉序。总状花序，生 6～8 花；萼齿三角形，萼筒内侧上缘密被灰白色至褐色毛；花冠鲜黄色，旗瓣宽略大于长，先端微凹，基部圆，胼胝体新月形，稍隆起。荚果，长卵形。

【产地分布】原产欧洲；在我国东北、华北和西北等地均有栽培。

【习性】耐寒，喜阳，稍耐阴，耐热，耐干旱，耐瘠薄，耐盐碱，喜排水良好的土壤。

【成株生长发育节律】北京地区 4 月上旬萌动，绿期至 11 月。花期 5～6 月，果期 7～8 月。

【繁殖栽培技术要点】秋季播种或扦插，栽培管理简易粗放。

【应用】孤植、丛植和片植。

胡枝子 *Lespedeza bicolor*

科属：豆科胡枝子属

【植物学特征】落叶灌木，株高1～2m。枝有棱，具柔毛。三出羽状复叶，互生；顶生小叶较侧生小叶大，椭圆形或倒卵状长圆形，长2～7cm；宽1～4cm，先端钝圆，基部圆形或宽楔形，两面有状毛；叶柄长约8cm，有柔毛。总状花序，腋生；花萼卵形或卵状披针形；旗瓣倒卵形，基部有短爪；花紫红色。荚果。

【产地分布】原产我国；分布东北、华北、西北和黄河流域等地。

【习性】耐寒，喜阳，耐阴，耐热，耐干旱，耐瘠薄，耐碱盐，耐湿，耐修剪，适应性强，萌芽力强，有自生繁衍能力，对土壤要求不严。

【成株生长发育节律】北京地区3月下旬萌动，绿期至12月。花期7～9月，果期10～11月。

【繁殖栽培技术要点】秋季播种或自播或扦插，在旱季适当浇水，栽培管理简易粗放。

【应用】丛植、片植（地被）、山坡、疏林下、饲用、香用、蜜源、药用和造纸。

秋季

多花胡枝子 *Lespedeza floribunda*

科属：豆科胡枝子属

【植物学特征】落叶灌木，株高0.5～0.8m。茎常在近基部分枝，枝条细长柔弱，先端下垂，具条纹。三出复叶，小叶片倒卵形或倒卵长圆形，基部宽楔形，上面无毛，下面密被白色绒毛。总状花序，腋生；萼裂针形，比花冠短；花冠紫红色，旗瓣倒卵形，翼瓣比旗瓣稍短，龙骨瓣比旗瓣长；花紫色。荚果，菱卵形。

【产地分布】原产我国；分布东北、华北、西北和长江流域等地，朝鲜、日本和俄罗斯也有分布。

【习性】耐寒，喜阳，耐阴，耐热，耐旱，耐瘠薄，耐碱盐，耐湿，耐修剪，适应性强，萌芽力强，自生繁衍能力强，对土壤要求不严。

【成株生长发育节律】北京地区3月下旬萌动，绿期至12月。花期7～9月，果期10～11月。

【繁殖栽培技术要点】秋季播种或自播或扦插，在旱季适当浇水，栽培管理简易粗放。

【应用】丛植、片植（地被）、山坡、岩石、疏林下、饲用、蜜源和药用。

达乌里胡枝子 *Lespedeza davurica*

科属：豆科胡枝子属

【植物学特征】落叶灌木，株高0.3～0.6m。茎单一或数个簇生，通常稍斜升。羽状三出复叶，小叶披针状长圆形，先端圆钝，有短刺尖，基部圆形，全缘，有平伏柔毛。总状花序，腋生，较叶短或与叶等长；萼筒杯状，萼齿先端刺毛状；花冠蝶形，黄白色至黄色，基部带紫色。荚果，倒卵形状长倒圆形。

【产地分布】原产我国，分布东北、华北、西北、华中至云南；朝鲜、日本、俄罗斯西伯利亚也有分布。

【习性】耐寒，喜阳，耐阴，耐热，耐旱，耐瘠薄，耐碱盐，耐湿，耐修剪，适应性强，萌芽力强，有自生繁衍能力，对土壤要求不严。

【成株生长发育节律】北京地区3月下旬萌动，绿期至12月。花期7～9月，果期10～11月。

【繁殖栽培技术要点】秋季播种或自播或扦插，在旱季适当浇水，栽培管理简易粗放。

【应用】片植（地被）、岩石、坡地、疏林下、饲用、蜜源和药用。

歪头菜 *Vicia unijuga*

科属：豆科野豌豆属

【植物学特征】落叶灌木，株高0.3～0.8m。茎直立或斜升，丛生，有细棱，具柔毛。偶数羽状复叶，仅有小叶1对，叶轴末端的卷须不发达。小叶菱卵形、椭圆形或卵状披针形，先端急尖，基部楔形，全缘，无毛，叶脉有柔毛。总状花序，腋生；花蓝色或紫蓝色。荚果，线状长圆形。

【产地分布】原产我国；分布全国南北各地。

【习性】耐寒，耐热，喜阳，耐阴，耐旱，耐瘠薄，耐湿，萌蘖性强，适应性强，有自生繁衍能力，对土壤要求不严。

【成株生长发育节律】北京地区在3月下旬萌动，绿期至12月。花期6～8月，果期9～11月。

【繁殖栽培技术要点】秋季播种或自播或扦插，在旱季适当浇水，栽培管理简易粗放。

【应用】片植（地被）、岩石、坡地、疏林下、蜜源和饲用。

锦鸡儿 *Caragana frutex*

科属：豆科锦鸡儿属

【植物学特征】落叶灌木，株高1～2m。小枝细长，有棱，黄褐色，无毛。小叶4，成羽状排列，上面1对较大，倒卵形或长圆状倒卵形，先端圆，常有小尖头，基部楔形，两面无毛，下面网脉明显。花单生，中部有关节。花黄色。荚果。

【产地分布】原产我国；分布华北、西南和长江流域等地。

【习性】耐寒，喜阳，耐阴，耐热，耐旱，耐瘠薄，耐碱盐，适应性强，萌蘖性强，有自生繁衍能力，对土壤要求不严。

【成株生长发育节律】北京地区3月下旬萌动，生长期至11月。花期5～6月，果期6～7月。

【繁殖栽培技术要点】秋季播种或自播或扦插，在生长期适时浇水，栽培管理简易粗放。

【应用】孤植、丛植、片植（地被）和林缘下。

红花锦鸡儿 *Caragana rosea*

科属：豆科锦鸡儿属

【植物学特征】落叶灌木，株高灌木，高 0.5～1m。树皮绿褐色或灰褐色，小枝细长，具条棱，灰褐色。小叶4，假掌状排列，椭圆状倒卵形，先端具刺尖，基部楔形，上面灰绿色，下面叶脉隆起，边缘略向下反卷。花单生；花萼钟状；花冠黄色，常紫红色或淡红色。荚果，圆柱形。

【产地分布】原产我国；分布东北、华北、华东和黄河流域等地。

【习性】耐寒，喜阳，耐阴，耐热，耐旱，耐瘠薄，耐碱盐，适应性强，萌蘖性强，有自生繁衍能力，对土壤要求不严。

【成株生长发育节律】北京地区 3 月下旬萌动，生长期至 11 月。花期 5～6 月，果期 6～7 月。

【繁殖栽培技术要点】秋季播种或自播或扦插，在生长期适时浇水，栽培管理简易粗放。

【应用】丛植、片植（地被）、坡地和林缘下。

柠条锦鸡儿 *Caragana korshinskii*

科属：豆科锦鸡儿属

【植物学特征】落叶灌木，株高 1～3m；老枝金黄色，有光泽；嫩枝被白色柔毛。羽状复叶有 6～8 对小叶；托叶在长枝者硬化成针刺，宿存；叶轴长 3～5cm，脱落；小叶披针形或狭长圆形先端锐尖或稍钝，有刺尖，基部宽楔形，灰绿色，两面密被白色伏贴柔毛。花萼管状钟形；花冠黄色，蝶形。荚果，披针形。

【产地分布】原产我国；分布内蒙古、宁夏和甘肃等地。

【习性】耐寒，喜阳，耐阴，耐热，耐旱，耐瘠薄，耐碱盐，适应性强，萌蘖性强，有自生繁衍能力，对土壤要求不严。

【成株生长发育节律】北京地区 3 月下旬萌动，生长期至 11 月。花期 5～6 月，果期 6～7 月。

【繁殖栽培技术要点】秋季播种或自播或扦插，在生长期适时浇水，栽培管理简易粗放。

【应用】孤植、丛植、片植（地被）和防风固沙。

柠条 *Caragana intnermedia* 又名白柠条

科属：豆科锦鸡儿属

【植物学特征】落叶灌木，株高0.5～2m。根系极为发达，主根入土深。老枝黄灰色或灰绿色，幼枝被柔毛。羽状复叶有3～8对小叶；托叶在长枝者硬化成长刺宿存；小叶椭圆形或倒卵状圆形，先端圆或锐尖，有短刺尖，基部宽楔形，两面密被长柔毛。花萼管状钟形；花冠旗瓣宽卵形或近圆形，黄色。荚果椭圆形或肾形。

【产地分布】原产我国；分布华北和西北等地。

【习性】耐寒，喜阳，稍耐阴，耐热，极耐干旱，极耐瘠薄，耐湿，耐盐碱，抗逆性强，萌蘖性强，根系发达，有自生繁衍能力，对土壤要求不严。

【成株生长发育节律】北京地区4月上旬萌动，绿期至11月。花期5～6月，果期7月。

【繁殖栽培技术要点】秋季播种或自播或扦插，栽培管理简易粗放。

【应用】孤植、丛植、片植（地被）和防风固沙作用。

紫荆 *Cercis chinensis*

科属：豆科紫荆属

【植物学特征】落叶灌木或乔木状，株高2～5m。树皮暗灰色，小枝有皮孔。叶近圆形，长6～15cm，宽5～14cm，顶端急尖，基部心形，全缘，无毛。花于老干枝上簇生或成总状花序，先于叶开放；花紫红色。荚果，线形。

白花紫荆 ***f. alba***

花白色。

白花紫荆

【产地分布】原产我国；分布东北南部、华北、西北和西南等地。

【习性】耐寒，喜阳，耐热，稍耐旱，萌蘖性强，适应性强，适宜疏松肥沃排水良好的土壤。

【成株生长发育节律】北京地区常3月下旬萌动，绿期至11月。花期4～5月，果期7～9月。

【繁殖栽培技术要点】秋季播种或压条，在生长期适时浇水，雨季注意排水。

【应用】孤植、丛植、片植和药用。

花木蓝 *Indigofera kirilowii*

科属：豆科木蓝属

【植物学特征】落叶小灌木，株高 0.5～1m。幼枝灰绿色，被白色“丁”字形毛，老枝灰褐色无毛，略有棱角。奇数羽状复叶互生，复叶长 8～16cm，小叶 7～11 枚，对生，小叶宽卵圆形，长 2～3.5cm，宽 1～3cm，先端圆，具小尖，基部圆形或宽楔形，小叶两面被白色‘丁’字毛。总状花序，腋生，花序与复叶近等长，花淡粉红色。荚果，圆柱形。

【产地分布】原产我国；分布东北、华北、西北和黄河流域等地。

【习性】耐寒，喜阳，稍耐阴，耐热，耐旱，耐瘠薄，萌蘖性强，耐修剪，适应性强，有自生繁衍能力，对土壤要求不严。

【成株生长发育节律】北京地区 4 月上旬萌动，绿期至 11 月。花期 5～6 月，果期 8～10 月。

【繁殖栽培技术要点】秋季播种或自播或扦插，在旱季适当浇水，栽培管理简易粗放。

【应用】丛植、片植（地被）、坡地、疏林下、食用、酿酒、饲用、蜜源和造纸。

紫穗槐 *Amorpha fruticosa*

科属：豆科紫穗槐属

【植物学特征】落叶灌木，株高 1～4m。嫩枝有柔毛，老枝无毛；小枝灰褐色，有凸起锈色皮孔。叶奇数羽状复叶，小叶 9～25，椭圆形或卵状椭圆形，先端圆形，有小尖头，基部圆形或宽楔形，全缘，有透明腺点。总状花序密集顶生或要枝端腋生；花蓝紫色或深紫色。荚果，圆柱形，先端有小光，弯曲，棕褐色。

【产地分布】原产美国；分布东北、华北、西北、西南和长江流域等地。

【习性】耐寒，喜阳，耐阴，耐热，耐旱，耐瘠薄，耐湿，耐盐碱，抗逆性极强，萌蘖性强，有自生繁衍能力，对土壤要求不严。

【成株生长发育节律】北京地区 3 月下旬萌动，绿期至 11 月。花期 5～6 月，果期 7～10 月。

【繁殖栽培技术要点】秋季播种或自播或扦插，在旱季适当浇水，栽培管理简易粗放。

【应用】丛植、片植（地被）、坡地、蜜源、饲用、绿肥和农药。

紫藤 *Wisteria sinensis*

科属：豆科紫藤属

【植物学特征】落叶木质藤本。枝较粗壮，嫩枝被白色柔毛，干皮深灰色，多分枝。奇数羽状复叶，互叶长 15 ～ 30cm；小叶 7 ～ 13，卵状椭圆形至卵状披针形，上部小叶较大，先端渐尖至尾尖，基部钝圆或楔形，或歪斜，全缘，嫩时有伏毛。总状花序，侧生，长达 15 ～ 35cm，呈下垂状；花蓝紫色或深紫色。荚果，长条形。

白花紫藤 *f. alba*

花白色。

【产地分布】原产我国；分布华北、西北、华东、华中、华南和西南等地，朝鲜、日本亦有分布。

【习性】耐寒，喜阳，稍耐阴，耐干旱，耐瘠薄，耐湿，适应性强，宜肥沃湿润土壤。

【成株生长发育节律】北京地区 3 月下旬萌动，绿期至 11 月。花期 4 ～ 5 月，果期 8 ～ 9 月。

【应用】攀缘（棚架、垂直）和食用。

白刺花 *Sophora viciifolia* 又名狼牙刺

科属：豆科槐属

【植物学特征】落叶灌木，株高1～3m，枝条褐色，有刺。奇数羽状复叶，小叶11～25，椭圆状卵形或椭圆状长圆形，先端圆形，常具芒尖，基部楔形，上面几无毛，下面中脉隆起，疏被长柔毛或近无毛。总状花序，着生于小枝顶端；花白色或蓝白色。荚果，念珠状。

【产地分布】原产我国；华北以南地区均有分布。

【习性】耐寒，喜阳，耐热，耐干旱，耐瘠薄，耐盐碱，抗逆性强，萌蘖性强，对土壤要求不严。

【成株生长发育节律】北京地区4月上旬萌动，绿期至11月。花期4～7月，果期7～10月。

【繁殖栽培技术要点】秋季播种或扦插，栽培管理简易粗放。

【应用】孤植、丛植、片植、坡地和蜜源。

毛刺槐 *Robinia hispida* 又名毛洋槐

科属：豆科洋槐属

【植物学特征】落叶小乔木或灌木，株高2～3m。茎、小枝、花梗和叶柄均有红色刺毛，叶片与刺槐相似。奇数羽状复叶，小叶7～13，椭圆形或卵形，先端圆形，有小尖头，基部宽楔形或圆形，全缘。总状花序，腋生，具花2～7朵；花萼钟形；花冠蝶形，粉红或紫红色。荚果，线形。

【产地分布】原产北美洲；在我国南北各地均有栽培。

【习性】耐寒，喜阳，稍耐阴，耐热，耐干旱，耐瘠薄，忌水涝，耐盐碱，对土壤要求不严。

【成株生长发育节律】北京地区4月上旬萌动，绿期至11月。花期6～7月，果期7～8月。

【繁殖栽培技术要点】秋季播种或嫁接，栽培管理简易粗放。

【应用】孤植、丛植、片植和蜜源。

龙爪槐 *Sophora japonica f.pendula*

科属：豆科槐属

【植物学特征】落叶乔木，常见株高 2～3m。是槐树的芽变品种，与槐树的区别在于大枝扭转斜向上伸展，小枝皆下垂。羽状复叶，对生或近互生，卵状披针形或卵状长圆形，先端渐尖，具小尖头，基部宽楔形或近圆形，稍偏斜。圆锥花序顶生，常呈金字塔形；花萼浅钟状；花冠白色或淡黄色，旗瓣近圆形。荚果，串珠状。

蝴蝶槐 *f. oligophylla*

又名五叶槐，小叶连生 3～5 枚，顶生小叶常 3 裂，侧生小叶成大裂片，形似飞翔的蝴蝶。

金枝槐（金叶槐）*var. flaves*

又名黄金槐，是槐树的变种之一，树枝和树叶全年金黄色，以槐为砧木嫁接繁殖。

【产地分布】原产我国；南北各地广泛栽培。

【习性】耐寒，喜阳，稍耐阴，耐热，耐干旱，耐瘠薄，耐盐碱，根系发达，抗风力强，抗逆性强，萌蘖性强，对土壤要求不严。

【成株生长发育节律】北京地区 4 月上旬萌动，绿期至 11 月。花期 7～8 月，果期 9～10 月。

【繁殖栽培技术要点】秋季播种或扦插，栽培管理简易粗放。

【应用】孤植、丛植、行道树和蜜源。

蝴蝶槐

金枝槐

迎红杜鹃 *Rhododendron mucronulatum*

科属：杜鹃花科杜鹃属

【植物学特征】落叶灌木，株高1～2m。分枝多，树皮灰褐色。小枝细长，疏生垢鳞。叶片质薄，椭圆形或椭圆状披针形，长3～7cm，宽1～4cm，顶端锐尖、渐减或钝，全缘或有细圆锯齿，基部楔形或钝，背面有鳞片。花序腋生枝顶或假顶生，1～3花，先叶开放；花淡红紫色。蒴果，圆柱形。

【产地分布】原产东北亚地区（我国）；分布东北、华北、西北和江苏北部等地，蒙古、日本、朝鲜和俄罗斯也有分布。

【习性】耐寒，喜阳，半耐阴，喜湿，适宜疏松肥沃排水良好的酸性土壤。

【成株生长发育节律】北京地区3月下旬萌动，绿期至11月。花期4～5月，果期6～7月。

【繁殖栽培技术要点】秋季扦插，适宜疏松肥沃排水良好的酸性土壤，旱季需浇水，雨季忌积雨。

【应用】孤植、丛植、片植、疏林下和药用。

照山白 *Rhododendron micranthum*

科属：杜鹃花科杜鹃属

【植物学特征】落叶或半常绿灌木，株高1～2m。有剧毒。小枝褐色，茎多分枝，嫩枝有褐色垢鳞。叶集生枝顶，革质，椭圆状披针形或狭卵圆形，长2～3cm，先端钝尖，基部楔形，背面密生垢鳞，干时呈铁锈色。总状花序，顶生，多花密集；花白色。蒴果，柱状。

【产地分布】原产我国；分布东北、华北、黄河和西南等地。

【习性】耐寒，喜阳，耐阴，稍耐旱，耐瘠薄，适宜疏松肥沃排水良好的酸性土壤。

【成株生长发育节律】北京地区3月下旬萌动，绿期至11月。花期5～7月，果期6～8月。

【繁殖栽培技术要点】秋季扦插，适宜疏松肥沃排水良好的酸性土壤，旱季需浇水，雨季忌积雨。

【应用】孤植、丛植、片植、疏林下、香用和药用。

孩儿拳 *Grewia biloba* var. *parviflora* 又名扁担杆

科属：椴树科扁担杆属

【植物学特征】落叶灌木，株高 1～2m。小枝红褐色，幼时具绒毛。叶长圆状卵形或菱状披针形，长 3～12cm，宽 2～7cm，边缘有不整齐重锯齿，表面粗糙，背面疏生或稠密星状毛，基出脉 3 条。伞形花序与叶对生，花多数；淡黄绿色。核果，红色。

【产地分布】原产我国；分布东北、华北、西北、西南和长江流域等地，朝鲜也有分布。

【习性】耐寒，耐热，喜阳，半耐阴，耐旱，耐瘠薄，耐湿，耐修剪，适应性强，萌芽力强，有自生繁衍能力，对土壤要求不严。

【成株生长发育节律】北京地区 4 月上旬萌动，绿期至 11 月。花期 6～7 月，果期 9～12 月。

【繁殖栽培技术要点】秋季播种或自播或扦插，在旱季适当浇水，栽培管理简易粗放。

【应用】丛植、片植（地被）、疏林下和造纸。

东北红豆杉 *Taxus cuspidata*

科属：红豆杉科红豆杉属

【植物学特征】常绿乔木或呈灌木状。小枝互生，基部有宿存的芽鳞。叶螺旋状着生，排成不规则的二列，成“V”字开展。叶条形，柄短，先端尖，有小尖头，基部宽楔形，偏斜，上下中脉隆起，下面有两条灰绿色的气孔带。种子核果状，成熟时紫褐色。

矮紫杉 var. *nana*

常绿灌木，株高 2～3m。叶线形，直或弯微，较紫杉密而宽，先端常突出，正面深绿色有光泽，叶背后面有两条灰绿色气孔带；主枝上的叶呈螺旋状排列；侧枝上的叶呈不规则的、端面近于“V”字形羽状排列。球花单性，雌雄异株，单生叶腋。

【产地分布】原产我国；主要分布东北地区；常见栽培。

【习性】耐寒，喜阳，半耐阴，喜湿润但怕涝，适于在疏松湿润排水良好的微酸呈中性肥沃沙质土壤上种植。

【成株生长发育节律】北京地区常绿，花期 5～6 月，果期 9～11 月。

【繁殖栽培技术要点】秋季播种或扦插，在旱季适当浇水，宜含有机质多的土壤。

【应用】孤植、丛植、片植、疏林下和药用。

矮紫杉

红豆杉 *Taxus chinensis*

科属：红豆杉科红豆杉属

【植物学特征】常绿灌木，在北京地区栽培株高 2～4m。树皮灰褐色、红褐色或暗褐色，裂成条片脱落。属浅根植物，其主根不明显、侧根发达。叶螺旋状互生，基部扭转为二列，条形略微弯曲，叶缘微反曲，叶端渐尖，叶背有 2 条宽黄绿色或灰绿色气孔带，中脉上密生有细小凸点，叶缘绿带极窄。雌雄异株，雄球花单生于叶腋，雌球花的胚珠单生于花轴上部侧生短轴的顶端，基部有圆盘状假种皮。种子卵圆形，红色。

【产地分布】原产我国；主要分布黄河以南地区；常见栽培。

【习性】耐寒，喜阳，耐阴，喜湿润但怕涝，适于在疏松湿润排水良好的微酸或中性肥沃沙质土壤上种植。

【成株生长发育节律】北京地区常绿，花期 5～6 月，果期 9～11 月。

【繁殖栽培技术要点】秋季扦插，在旱季适当浇水，宜含有机质多的土壤。

【应用】孤植、丛植、片植、疏林下和药用。

柽柳 *Tamarix chinensis* 又名红柳

科属：柽柳科柽柳属

【植物学特征】落叶灌木，株高 2 ~ 5m。多分枝，老枝紫红色或红棕色。叶披针形或披针状卵形，鳞片状，先端渐尖，平贴于枝上或稍开张，基部成鞘状抱茎。总状花序生于当年枝上，组成顶生的大型圆锥花序，苞片卵状披针形；萼片卵状三角形；花瓣倒卵状长圆形；花粉红色或淡紫红色。蒴果，圆锥形。

【产地分布】原产我国；分布东北、华北、西北和黄河流域等地。

【习性】耐寒，喜阳，稍耐阴，耐热，耐干旱，耐瘠薄，喜湿，耐盐碱，萌蘖性强，耐修剪，适应性强，有自生繁衍能力，对土壤要求不严。

【成株生长发育节律】北京地区 4 月上旬萌动，绿期至 12 月。花期 5 ~ 8 月，果期 9 ~ 11 月。

【繁殖栽培技术要点】秋季播种或自播或扦插或压条，在旱季适当浇水，栽培管理简易粗放。

【应用】孤植、丛植、片植（地被）、绿篱、防风固沙、湿地和药用。

秋季

沙棘 *Hippophae rhamnoides*

科属：胡颓子科沙棘属

【植物学特征】落叶灌木，常呈小乔木，株高 1～5m。棘刺较多，粗壮，顶生或侧生；嫩枝褐绿色，密被银白色鳞片或有时具白色星状毛，老枝灰黑色，粗糙。叶狭披针形或长圆状披针形，两端钝形或基部近圆形，上面绿色，下面银白色或淡白色，被鳞片。花黄色。松果状浆果，圆球形，橙黄色或橘红色。

【产地分布】原产我国；分布华北和西北等地。

【习性】耐寒，喜阳，稍耐阴，耐热，极耐干旱，极耐瘠薄，耐盐碱，抗逆性强，萌蘖性强，耐刈割，根系发达，有自生繁衍能力，对土壤要求不严。

【成株生长发育节律】北京地区 3 月下旬萌动，绿期至 11 月。花期 4～5 月，果期 6～7 月。

【繁殖栽培技术要点】秋季播种或扦插，早春适当浇水，栽培管理简易粗放。

【应用】孤植、丛植、片植（地被）、坡地、防风固沙、食用和工业原料。

胡颓子 *Elaeagnus umbellata* 又名牛奶子

科属：胡颓子科胡颓子属

【植物学特征】落叶灌木，株高 1～4m。小枝具长 1～4cm 刺，密被银白色鳞片。叶长卵形至披针形，顶端钝尖，基部圆形至楔形，边缘全缘或皱卷至波状，两面被白色鳞片，侧脉 5～7 对，明显。花较叶先开放，黄白色，芳香。果实球形，成熟时红色。

【产地分布】原产我国；主要分布长江以北地区，日本、朝鲜、中南半岛、印度、尼泊尔、不丹、阿富汗和意大利等均有分布。

【习性】耐寒，喜阳，稍耐阴，耐热，极耐干旱，极耐瘠薄，耐盐碱，抗逆性强，萌蘖性强，根系发达，有自生繁衍能力，对土壤要求不严。

【成株生长发育节律】北京地区 3 月下旬萌动，绿期至 11 月。花期 4～5 月，果期 7～8 月。

【繁殖栽培技术要点】秋季播种或扦插，早春适当浇水，栽培管理简易粗放。

【应用】孤植、丛植、片植、坡地、防风固沙和食用。

沙枣 *Elaeagnus angustifolia* 又名桂香柳

科属：胡颓子科胡颓子属

【植物学特征】落叶灌木或小乔木，株高 4～8m。幼枝密被银白色鳞片，老枝红棕色。叶长披针形至狭披针形，顶端尖或钝，基部楔形，全缘，两面密被白色鳞片，有光泽。花银白色，芳香。果实椭圆形。

【产地分布】原产我国；分布我国东北、华北和西北等地。

【习性】耐寒，喜阳，稍耐阴，耐热，极耐干旱，极耐瘠薄，耐盐碱，抗逆性强，萌蘖性强，耐刈割，根系发达，有自生繁衍能力，对土壤要求不严。

【成株生长发育节律】北京地区 3 月下旬萌动，绿期至 11 月。花期 4～5 月，果期 8～9 月。

【繁殖栽培技术要点】秋季播种或扦插或嫁接，早春适当浇水，栽培管理简易粗放。

【应用】孤植、丛植、片植、防风固沙和食用。

大花溲疏 *Deutzia grandiflora*

科属：虎耳草科溲疏属

【植物学特征】落叶灌木，株高 1～2m。小枝褐色或灰褐色，光滑，老枝灰色，皮不剥落。叶对生，卵形或卵状披针形，长 2～5cm，宽 1～2.5cm，先端尖，基部楔形或圆形，边缘有细锯齿，表面有 4～6 条放射状星状毛，背面灰白色，密生 6～9 条放射状星状毛，质粗糙。聚伞花序，1～3 花生于枝顶，花较大，花白色，花瓣长圆形或长圆状倒卵形。蒴果，半球形。

【产地分布】原产我国；分布东北、华北、西北和淮黄等地，朝鲜半岛也有分布。

【习性】耐寒，喜阳，耐阴，耐热，耐旱，耐湿，对土壤要求不严。

【成株生长发育节律】北京地区 3 月下旬萌动，生长期至 12 月。花期 5 月，果期 6 月。

【繁殖栽培技术要点】秋季播种或扦插，在旱季适当浇水，栽培管理简易粗放。

【应用】丛植、片植和林缘。

华茶藨子 *Ribes fasciculatum.var chinense*

科属：虎耳草科茶藨子属

【植物学特征】落叶灌木，株高 1～2m。老枝紫褐色，片状剥裂，小枝灰绿色。叶互生成簇，生于短枝，圆形，裂片阔卵形，具稀疏牙齿，叶长 2.5～4cm，宽与长几相等，叶基微心形，两面疏生柔毛，下面脉上密生柔毛具柔毛。雌雄异株，花簇生，单性，花黄绿色。浆果。

香茶藨子 *R. odoratum*

株高 1～2m；小枝圆柱形，灰褐色，具短柔毛。叶圆状肾形至倒卵圆形，宽几与长相似，基部楔形，稀近圆形或截形，掌状 3～5 深裂，裂片形状不规则，先端稍钝，顶生裂片稍长或与侧生裂片近等长，边缘具粗钝锯齿；花黄色，芳香。原产北美洲；常见栽培。

【产地分布】原产我国；分布山东等地。

【习性】耐寒，喜阳，稍耐阴，耐热，耐旱，适宜疏松肥沃排水良好的土壤。

【成株生长发育节律】北京地区 3 月下旬萌动，绿期至 11 月。花期 4～5 月，果期 8～9 月。

【繁殖栽培技术要点】冬季先冷藏然后播种或扦插，在旱季适当浇水，栽培管理简易粗放。

【应用】孤植、丛植、片植（地被）和林缘。

香茶藨子

山梅花 *Philadelphus incanus*

科属：虎耳草科山梅花属

【植物学特征】落叶灌木，株高 1 ～ 3 m。树皮褐色，薄片状剥落，小枝幼时密生柔毛，后渐脱落。叶卵形至卵状长椭圆形，长 3 ～ 10cm，缘具细尖齿，上面疏生短毛，背面密生柔毛，脉上毛尤多。总状花序，花白色，淡香。蒴果。

金叶山梅花 *P. coronarius* 'Aureus'

叶金黄色，栽培品种。

香雪山梅花 *P.* 'Snow Plum'

花芳香。

【产地分布】原产我国；分布陕西、河南、甘肃、四川、湖北和广东等地。

【习性】耐寒，喜阳，稍耐阴，耐热，耐旱，耐湿，稍耐盐碱，适宜疏松肥沃排水良好的土壤。

【成株生长发育节律】北京地区 4 月上旬萌动，绿期至 11 月。花期 5 ～ 6 月，果期 8 ～ 9 月。

【繁殖栽培技术要点】秋季播种或扦插，在生长期适时浇水，栽培管理简易粗放。

【应用】孤植、丛植、片植和林缘。

香雪山梅花

金叶山梅花

东北山梅花 *Philadelphus schrenkii*

科属：虎耳草科山梅花属

【植物学特征】落叶灌木，株高 2～4m。小枝灰色，表皮开裂后脱落；当年生小枝暗褐色，被长柔毛。叶卵形或椭圆状卵形，生于无花枝上叶较大，长 7～13cm，宽 4～7cm；花枝上叶较小，长 2.5～8cm，宽 1.5～4cm；先端渐尖，基部楔形或阔楔形，边缘具锯齿，上面无毛，下面沿叶脉被长柔毛；叶脉离基出 3～5 条，疏被长柔毛。总状花序，具花 5～7 朵；花白色。蒴果，椭圆形。

【产地分布】原产我国；分布东北等地。

【习性】耐寒，喜阳，稍耐阴，耐热，耐旱，耐湿，耐轻盐碱，适宜疏松肥沃排水良好的土壤。

【成株生长发育节律】北京地区 4 月上旬萌动，绿期至 11 月。花期 5～6 月，果期 8～9 月。

【繁殖栽培技术要点】秋季扦插，在生长期适时浇水，栽培管理简易粗放。

【应用】孤植、丛植、片植和林缘。

太平花 *Philadelphus pekinensis*

科属：虎耳草科山梅花属

【植物学特征】落叶灌木，株高 1～2m。幼枝光滑，带紫褐色，老枝灰褐色。叶卵形或狭卵形，长 6～9cm，宽 2.5～4.5cm，先端渐尖，基部阔楔形或楔形，边缘具锯齿，具 3 主脉，上面绿色，散生疏毛，下面淡绿色，主脉腋内有簇生毛。总状花序，有花 5～7(9) 朵；花白色，微香。蒴果，倒圆锥形。

【产地分布】原产我国；分布东北、华北、西北和华中等地，朝鲜也有分布。

【习性】耐寒，喜阳，耐阴，耐热，耐干旱，耐瘠薄，怕涝，适应性强，适宜疏松肥沃排水良好的土壤。

【成株生长发育节律】北京地区 3 月下旬萌动，绿期至 11 月。花期 5～7 月，果期 8～10 月。

【繁殖栽培技术要点】秋季播种和扦插，在生长期适时浇水，栽培管理简易粗放。

【应用】孤植、丛植、片植、林缘下和香用。

东陵绣球 *Hydrangea bretschneideri* 又名东陵八仙花

科属：虎耳草科八仙花属

【植物学特征】落叶灌木，株高 1 ～ 3m。树皮通常片状剥落，老枝红褐色。叶对生，卵形或椭圆状卵形，长 5 ～ 15cm，宽 2 ～ 5cm，先端渐尖，边缘有锯齿，叶面深绿色，无毛或脉上疏柔毛，背面密生灰色柔毛。伞房花序、顶生，径 10 ～ 15cm，边缘着不育花、初白色、后变淡紫色，中间有浅黄色可孕花。蒴果，近圆形。

【产地分布】原产我国；分布东北南部以南地区。

【习性】耐寒，喜阳，耐阴，耐热性稍差，耐湿，适应性强，对土壤要求不严。

【成株生长发育节律】北京地区 3 月下旬萌动，绿期至 11 月。花期 5 ～ 6 月，果期 7 ～ 8 月。

【繁殖栽培技术要点】秋季播种或扦插，在生长期适时浇水，栽培管理简易粗放。

【应用】孤植、丛植、片植和林缘。

榛 *Corylus heterophylla* 又名山板栗

科属：桦木科榛属

【植物学特征】落叶灌木或小乔木，株高 1 ～ 5m。树皮灰褐色，枝条暗灰色；小枝黄褐色，密被柔毛。单叶，互生，长圆形或宽倒卵形，长 5 ～ 10cm，宽 3 ～ 9cm，先端近截形而有锐尖头，基部圆形或心形，边缘有不规则重锯齿，上面无毛，下面脉上有短柔毛；叶柄密生细毛。花单性；雄花序每 2 ～ 3 枚生于上一年的侧枝的顶端，下垂；雌花序为头状。坚果，近球形。

【产地分布】原产我国；分布东北、华北、西北和西南等地，蒙古和俄罗斯也有分布。

【习性】耐寒，喜阳，耐阴，耐热，耐旱，耐瘠薄，耐湿，宜疏松肥沃排水良好的土壤。

【成株生长发育节律】北京地区 4 月上旬萌动，生长期至 11 月。花期 5 ～ 6 月，果期 9 ～ 10 月。

【繁殖栽培技术要点】秋季扦插，在旱季适当浇水，栽培管理简易粗放。

【应用】孤植、丛植、片植（地被）、林下和食用。

小叶黄杨 *Buxus microphylla* ssp. *sinica*

科属：黄杨科黄杨属

【植物学特征】常绿灌木，株高0.6～2m。树干灰白光洁，枝条密生，枝四棱形。叶对生，革质，倒卵形，先端圆或微凹，基部渐窄呈楔形，全缘，表面亮绿色，背面黄绿色，幼时下面中脉被柔毛。花簇生叶腋或枝端，花黄绿色。蒴果，球形。

朝鲜黄杨 var. *koreana*

叶片细小，呈广椭圆形或广倒卵形，上面绿色，下面黄绿色，叶柄及叶背中脉密生毛。原产我国辽宁和朝鲜。

【产地分布】原产我国；分布北亚热带落叶和常绿阔叶混交林区等地。常见栽培。

【习性】耐寒，喜阳，耐阴，耐热，耐干旱，耐瘠薄，耐湿，耐修剪，萌蘖性强，适应性强，对土壤要求不严。

【成株生长发育节律】北京地区常绿。花期4～5月，果期6～11月。

【繁殖栽培技术要点】秋季扦插，在生长期适时浇水，栽培管理粗放。

【应用】孤植、丛植、片植（地被）、林下、绿篱、造型和药用。

朝鲜黄杨

锦熟黄杨 *Buxus sempervirens*

科属：黄杨科杨属

【植物学特征】常绿灌木，株高 0.6～3m。小枝近四棱形，黄绿色，具条纹，近于无毛。叶革质，长椭圆形或卵状椭圆形，中部以下较宽，叶面暗绿色光亮，中脉突起，叶背苍白色，中脉扁平，叶缘有向后反卷的腺状边。花簇生叶腋，淡绿色。蒴果，球形。

【产地分布】原产地中海；常见栽培。

【习性】较耐寒，喜阳，耐阴，耐热，耐干旱，耐瘠薄，耐湿，耐修剪，萌蘖性强，适应性强，适宜疏松肥沃排水良好的土壤。

【成株生长发育节律】北京地区常绿。花期 4～5 月，果期 6～11 月。

【繁殖栽培技术要点】秋季扦插，在生长期适时浇水，栽培管理粗放。

【应用】孤植、丛植、片植（地被）、林下、绿篱和造型。

匙叶黄杨 *Buxus harlandii*

科属：黄杨科杨属

【植物学特征】常绿灌木，株高 0.6～1m。多分枝，密集成丛，小枝纤细，4 棱，绿褐色。叶片革质，倒披针形至狭倒卵形，先端圆或微凹，基部狭楔形，上表面与背面中脉隆起。花单性，雌雄同株，密集成穗状花序。蒴果，球状。

【产地分布】原产我国；分布西南、长江流域和陕西等地，在东北和华北有栽培。

【习性】耐寒，喜阳，耐阴，耐热，耐干旱，耐瘠薄，耐湿，耐修剪，萌蘖性强，适应性强，适宜疏松肥沃排水良好的土壤。

【成株生长发育节律】北京地区常绿。花期 4～5 月，果期 6～11 月。

【繁殖栽培技术要点】秋季扦插，在生长期适时浇水，栽培管理粗放。

【应用】孤植、丛植、片植（地被）、林下、绿篱和造型。

顶花板凳果 *Pachysandra terminalis* 又名富贵草

科属：黄杨科富贵草属

【植物学特征】落叶亚灌木，株高 2～3m。茎稍粗壮，被极细毛，下部根茎状，横卧，屈曲或斜上，布满长须状不定根。叶薄革质，在茎上每间隔 2～4cm，有 4～6 叶接近着生，似簇生状。叶片菱状倒卵形，上部边缘有齿牙，基部楔形。花序顶生；上着雄花，下着雌花，花白色。浆果，倒三角鼎状。

【产地分布】原产我国；分布西北和西南等地。

【习性】耐寒，喜阳，耐阴，耐热，耐旱，耐瘠薄，忌涝，对土壤要求不严。

【成株生长发育节律】北京地区 3 月下旬萌动，绿期至 11 月。花期 4～5 月，果期 6～7 月。

【繁殖栽培技术要点】春夏秋季扦插，在生长期适时浇水，栽培管理粗放。

【应用】丛植和片植。

络石 *Trachelospermum jasminoides* 又名石龙藤

科属：夹竹桃科络石属

【植物学特征】常绿藤本，茎长 2～10m。枝上有气根攀援。茎具乳汁，赤褐色，圆柱形。叶对生革质或近革质，椭圆形至卵状椭圆形或宽倒卵形，长 2～10cm，宽 1～5cm，顶端锐尖至渐尖或钝，有时微凹或有小凸尖，基部渐狭至钝，叶面中脉微凹，侧脉扁平，叶背中脉凸起，侧脉每边 6～12 条，扁平或稍凸起。二歧聚伞花序腋生或顶生，花多朵组成圆锥状；花白色，芳香。蓇葖双生，线状披针形。

【产地分布】原产我国；分布黄河流域以南各地。

【习性】较耐寒，喜阳，耐阴，耐热，耐干旱，耐瘠薄，耐湿，适应性强，萌蘖性强，对土壤要求不严。

【成株生长发育节律】北京地区小气候条件下常绿。花期 6～7 月，果期 8～11 月。

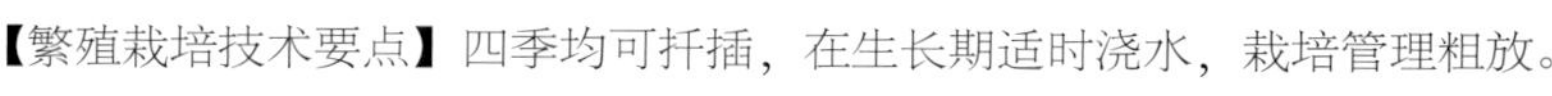

【繁殖栽培技术要点】四季均可扦插，在生长期适时浇水，栽培管理粗放。

【应用】片植（地被）、攀缘（垂直绿化）、岩石、林下和药用。

木槿 *Hibiscus syriacus*

科属：锦葵科木槿属

【植物学特征】落叶灌木或小乔木，株高2～6m。树皮灰褐色，皮孔明显，分枝多，小枝褐灰色，幼时有绒毛。叶卵形或菱状卵形，长5～10cm，宽2～6cm，常三裂，先端渐尖，茎部楔形，三出脉明显，叶缘有不规则粗大锯齿或缺短，上面深绿光亮无毛，下面具稀疏星状毛或近无毛。花单生叶腋，钟形，有白、淡紫、淡红、紫红色，直径5～6cm；园艺品种多重瓣。蒴果，长圆形。

【产地分布】原产我国；全国南北各地常见栽培。

【习性】耐寒，喜阳，喜湿润，稍耐阴，耐热，耐旱，适应性强，萌蘖性强，适宜疏松肥沃排水良好的土壤。

【成株生长发育节律】北京地区3月下旬萌动，绿期至11月。花期7～9月，果期9～10月。

【繁殖栽培技术要点】秋季播种或扦插，在生长期适时浇水，栽培管理粗放。

【应用】孤植、丛植、片植（地被）、绿篱和造型。

造型

蜡梅 *Chimonanthus praecox*

科属：蜡梅科蜡梅属

【植物学特征】落叶灌木，株高 2～4m。幼枝四方形，老枝近圆柱形，灰褐色，有皮孔。芽具多片覆瓦状鳞片。叶椭圆状卵形或卵状披针形，长 7～15cm，宽 2～8cm，顶渐尖，有时具尾尖，基部圆形，除叶背脉上被疏微毛外无毛。花着生于第二年生枝条叶腋内，先花后叶，蜡黄色，具芳香。瘦果，椭圆形。

【产地分布】原产我国；分布黄河、长江流域和西南等地，朝鲜和日本也有分布。

【习性】较耐寒，喜阳，稍耐阴，耐热，稍耐旱，忌湿涝，对土壤要求不严。

【成株生长发育节律】北京地区小气候条件下 2 月萌动，绿期至 11 月。花期 2 月，果期 5～6 月。

【繁殖栽培技术要点】秋季扦插或压条，在生长期适时浇水，栽培管理粗放。

【应用】孤植、丛植和片植。

杠柳 *Periploca sepium* 又名山五加皮

科属：萝藦科杠柳属

【植物学特征】落叶木质藤本，长达 10m。全株具乳汁。树皮灰褐色，小枝黄褐色。叶卵状披针形，长 6～10cm，宽 1.5～2.5cm，先端渐尖，基部楔形，全缘，羽状脉。聚伞花序，腋生；花冠辐状，紫红色；副花冠异形，环状，着生于花冠基部，5～10 裂，其中 5 裂片延伸成丝状，被毛。蓇葖果，圆柱状。

【产地分布】原产我国；分布东北、华北、西北和西南等地。

【习性】耐寒，喜阳，稍耐阴，耐干旱，耐瘠薄，耐湿，适应性强，对土壤要求不严。

【成株生长发育节律】北京地区在 3 月下旬萌动，生长期至 12 月，花期 5～7 月，果期 8～9 月。

【应用】地被、攀缘、药用和造纸。

臭牡丹 *Clerodendron bungei*

科属：马鞭草科大青属

【植物学特征】落叶灌木，株高1～2m。植株有臭味，被柔毛。小枝近圆形，皮孔显著。叶宽卵形或卵形，长8～20cm，宽5～15cm，顶端尖或渐尖，基部宽楔形、截形或心形，边缘具粗或细锯齿，侧脉4～6对，表面散生短柔毛，背面疏生短柔毛和散生腺点或无毛，基部脉腋有数个盘状腺体；叶柄长4～17cm。房状聚伞花序，顶生，密集；花淡红色、红色或紫红色。核果，近球形。

【产地分布】原产我国；分布华北、西北、西南和中南等地。

【习性】耐寒，喜阳，稍耐阴，耐热，耐湿，稍耐旱，耐瘠薄，适应性强，对土壤要求不严。

【成株生长发育节律】北京地区3月中旬萌动，绿期至11月。花期5～10月，果期7～11月。

【繁殖栽培技术要点】秋季播种或春季分株，栽培管理粗放。

【应用】花境、丛植、片植、坡地、林缘和药用。

紫珠 *Callicarpa dichotoma*

科属：马鞭草科紫珠属

【植物学特征】落叶灌木，株高1.5～2m。小枝光滑，略带紫红色，有少量的星状毛。叶片倒卵形至披针形，长2～7cm，先端急尖或尾状尖，边缘仅上半部具数个粗锯齿，上面稍粗糙，下面无毛，密生细小黄色腺点；侧脉5～6对。聚伞花序，腋生，花多数；花紫色。果实球形，紫色。

【产地分布】原产我国；分布西北、淮黄、西南和长江流域等地；日本和越南也有分布。

【习性】耐寒，耐热，喜阳，稍耐阴，耐旱，耐瘠薄，耐湿，适应性强，适宜疏松肥沃排水良好的土壤。

【成株生长发育节律】北京地区4月上旬萌动，绿期至11月。花期6～7月，果期8～11月。

【繁殖栽培技术要点】秋季播种、春季分株和夏季扦插，在生长期适时浇水，栽培管理粗放。

【应用】孤植、丛植、片植。

荆条 *Vitex negundo* var.*heterophylla*

科属：马鞭草科牡荆属

【植物学特征】落叶灌木，株高70～100（300）cm。小枝四棱。叶具长柄，掌状复叶对生，小叶5片，间有3片；小叶椭圆状卵形，顶端锐尖，基部楔形，缘具切裂状粗锯齿或羽状裂，上面绿色，下面淡绿色或灰白色。聚伞花序，或由聚伞花序组成圆锥花序；花淡紫色或蓝色。核果，球形。

‘白花’荆条 *V.* var. *heterophylla cv.* ‘White’

花白色。

‘粉花’荆条 *V.* var. *heterophylla cv.* ‘Pink Flowers’

花粉色。

【产地分布】原产我国；分布全国大部分地区。

【习性】耐寒，耐热，喜阳，稍耐阴，耐旱，耐瘠薄，耐湿，耐修剪，适应性强，萌芽力强，自生繁衍能力强，对土壤要求不严。

【成株生长发育节律】北京地区3月下旬萌动，绿期至12月。花期6～9月，果期9～11月。

【繁殖栽培技术要点】秋季播种或自播或扦插，在旱季适当浇水，栽培管理粗放。

【应用】丛植、片植（地被）、岩石、林下、蜜源、香用、药用和造纸。

地被

‘粉花’荆条

‘白花’荆条

莸 *Caryopteris incana* 又名兰香草

科属：马鞭草科莸属

【植物学特征】落叶灌木，株高30～100cm。嫩枝圆柱形，略带紫色，被灰白色柔毛，老枝毛脱落。叶披针形或长圆形，叶缘具粗齿，少有全缘，被短柔毛，两面具黄色腺点。聚伞花序，腋生或顶生；花萼杯状；花冠淡蓝色或淡紫色。蒴果，倒卵状球形。

【产地分布】原产我国；分布华北、西北和西南等地。

【习性】耐寒，耐热，喜阳，耐旱，耐瘠薄，耐碱盐，耐修剪，适应性强，萌芽力强，对土壤要求不严。

【成株生长发育节律】北京地区在3月中旬萌动，绿期至11月。花期8～9月，果期10～11月。

【繁殖栽培技术要点】春秋季播种或扦插，在旱季适当浇水，栽培管理粗放。

【应用】丛植、片植（地被）、坡地和药用。

蒙古莸 *Caryopteris mongholica*

科属：马鞭草科莸属

【植物学特征】落叶灌木，株高0.5～1.5m。嫩枝紫褐色，圆柱形，有毛，老枝毛渐脱落。叶片厚纸质，线状披针形或线状长圆形，全缘，很少有稀齿，表面深绿色，稍被细毛，背面密生灰白色绒毛。聚伞花序，腋生；花萼钟状；花冠蓝紫色。蒴果，椭圆状球形。

【产地分布】原产我国；分布东北、西北和华北等地，蒙古也有分布。

【习性】耐寒，耐热，喜阳，耐旱，耐瘠薄，耐碱盐，耐修剪，适应性强，萌芽力强，对土壤要求不严。

【成株生长发育节律】北京地区在3月中旬萌动，绿期至11月。花期8～9月，果期10～11月。

【繁殖栽培技术要点】春秋季播种或扦插，在旱季适当浇水，栽培管理粗放。

【应用】丛植、片植（地被）、河滩和坡地。

金叶莸 *Caryopteris*clandonensis* ‘Worcester Gold’

科属：马鞭草科莸属

【植物学特征】落叶灌木，株高 50～100cm。呈半直立，多分枝。单叶对生，长卵圆形，表面光滑，为黄色；叶被银灰色毛。聚伞花序，腋生；花蓝紫色。蒴果。

【产地分布】原产我国；分布东北、西北、华北和西南等地。

【习性】耐寒，耐热，喜阳，耐旱，耐瘠薄，耐碱盐，耐修剪，适应性强，萌芽力强，对土壤要求不严。

【成株生长发育节律】北京地区在 3 月中旬萌动，绿期至 11 月。花期 8～9 月，果期 10～11 月。

【繁殖栽培技术要点】秋季扦插，在旱季适当浇水，栽培管理粗放。

【应用】丛植、片植（地被）、坡土和绿篱。

海州常山 *Clerodendron trichotomum* 又名臭梧桐

科属：马鞭草科大青属

【植物学特征】落叶灌木或小乔木，株高2～6m。老枝灰白色，具皮孔，带白色，具淡黄色薄片状横隔。叶卵状椭圆形，长5～16cm，先端渐尖，基部多截形，上面深绿色，下面淡绿色，两面幼时被白色短柔毛，侧脉3～5对，全缘或有波状齿。伞房状聚伞花序着生顶部或腋间；花萼蕾时绿白色，后变紫红色，基部合生，顶端5深裂，裂片三角状披针形，花香；花冠白色或粉红色。核果，近球形，蓝紫色。

【产地分布】原产我国；分布东北、华北、华中、华东和西南等地，朝鲜、日本和菲律宾也有分布。

【习性】耐寒，喜阳，稍耐阴，耐热，耐干旱，耐瘠薄，耐湿，适应性强，对土壤要求不严，但宜疏松，肥沃的土壤。

【成株生长发育节律】北京地区4月上旬萌动，绿期至11月。花果期6～11月。

【繁殖栽培技术要点】秋季扦插，在生长期适时浇水，栽培管理粗放。

【应用】孤植、丛植、片植和林缘。

木通马兜铃 *Aristolochia manshuriensis*

科属：马兜铃科马兜铃属

【植物学特征】木质藤本，长10余米。嫩枝深紫色，密生白色长柔毛。茎皮灰色，表面散生淡褐色长圆形皮孔，具纵皱纹或老茎具增厚又呈长条状纵裂的木栓层。叶革质，心形或卵状心，长15～29cm，宽13～28cm，顶端钝圆或短尖，基部心形至深心形，1～4.5cm，边全缘，嫩叶上面疏生白色长柔毛，下面密被白色长柔毛，基出脉5～7条，侧脉每边2～3条；叶柄长6～8cm，略扁。花单朵，稀2朵聚生于叶腋；花被管中部马蹄形弯曲，下部管状，外面粉红色，具绿色纵脉纹。蒴果，长圆柱形。

【产地分布】原产我国；分布东北、华北和西北等地。

【习性】耐寒，喜阳，耐阴，耐热，耐干旱，耐瘠薄，耐湿，适应性强，对土壤要求不严。

【成株生长发育节律】北京地区4月中旬萌动，绿期至11月。花期6～7月，果期8～9月。

【繁殖栽培技术要点】秋季扦插，栽培管理粗放。

【应用】地被、攀缘（垂直绿化）、林下和药用。

柱花醉鱼草 *Buddleja chlindrostachya*

科属：马钱科醉鱼草属

【植物学特征】落叶灌木，株高1～3m。茎直立，小枝密被星状柔毛。单叶对生，长披针形，长8～15cm，宽2～3.5cm，边缘有细锯齿，基部阔楔形，下延至叶柄，基部有2枚耳状托叶，上面浅绿色，下面银灰色，叶两面密被星状毛和金黄色腺点。总状聚伞花序，密集成圆柱状，顶生，密被星状柔毛；粉红色，花形钟状。蒴果，长圆形。

【产地分布】原产我国；分布西南和长江流域等地。

【习性】耐寒，耐热，喜阳，稍耐阴，耐旱，耐瘠薄，耐湿，耐修剪，适应性强，萌芽力强，对土壤要求不严。

【成株生长发育节律】北京地区4月上旬萌动，绿期至12月。花期6～10月，果期9～11月。

【繁殖栽培技术要点】秋季播种或扦插，在生长期适时浇水，栽培管理粗放。

【应用】丛植和片植（地被）。

互叶醉鱼草 *Buddleja alternifolia*

科属：马钱科醉鱼草属

【植物学特征】落叶灌木，株高 1～4m。枝开展，细弱，常弧状弯垂，短枝簇生，常被星状短绒毛至几无毛；小枝四棱形或近圆柱形。叶互生，窄披针形，顶端短或钝，基部楔形，全缘，上面深绿色，下面密被灰白色星状短绒毛。花多朵组成簇生状或圆锥状聚伞花序；花序较短，密集；花萼钟状，具四棱；花冠花冠裂片近圆形或宽卵形，紫蓝色或紫红色，芽香。蒴果，长圆状柱形。

【产地分布】原产我国；分布华北、西北和西南等地。

【习性】耐寒，耐热，喜阳，耐旱，耐瘠薄，忌水涝，耐修剪，适应性强，萌芽力强，对土壤要求不严。

【成株生长发育节律】北京地区 4 月上旬萌动，绿期至 12 月。花期 5～7 月，果期 8～10 月。

【繁殖栽培技术要点】秋季播种或扦插，在生长期适时浇水，栽培管理粗放。

【应用】丛植、片植（地被）、坡地、河滩。

大叶醉鱼草 *Buddleja davidii*

科属：马钱科醉鱼草属

【植物学特征】落叶灌木，株高1～2cm。茎直立，嫩枝、叶背、花序均为密被白色星状绵毛，小枝呈四棱形。叶对生，卵状被针形至被针形，长10～25cm，宽3～5cm，顶端渐尖，基部圆渐狭，边缘疏生细锯齿，上面无毛，下面密被白色星状绒毛。圆锥花序长约40cm；有紫色、蓝色、粉色、白色、黄色等花色。蒴果，条状矩圆形。

【产地分布】原种产我国；园艺品种。

【习性】耐寒，耐热，喜阳，稍耐阴，耐旱，耐瘠薄，耐湿，耐修剪，适应性强，萌芽力强，适宜疏松肥沃排水良好的土壤。

【成株生长发育节律】北京地区4月上旬萌动，绿期至12月。花期6～10月，果期9～11月。

【繁殖栽培技术要点】秋季播种或扦插，在生长期适时浇水，栽培管理粗放。

【应用】丛植和片植（地被）。

黄色

粉色

紫色

蓝色

白色

灌木铁线莲 *Clematis fruticosa*

科属：毛茛科铁线莲属

【植物学特征】落叶小灌木，株高 1m。枝有棱，紫褐色，有短柔毛，后变无毛。单叶，对生，叶片薄革质，狭三角形或披针形，顶端锐尖，边缘疏生锯齿状牙齿，下半部常成羽状深裂以至全裂，上面无毛，两面疏生短柔毛。花单生或 1～3 朵腋生或聚伞；花黄色。瘦果扁，近卵形。

【产地分布】原产我国；分布华北、西北和西南等地，中亚、蒙古及俄罗斯西伯利亚东部也有分布。

【习性】耐寒，喜阳，稍耐阴，耐热，耐干旱，耐瘠薄，耐湿，适应性强，对土壤要求不严。

【成株生长发育节律】北京地区 4 月上旬萌动，绿期至 11 月。花期 7～8 月，果期 9～10 月。

【繁殖栽培技术要点】秋季扦插，在生长期适时浇水，栽培管理粗放。

【应用】丛植、片植（地被）、坡地和疏林下。

猕猴桃 *Actinidia arguta*

科属：猕猴桃科猕猴桃属

【植物学特征】落叶木质藤本。嫩枝有灰白色疏柔毛，老枝光滑。叶卵圆形、椭圆状卵形或长圆形，长 6～13cm，宽 5～9cm，顶端突尖或短尾尖，基部圆形，边缘有锐锯齿，腹面深绿色，下面脉腋处有柔毛。雌雄异株。聚伞花序，腋生，有花 3～6 朵；花白色。浆果，球形至长圆形，绿黄色。

【产地分布】原种产我国；分布东北、华北、西北和长江流域，朝鲜和日本也有分 布。

【习性】耐寒，喜阳，耐阴，耐湿，适宜深厚、肥沃、疏松的腐殖质土。

【成株生长发育节律】北京地区在 4 月上旬萌动，生长期至 11 月，花期 5～6 月，果期 9～10 月。

【应用】攀缘（廊、亭、垂直）和食用。

迎春 *Jasminum nudiflorum*

科属：木犀科茉莉属

【植物学特征】落叶灌木，枝条细长，呈拱形下垂生长，长可达2～5m，小枝有棱角，光滑无毛。小叶3，卵形或长椭圆状卵形，先端狭渐尖，基部宽楔形，边缘有细毛，花单生于叶腋间，先叶开放；花黄色。浆果。

【产地分布】原产我国；分布我国北部和中部等地。

【习性】耐寒，喜阳，耐阴，耐旱，耐瘠薄，耐湿，适应性强，对土壤要求不严。

【成株生长发育节律】北京地区3月上旬萌动，绿期至11月。花期3～5月，果期6～7月（一般不结果）。

【繁殖栽培技术要点】秋季扦插，在生长期适时浇水，栽培管理粗放。

【应用】丛植、片植（地被）、林下、绿篱、岩石和池畔。

雪柳 *Fontanesia fortunei*

科属：木犀科雪柳属

【植物学特征】落叶灌木，株高2～5m；树皮灰褐色，枝灰白色，光滑。叶披针形、卵状披针形或狭卵形，先端锐尖至渐尖，基部楔形，全缘。圆锥花序顶生或腋生；花白色。小坚果，卵圆形，扁平。

【产地分布】原产我国；分布河北、陕西、山东、江苏、安徽、浙江、河南和湖北等地。

【习性】耐寒，喜阳，稍耐阴，耐热，耐旱，耐瘠薄，忌涝，适应性强，萌蘖力强，对土壤要求不严。

【成株生长发育节律】北京地区3月下旬萌动，绿期至12月。花期5～6月，果期7～11月。

【繁殖栽培技术要点】秋季播种或扦插，生长期适时浇水，栽培管理粗放。

【应用】孤植、丛植、片植、疏林下和绿篱。

连翘 *Forsythia suspensa*

科属：木犀科连翘属

林下

【植物学特征】落叶灌木，株高1～3m。枝细长并开展呈拱形，棕色、棕褐色或淡黄褐色，略呈四棱形，疏生皮孔，节间中空，节部具实心髓。单叶或3小叶，顶端小叶大，叶片卵形或长圆状卵形，先端锐尖，基部圆形或楔形，上面深绿色，下面淡黄绿色，两面无毛，叶缘有锯齿。花单生或数朵生于叶腋；花冠黄色，倒卵状椭圆形。蒴果，卵形。

金叶连翘 *F. koreana* 'Sun Gold'

小枝黄色，叶金色，非常美观。

东北连翘 *F. mandschurica*

树皮灰褐色；叶基部为不等宽楔形、近截形至近圆形，上面绿色，无毛，下面淡绿色，疏被柔毛，叶脉在上面凹入，下面凸起。

金钟连翘 *Forsythia*×*intermedia*

叶长椭圆形至卵状披针形，有时3深裂或3小叶。花期晚于连翘。园艺品种。

【产地分布】原产我国；分布华北、西北和淮黄以南地区等，朝鲜也分布。

【习性】耐寒，喜阳，耐阴，耐热，耐旱，耐瘠薄，耐湿，适应性强，萌蘖性强，对土壤要求不严。

【成株生长发育节律】北京地区3月下旬萌动，绿期至11月。花期4～6月，果期7～8月。

【繁殖栽培技术要点】秋季扦插或压条，在生长期适时浇水，栽培管理粗放。

【应用】丛植、片植（地被）、林下、绿篱、岩石、坡地、池畔和药用。

造型

金钟连翘

东北连翘

金叶连翘

紫丁香 *Syringa oblata* 又名华北紫丁香

科属：木犀科丁香属

【植物学特征】落叶灌木或小乔木，株高2～5m。树皮灰褐色，小枝黄褐色。叶阔卵形或肾形，宽常大于长，宽4～10cm，先端渐尖，基部心形，上面深绿色，下面淡绿色，无毛。疏散圆锥花序，由侧芽抽生，长4～20cm；花紫色，具芳香。蒴果，倒卵状椭圆形。

‘长筒’白丁香 *S. oblata* ‘Chang Tong Bai’

与紫丁香主要区别是叶较小，叶面有疏生绒毛，花白色，筒状。

‘香雪’丁香 *S. oblata* ‘Xiang Xue’

花白色，具芳香。

【产地分布】原产我国；分布东北、华北、西北、中原和西南等地，朝鲜也有分布。

【习性】耐寒，喜阳，稍耐阴，耐热，耐旱，忌涝，适应性强，宜湿润，肥沃丰厚的土壤。

【成株生长发育节律】北京地区3月下旬萌动，绿期至11月。花期4～5月，果期7～8月。

【繁殖栽培技术要点】秋季扦插，在生长期适时浇水，栽培管理粗放。

【应用】孤植、丛植、片植和林缘。

长筒白丁香

‘香雪’丁香

‘北京黄’丁香 *Syringa pekinensis* ‘Beijinghuag’

科属：木犀科丁香属

【植物学特征】落叶灌木或小乔木，株高 3～6m。树皮褐色或灰褐色，纵裂。小枝细长，开展，皮孔明显。叶卵形至卵状披针形，长 4～10cm，宽 2～5cm，先端渐尖，基部楔形，表面暗绿色，背面灰绿色，无毛，全缘。圆锥花序，腋生，长 5～20cm；花黄色，香气浓烈。蒴果，长圆形。

【产地分布】原产我国；新状品种。

【习性】耐寒，喜阳，稍耐阴，耐热，适应性强，宜湿润、肥沃深厚的土壤。

【成株生长发育节律】北京地区 3 月下旬萌动，绿期至 11 月。花期 6～7 月，果期 8～9 月。

【繁殖栽培技术要点】秋季扦插或嫁接，在生长期适时浇水，栽培管理粗放。

【应用】孤植、丛植和片植。

蓝丁香 *Syringa meyeri*

科属：木犀科丁香属

【植物学特征】落叶矮生灌木，株高 1～1.5m。枝叶密生，小枝四棱形，灰棕色，具皮孔。叶片椭圆状卵形或椭圆状倒卵形或近圆形，先端锐尖、短渐尖或钝，基部楔形、宽楔形或近圆形，叶缘具睫毛，上面深绿色，微带紫褐色，下面淡绿色。圆锥花序，由侧芽腋生，稀顶生，花密生；萼齿锐尖；花冠管近圆柱形，花冠蓝紫色。蒴果，长椭圆形。

【产地分布】原产我国；分布华北、西北、中原和西南等地。

【习性】耐寒，喜阳，稍耐阴，耐热，稍耐旱，耐湿，适应性强，宜湿润、肥沃丰厚的土壤。

【成株生长发育节律】北京地区 3 月下旬萌动，绿期至 11 月。花期 4～5 月，果期 7～8 月。

【繁殖栽培技术要点】秋季扦插，在生长期适时浇水，栽培管理粗放。

【应用】孤植、丛植、片植、林缘和绿篱。

红丁香 *Syringa villosa*

科属：木犀科丁香属

【植物学特征】落叶灌木，株高 2～4m。枝直立，粗壮，圆筒形，有瘤状突起及星状毛，幼枝平滑无毛或被微绒毛。叶阔椭圆形或长椭圆形，长 6～18cm，宽 2～11cm，先端尖，基部楔形，上面深绿色，下面灰白色，全缘，通常近中脉处有短柔毛。圆锥花序，顶生，长 5～17cm；花紫色、粉红色或白色等，具芳香。蒴果。

【产地分布】原产我国；分布东北南部、华北、西北和西南等地，朝鲜也有分布。

【习性】耐寒，喜阳，稍耐阴，耐热，耐旱，耐湿，适应性强，宜湿润、肥沃丰厚的土壤。

【成株生长发育节律】北京地区 3 月下旬萌动，绿期至 11 月。花期 5～6 月，果期 8～9 月。

【繁殖栽培技术要点】秋季扦插，在生长期适时浇水，栽培管理粗放。

【应用】孤植、丛植、片植、林缘和绿篱。

四季丁香 *Syringa microphylla* 又名小叶丁香

科属：木犀科丁香属

【植物学特征】落叶灌木，株高 1.5～3m。幼枝灰褐色，被稀柔毛。叶卵圆形或椭圆状卵形，全缘，两面均有短柔毛。圆锥花序疏松，侧生；淡紫红色，具淡香。蒴果，长圆形。

【产地分布】原产我国；分布华北、西北和中原等地。

【习性】耐寒，喜阳，稍耐阴，耐热，耐旱，耐湿，适应性强，宜湿润、肥沃丰厚的土壤。

【成株生长发育节律】北京地区 3 月下旬萌动，绿期至 11 月。花期 4～5 月和 8～9 月两次，果期 6～10 月。

【繁殖栽培技术要点】秋季扦插，在生长期适时浇水，栽培管理粗放。

【应用】孤植、丛植、片植、林缘和绿篱。

毛叶丁香 *Syringa pubescens* 又名巧玲花

科属：木犀科丁香属

【植物学特征】落叶灌木，株高 2～4m，小枝细长，稍四棱，无毛。叶卵圆形至椭圆状卵形、菱状卵圆形，长 3～8cm，先端短渐尖，基部阔楔形，边缘有微毛，上面深绿色，无毛，下面叶脉上有短柔毛。圆锥花序，花紧密而无细毛；花淡紫色，芳香。蒴果，有瘤。

【产地分布】原产我国；分布华北、西北和中原等地。

【习性】耐寒，喜阳，稍耐阴，耐热，耐旱，耐湿，适应性强，宜湿润、肥沃丰厚的土壤。

【成株生长发育节律】北京地区 3 月下旬萌动，绿期至 11 月。花期 6 月和 8 月两次，果期 6～10 月。

【繁殖栽培技术要点】秋季扦插，在生长期适时浇水，栽培管理粗放。

【应用】孤植、丛植、片植（地被）、林缘下和绿篱。

花叶丁香 *Syringa laciniata*

科属：木犀科丁香属

【植物学特征】落叶灌木，株高 2～3m，枝细弱，略弯曲，光滑。叶羽状裂或深裂，端渐尖，基楔形。圆锥花序侧生，花紫色或白色，有香气。蒴果，长圆形。

【产地分布】原产我国；分布华北和西北等地。

【习性】耐寒，喜阳，稍耐阴，耐热，耐旱，耐湿，适应性强，宜湿润、肥沃丰厚的土壤。

【成株生长发育节律】北京地区 3 月下旬萌动，绿期至 11 月。花期 5 月和 7～8 月两次，果期 6～10 月。

【繁殖栽培技术要点】秋季扦插，在生长期适时浇水，栽培管理粗放。

【应用】孤植、丛植、片植、林缘和绿篱。

欧丁香 *Syringa vulgaris*

科属：木犀科丁香属

【植物学特征】落叶灌木或小乔木，株高 3～7m 灌木。树皮灰褐色。小枝、叶柄、叶片两面、花序轴、花梗和花萼均无毛。叶片卵形、宽卵形或长卵形，先端渐尖，基部截形、宽楔形或心形，上面深绿色，下面淡绿色。圆锥花序近直立，由侧芽腋生，宽塔形至狭塔形，或近圆柱形，长 10～20cm；花冠紫色或淡紫色，花芳香。蒴果，倒卵状椭圆形。

【产地分布】原产东南欧；在东北、华北和西北等地均有栽培。

【习性】耐寒，喜阳，稍耐阴，耐热，耐旱，耐湿，适应性强，宜湿润、肥沃丰厚的土壤。

【成株生长发育节律】北京地区 3 月下旬萌动，绿期至 11 月。花期 4～5 月，果期 6～7 月。

【繁殖栽培技术要点】秋季扦插，在生长期适时浇水，栽培管理粗放。

【应用】孤植、丛植、片植、林缘和绿篱。

暴马丁香 *Syinga reticulata var. mandshurica* 又名暴马子

科属：木犀科丁香属

【植物学特征】落叶小乔木，株高 4～6m。叶卵形或广卵形，长 5～12cm，宽 3～6cm，端渐尖，基部圆形或近心形，上面绿色，下面淡绿色，光滑，下面脉纹明显。圆锥花序，常一对侧生，长约 10～15cm，光滑；花白色，无香味。蒴果，长圆形。

【产地分布】原产我国；分布东北、华北、西北和华中等地，朝鲜、俄罗斯远东地区和日本也有分布。

【习性】耐寒，喜阳，耐热，耐旱，适应性强，对土壤要求不严。

【成株生长发育节律】北京地区 3 月下旬萌动，绿期至 11 月。花期 6 月，果期 8～9 月。

【繁殖栽培技术要点】秋季扦插，在生长期适时浇水，栽培管理粗放。

【应用】孤植、丛植、片植和香用。

裂叶丁香 *Syringa persica var. laciniata*

科属：木犀科木犀属

【植物学特征】落叶灌木，株高 2～2.5m；枝细长，无毛。叶大部或全部羽状深裂（夏天长出的叶常不裂），长 3～6cm。聚伞圆锥花序侧生；花淡紫色，有香气。蒴果，长卵形。

【产地分布】原产我国；分布甘肃和内蒙古等地。

【习性】耐寒，喜阳，稍耐阴，耐热，耐旱，耐湿，适应性强，萌蘖性强，宜湿润、肥沃丰厚的土壤。

【成株生长发育节律】北京地区常 3 月下旬萌动，绿期至 11 月。花期 4～5 月，果期 7～8 月。

【繁殖栽培技术要点】秋季扦插，在生长期适时浇水，栽培管理粗放。

【应用】孤植、丛植、片植、林缘和绿篱。

小叶女贞 *Ligustrum quihoui*

科属：木犀科女贞属

【植物学特征】常绿或半常绿灌木，株高 1～2m。小枝开展，幼枝有柔毛。叶椭圆形或倒卵形，先端钝或微凹，基部楔形，叶缘反卷，光滑，常具腺点。圆锥花序，顶生；白色。核果，宽椭圆形。

【产地分布】原产我国；分布黄河以南和陕西、甘肃等地。

【习性】较耐寒，喜阳，耐阴，耐热，耐旱，耐瘠薄，耐湿，适应性强，萌蘖力强，适宜疏松肥沃排水良好的土壤。

【成株生长发育节律】北京地区在小气候条件下 3 月下旬萌动，绿期至 12 月。花期 5～7 月，果期 8～11 月。

【繁殖栽培技术要点】秋季扦插，生长期适时浇水，栽培管理粗放。

【应用】孤植、丛植、片植（地被）、林下、绿篱和造型。

金叶女贞 *Ligustrum×vicaryi*

科属：木犀科女贞属

【植物学特征】落叶灌木，株高 0.8～2m。树皮灰褐色，光滑不裂。单叶对生，革质光泽，椭圆形或卵状椭圆形，长 2～5cm，金黄色，尤其在春秋两季色泽更加璀璨亮丽。老叶变绿色。总状花序，小花白色。核果。

金边女贞 *L. ovalifolium*

叶缘具黄边。

金边女贞

【产地分布】园艺品种，常见栽培。

【习性】耐寒，喜阳，耐阴，耐热，耐旱，耐瘠薄，耐湿，适应性强，耐修剪，萌蘖力强，适宜疏松肥沃排水良好的土壤。

【成株生长发育节律】北京地区 3 月下旬萌动，绿期至 12 月。花期 6～7 月，果期 8～10 月。

【繁殖栽培技术要点】秋季扦插，生长期适时浇水，栽培管理粗放。

【应用】孤植、丛植、片植（地被）、林下、坡地和造型。

女贞 *Ligustrum lucidum*

科属：木犀科女贞属

【植物学特征】常绿灌木或常绿小乔木，株高3～6m；树皮灰褐色，枝光滑。叶革质，卵形至卵状披针形，长7～18cm，先端渐尖，常具尾尖，基部渐狭，有时宽楔形，叶缘平坦，上面光亮，两面无毛，中脉在上面凹入，下面凸起。圆锥花序顶生，长8～20cm；花白色。核果。

【产地分布】原产我国；分布长江流域和陕西、甘肃等地。

【习性】较耐寒，喜阳，耐阴，耐热，耐旱，耐瘠薄，耐湿，适应性强，耐修剪，萌蘖力强，适宜疏松肥沃排水良好的土壤。

【成株生长发育节律】北京地区在小气候条件下常绿。花期5～7月，果期8月至翌年5月。

【繁殖栽培技术要点】秋季扦插，生长期适时浇水，栽培管理粗放。

【应用】孤植、丛植、片植、林缘和造型。

流苏树 *Chionanthus retusus*

科属：木犀科流苏树属

【植物学特征】落叶灌木或小乔木，株高5m以上。小枝灰褐色或黑灰色，圆柱形。单叶对生，叶椭圆形或卵形至长椭圆形，先端圆钝，有时凹入或锐尖，基部圆或楔形，全缘或有小锯齿，叶缘稍反卷，叶缘具睫毛。阔圆锥花序，顶生于枝端；花白色，微香。核果，椭圆形，蓝黑色。

【产地分布】原产我国；分布华北、西北、西南和黄淮流域等地，朝鲜、日本也有分布。

【习性】耐寒，喜阳，稍耐阴，耐热，耐旱，耐瘠薄，忌涝，适应性强，对土壤要求不严。

【成株生长发育节律】北京地区3月下旬萌动，绿期至12月。花期6～7月，果期9～10月。

【繁殖栽培技术要点】秋季扦插，生长期适时浇水，栽培管理粗放。

【应用】孤植、丛植、片植、食用油和制肥皂。

水腊树 *Ligustrum obtusifolium*

科属：木犀科女贞属

【植物学特征】落叶灌木，株高 1 ～ 3m。小枝具短柔毛，开张成拱形。叶椭圆形至长圆状倒卵形，无毛，顶端钝或尖，基部楔形，全缘，边缘略向外反卷，下面或中脉具柔毛。圆锥花序，下垂，生于侧面小枝上；花白色，芳香。核果，椭圆形，紫黑色。

【产地分布】原产我国；分布华北、西北和中南等地，日本也有分布。

【习性】较耐寒，喜阳，稍耐阴，耐热，耐旱，耐瘠薄，耐湿，适应性强，萌蘖力强，适宜疏松肥沃排水良好的土壤。

【成株生长发育节律】北京地区在小气候条件下 3 月下旬萌动，绿期至 12 月。花期 5 ～ 6 月，果期 8 ～ 11 月。

【繁殖栽培技术要点】秋季扦插，生长期适时浇水，栽培管理粗放。

【应用】孤植、丛植、片植、林缘、绿篱和造型。

山葡萄 *Vitis amurensis*

科属：葡萄科葡萄属

【植物学特征】落叶木质藤本，茎长3～8m。幼枝红色，成枝树皮暗褐色，片状剥离。叶宽卵形，长10～25cm，宽8～20cm，先端尖锐，基部宽心形，3～5裂或不裂，边缘具粗牙齿；上面暗绿色，无毛；下面淡绿色，沿脉上及脉腋间有短毛。圆锥花序，与叶对生，长8～15cm，花序轴被白毛长柔毛。花黄绿色。浆果，球形。

【产地分布】原产我国；分布东北、华北、西北和黄河流域等地。

【习性】耐寒，喜阳，耐热，耐干旱，耐瘠薄，耐湿，适应性强，对土壤要求不严。

【成株生长发育节律】北京地区4月中旬萌动，绿期至11月。花期6月，果期8～9月。

【繁殖栽培技术要点】秋季扦插，栽培管理粗放。

【应用】地被、攀缘、廊架、亭阴、林下、食用、药用和天然色素。

鸡爪槭 *Acer palmatum*

科属：槭树科槭树属

【植物学特征】落叶小乔木，株高3～6m。树皮深灰色。当年生枝紫色或淡紫绿色；多年生枝淡灰紫色或深紫色。叶轮廓圆形，基部心脏形或近于心脏形稀截形，5～9掌状分裂，裂片长圆卵形或披针形，先端锐尖或长锐尖，边缘具紧贴的尖锐锯齿。伞房花序；花黄色。翅果小，黄色。

【产地分布】原产我国；分布黄河和长江流域等，朝鲜和日本也有分布。

【习性】较耐寒，喜阳，稍耐阴，耐热，耐旱，喜温暖湿润气候及肥沃、湿润而排水良好的土壤。

【成株生长发育节律】北京地区3月下旬萌动，绿期至11月。花期5月，果期8～9月。

【繁殖栽培技术要点】秋季扦插，在生长期适时浇水，栽培管理粗放。

【应用】孤植、丛植、片植和林缘。

金叶复叶槭 *Acer negundo* 'Aurea'

科属：槭树科槭树属

【植物学特征】落叶小乔木，株高 3 ～ 6m。奇数羽状复叶，小叶 3 ～ 7(9)，卵形至长椭圆状披针形，叶缘有不规则锯齿；羽状复叶很大，叶色柔和，春季呈金黄色。雄花序伞房状，雌花序总状。果翅狭长。

花叶复叶槭 *A. negundo f.* 'Variegatum'

叶呈现黄白色与绿色相间的斑驳叶色。

【产地分布】原产北美洲；全国南北各地均有栽培。

【习性】耐寒，喜阳，耐热，耐干旱，适宜疏松肥沃排水良好的土壤。

【成株生长发育节律】北京地区 3 月下旬萌动，绿期至 11 月。花期 4 ～ 5 月，果期 8 ～ 9 月。

【繁殖栽培技术要点】秋季扦插，在生长期适时浇水，栽培管理粗放。

【应用】孤植、丛植和片植。

花叶复叶槭

火炬树 *Rhus typhina*

科属：漆树科盐肤木属

【植物学特征】落叶小乔木或灌木状，株高3～5m。分枝少，树皮灰褐色，小枝密生柔毛。奇数羽状复叶。小叶19～31片，长圆形至披针形，长5～10cm；先端渐尖，基部广楔形，缘有整齐锯齿；上面绿色，无毛；下面灰绿被毛，叶脉上有柔毛。圆锥花序，顶生；花淡绿色。核果，火炬状，红色。

【产地分布】原产北美洲；我国黄河流域以北地区常见栽培。

【习性】耐寒，喜阳，耐阴，耐热，极耐干旱，耐瘠薄，耐湿，耐盐碱，适应性强，萌蘖性强，对土壤要求不严。

【成株生长发育节律】北京地区3月下旬萌动，绿期至11月。花期6～7月，果期8～11月。

【繁殖栽培技术要点】秋季扦插，在旱季适当浇水，栽培管理粗放。

【应用】丛植、片植（地被）、坡地、林下和水池。

林下（秋季）

黄栌 *Cotinus coggygria* 又名红叶

科属：漆树科黄栌属

【植物学特征】落叶灌木或小乔木，株高3～5m。树皮暗灰褐色，嫩枝紫褐色，有蜡粉。叶互生，倒卵形或卵圆形，长3～8cm，宽3～6cm，先端圆形，基部圆形或阔楔形，全缘，两面或尤其叶背显著被灰色柔毛，侧脉6～11对，先端常叉分开；叶片秋季变红或橙黄色等，鲜艳夺目。圆锥花序，被柔毛；花瓣卵形或卵状披针形，紫红色。核果，肾形。

紫霞黄栌 *C.* 'ZiJin'

叶紫色。

【产地分布】原产我国；分布华北、西北、西南和黄河等地，叙利亚、伊朗、巴基斯坦、印度和南欧也有分布。

【习性】耐寒，喜阳，耐热，耐干旱，耐瘠薄，怕积水，适应性强，萌蘖性强，对土壤要求不严。

【成株生长发育节律】北京地区3月下旬萌动，绿期至11月。花期4～5月，果期6～7月。

【繁殖栽培技术要点】秋季播种或扦插，在生长期适时浇水，雨季注意排水，栽培管理粗放。

【应用】孤植、丛植、片植、山坡、林缘、药用、香用和染料。

紫霞黄栌

紫薇 *Lagerstroemia indica* 又名百日红

科属：千屈菜科紫薇属

【植物学特征】落叶灌木或小乔木，株高 0.5 ～ 7m。树皮褐色，剥落后光滑，小枝幼时显著 4 棱。单近无柄，椭圆形或倒卵形至长圆形，先端尖或钝，基圆形或楔形，光滑或下面沿中脉有毛，全缘。圆锥花序，顶生，长 8 ～ 20cm；花瓣圆形而缘皱，基部长爪状；花有紫、红、粉、白色。蒴果，近球形。

‘矮生’紫薇 *L. indica* ‘Summer’

矮生、多枝、株型紧凑、耐修剪和多花。

‘丛生’紫薇 *L. indica* ‘Bush’

没有明显的主干，呈丛生状态，枝干屈曲光滑，树皮秋冬块状脱落。

‘独杆’紫薇 *L. indica* ‘Single Pole’

有明显的主干，主干上部有冠幅明显，枝干屈曲光滑，树皮秋冬块状脱落。

紫薇树 *L. indica* ‘Trees’

落叶小乔木，有明显树干，枝干屈曲光滑，树皮秋冬块状脱落。

【产地分布】原产我国；分布长江流域至大洋洲。

【习性】较耐寒，耐热，喜阳，耐旱，耐盐碱，忌涝，适应性强，萌蘖性强，宜湿润沙质土壤。

【成株生长发育节律】北京地区 5 月上旬萌动，绿期至 11 月。花期 6 ～ 9 月，果期 10 ～ 11 月。

【繁殖栽培技术要点】秋季播种或扦插或压条，在生长期适时浇水，雨季注意排水，冬季加以防寒，栽培管理粗放。

【应用】孤植、丛植、片植和造型。

紫薇树

'丛生'紫薇

'矮生'紫薇

紫薇造型

'高杆'紫薇

薄皮木 *Leptodermis oblonga*

科属：茜草科野丁香属

【植物学特征】落叶小灌木，株高1m。小枝有细柔毛。叶对生椭圆形卵形至长圆形，顶端尖，基部渐狭，上面粗糙，下面疏生短柔毛；叶柄短，叶柄间托叶阔三角形，基部2脉。花无梗，常3～7朵簇生枝顶；花冠堇紫色，漏斗状。蒴果，椭圆形。

【产地分布】原产我国；分布华北以南地区。

【习性】耐寒，喜阳，稍耐阴，耐热，耐干旱，耐瘠薄，较耐湿，耐盐碱，抗逆性强，萌蘖性强，对土壤要求不严。

【成株生长发育节律】北京地区3月下旬萌动，绿期至11月。花期6～8月，果期8～9月。

【繁殖栽培技术要点】秋季插杆或扦插，在生长期干旱时适当浇水，栽培管理粗放。

【应用】丛植、片植（地被）、疏林下和饲用。

金露梅 *Potentilla fruticosa*

科属：蔷薇科委陵菜属

【植物学特征】落叶灌木，株高1～1.5m。树皮灰褐色，树皮纵裂、剥落，分枝多。幼枝被丝状毛。奇数羽状复叶，小叶3～7，长椭圆形至长圆状披针形，全缘，边缘外卷，上面绿色，下面灰绿色，两面具疏柔毛或近无毛。花单生枝顶，或数朵排成伞房状；花黄色。瘦果，卵圆形。

【产地分布】原产我国；分布东北、华北、西北和西南等地；日本、蒙古、欧洲和北美洲也有分布。

【习性】耐寒，喜冷凉，喜阳，稍耐阴，耐旱，耐瘠薄，耐修剪，萌芽力强，对土壤要求不严。

【成株生长发育节律】北京地区4月上旬萌动，绿期至11月。花期6～7月，果期9～10月。

【繁殖栽培技术要点】秋季播种或扦插，在生长期适时浇水，栽培管理粗放。

【应用】丛植、片植（地被）、花篱、岩石、食用和药用。

银露梅 *Potentilla glabra*

科属：蔷薇科委陵菜属

【植物学特征】落叶灌木，株高 0.5 ～ 1m。树皮灰褐色，被稀疏柔毛。叶奇数羽状复叶，小叶 3 ～ 5 枚，稀为 1 枚；小叶椭圆形或倒卵椭圆形，顶端急尖，基部圆形，边缘反卷，两面被疏柔毛。顶生单花或数朵；花白色。瘦果，卵圆形。

【产地分布】原产我国；分布东北、华北、西北和西南等地；蒙古、朝鲜和俄罗斯。欧洲和北美洲也有分布。

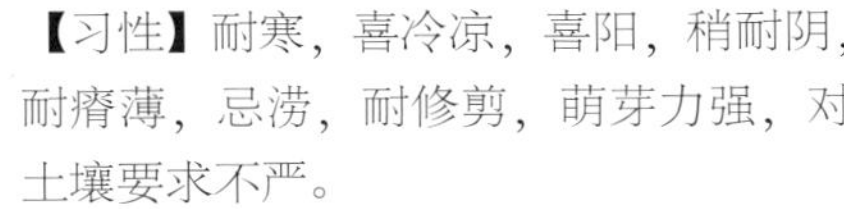

【习性】耐寒，喜冷凉，喜阳，稍耐阴，耐瘠薄，忌涝，耐修剪，萌芽力强，对土壤要求不严。

【成株生长发育节律】北京地区 4 月上旬萌动，绿期至 11 月。花期 6 ～ 7 月，果期 9 ～ 10 月。

【繁殖栽培技术要点】秋季播种或扦插，在生长期适时浇水，栽培管理粗放。

【应用】丛植、片植（地被）、花篱、岩石、食用和药用。

华北绣线菊 *Spiraea fritschiana*

科属：蔷薇科绣线菊属

【植物学特征】落叶灌木，株高 1 ～ 2m。嫩枝紫褐色。叶片卵形、椭圆卵形或卵状长圆形，端短渐尖，基部楔形，边缘有不整齐重锯齿或单锯齿，上面深绿色，下面浅绿色。复伞房花序，顶生于直立新支顶端；萼片三角形；花瓣卵形，先端圆钝，白色。蓇葖果。

【产地分布】原产我国；分布华北、西北、黄河和长江流域等地，朝鲜亦有分布。

【习性】耐寒，耐热，喜阳，稍耐阴，耐旱，耐瘠薄，忌涝，耐修剪，适应性强，萌芽力强，对土壤要求不严。

【成株生长发育节律】北京地区在 3 月下旬萌动，绿期至 12 月。花期 6 月，果期 8 ～ 9 月。

【繁殖栽培技术要点】秋季扦插，在生长期适时浇水，栽培管理粗放。

【应用】丛植、片植、坡地和岩石。

麻叶绣线菊 *Spiraea cantoniensis* 又名麻叶绣球

科属：蔷薇科绣线菊属

【植物学特征】落叶灌木，株高1～2m。小枝圆柱形，呈拱形弯曲，幼时暗红褐色，无毛。叶片菱状长圆形，先端急尖，基部楔形，边缘自近中部以上有缺刻状锯齿，上面深绿色，下面灰蓝色，两面无毛，有羽状叶脉。伞形花序，具多数花朵；花瓣近圆形或倒卵形，先端微凹或圆钝，白色。蓇葖果，直立。

【产地分布】原产我国；常见栽培。

【习性】耐寒，耐热，喜阳，稍耐阴，耐旱，忌涝，耐修剪，适应性强，对土壤要求不严。

【成株生长发育节律】北京地区在3月下旬萌动，绿期至12月。花期5～6月，果期8～9月。

【繁殖栽培技术要点】秋季播种或扦插，在生长期适时浇水，栽培管理粗放。

【应用】丛植、片植、坡地和疏林下。

柳叶绣线菊 *Spiraea salicifolia*

科属：蔷薇科绣线菊属

【植物学特征】落叶灌木，株高1～2m。小枝稍有棱角，黄褐色，嫩枝具短柔毛。叶长圆状披针形，先端突尖或渐尖，具锐锯齿，有时为重锯齿，两面无毛。圆锥花序，生枝顶，花密集，粉红色。蓇葖果。

【产地分布】原产我国；分布东北、华北和西北等地。

【习性】耐寒，耐热，喜阳，稍耐阴，耐旱，耐湿，耐修剪，适应性强，萌芽力强，宜潮湿气候肥沃土壤。

【成株生长发育节律】北京地区4月上旬萌动，绿期至11月。花期6～8月，果期8～9月。

【繁殖栽培技术要点】秋季播种或扦插，在生长期适时浇水，栽培管理粗放。

【应用】丛植、片植（地被）、草甸和疏林下。

李叶绣线菊 *Spiraea pruniolia*

科属：蔷薇科绣线菊属

【植物学特征】落叶灌木，株高 1～2cm。枝条纤细而开展，呈弧形弯曲，小枝有棱角，幼时密被柔毛，褐色，老时红褐色，无毛。叶卵形至长圆披针形，先端长急尖，基部楔形，边缘有细锐锯齿，羽状脉。伞形花序；萼片三角形；花瓣宽倒卵形，白色。蓇葖果，开张。

【产地分布】原产我国；分布全国南北各地。

【习性】耐寒，耐热，喜阳，稍耐阴，较耐旱，忌涝，耐修剪，适应性强，对土壤要求不严。

【成株生长发育节律】北京地区在 3 月下旬萌动，绿期至 12 月。花期 5～6 月，果期 7～8 月。

【繁殖栽培技术要点】秋季扦插，在生长期适时浇水，栽培管理粗放。

【应用】丛植、片植（地被）和林缘。

粉花绣线菊 *Spiraea japonica* var. *fortunei*

科属：蔷薇科绣线菊属

【植物学特征】落叶灌木，株高 50～100（150）cm。枝条密集，小枝有棱及短毛。单叶互生，叶片长圆状披针形，缘具细密锐锯齿，两面无毛，叶柄短，无毛。复伞房花序生，枝上密被柔毛；花密集，两性花，花具短，花瓣粉红色。蓇葖果。

【产地分布】原产日本和朝鲜；在我国、蒙古和俄罗斯西伯利亚以及欧洲东南部均有分布。

【习性】耐寒，耐热，喜阳，稍耐阴，耐旱，耐瘠薄，耐湿，适应性强，萌芽力强，对土壤要求不严。

【成株生长发育节律】北京地区在 3 月下旬萌动，绿期至 12 月。花期 6～9 月，果期 9～10 月。

【繁殖栽培技术要点】秋季扦插，在生长期适时浇水，栽培管理粗放。

【应用】丛植、片植（地被）、岩石和疏林下。

中华绣线菊 *Spiraea chinensis*

科属：蔷薇科绣线菊属

【植物学特征】落叶灌木，株高 1.5～3m。小枝呈拱形弯曲，红褐色。冬芽卵形，先端急尖，有数枚鳞片，外被柔毛。叶片菱状卵形至倒卵形，先端急尖或圆钝，基部宽楔形或圆形，边缘有缺刻状粗锯齿，或具不明显 3 裂，脉纹深陷。伞形花序具花 16～25 朵；萼筒钟状；萼片卵状披针形；花瓣近圆形，先端微凹或圆钝，白色。蓇葖果。

【产地分布】原产我国；分布华北、西北、西南和黄河以南地区。

【习性】耐寒，喜阳，耐热，耐干旱，耐瘠薄，萌蘖性强，对土壤要求不严。

【成株生长发育节律】北京地区 3 月下旬萌动，绿期至 11 月。花期 5～6 月，果期 8～10 月。

【繁殖栽培技术要点】秋季扦插，在生长期适时浇水，栽培管理粗放。

【应用】丛植和片植。

金山绣线菊 *Spiraea*bumalda* ‘Golden Mound'

科属：蔷薇科绣线菊属

【植物学特征】落叶灌木，株高 30～60cm，新叶金黄色，老叶黄色，夏季黄绿色，枝条呈折线状；叶卵状，叶缘有桃形锯齿；伞形花序；花粉红色。蓇葖果。

金焰绣线菊 *Spiraea* bumlda.* ‘Cold Fiame’

株高 30～60cm，春季叶色红黄相间，上部叶红色，下部叶片黄绿色，犹如火焰；叶卵形至卵状椭圆形。花粉红色。

【产地分布】原产美洲；常见栽培。

【习性】耐寒，喜阳，耐热，耐干旱，耐瘠薄，萌蘖性强，对土壤要求不严。

【成株生长发育节律】北京地区 3 月下旬萌动，绿期至 11 月。花期 5～6 月，果期 8～10 月。

【繁殖栽培技术要点】秋季扦插，在生长期适时浇水，栽培管理粗放。

【应用】丛植和片植（地被）。

金焰绣线菊

多花蔷薇 *Rosa multiflora* 又名野蔷薇

科属：蔷薇科蔷薇属

【植物学特征】落叶灌木，植株丛生，蔓延或攀缘，小枝细长，多被皮刺，无毛。叶互生，羽状复叶，小叶 5～7（9），倒卵状圆形至长圆形，先端急尖，边缘有锐锯齿，两面有短柔毛，叶轴与柄都有短柔毛或腺毛；托叶与叶轴基部合生，边缘篦齿状分裂，有腺毛。多花簇生组成圆锥状聚伞花序；花多朵，有单瓣和重瓣；花白色，重瓣，具芳香。果近球形，红褐色或黄褐色。

白玉棠蔷薇 ***R.* 'Alboplena'**

枝铺散，无刺或少刺，花重瓣，白色。

粉团蔷薇 **var. *cathayensis***

叶大，小叶常 5～7 枚，花单瓣，粉红色。

七姊妹蔷薇 ***f. multiflora* var. *platyphylla***

枝铺地蔓性生长，花重瓣，红色。

黄蔷薇 ***R. hugonis***

枝具扁刺及刺毛，小叶 5～13 枚，卵状椭圆形、倒卵状椭圆形至椭圆形，花瓣黄色，果球形或扁球形，暗红色。

【产地分布】原产我国；广泛分布亚洲、欧洲、北非、北美洲及亚热带地区。

【习性】耐寒，喜光，稍耐阴，耐热，耐旱，耐瘠薄，耐碱盐，萌蘖力强，对土壤要求不严。

【成株生长发育节律】北京地区常 3 月下旬萌动，绿期至 11 月。花期 5～6 月，果期 7～10 月。

【繁殖栽培技术要点】秋季播种、扦插或压条，在生长期适时浇水，栽培管理粗放，注意通风。

【应用】丛植、片植（地被）、林缘下、坡地、棚架、花篱和蜜源。

七姊妹蔷薇

白玉棠蔷薇

粉团蔷薇

黄蔷薇

蔷薇果

月季 *Rosa chinensis*

科属：蔷薇科蔷薇属

【植物学特征】落叶灌木或小乔木，株高0.5～3m。小枝具钩状而基部膨大的皮刺，无毛。羽状复叶，小叶3～5（7），宽卵形或卵状长圆形，先端渐尖，基部宽楔形，边缘具粗糙锯齿，上面绿色有光泽，下面色较浅，两面无毛。花单生或数朵聚生成伞房状；花单瓣、重瓣，花瓣倒卵形，先端常外卷，黄、红、紫、粉、白色和复色等花色丰富，品种很多。蔷薇果。

原始种 *Species Roses*

为原始月季种，初夏一季开花，秋季结果。

树状月季 *Tree Roses*

小乔木，株高2～3m。树干明显，一般以蔷薇 *R. multiflora* 作砧木，大花月季 *Grandiflora Rosees* 作接穗。

大花月季 *Grandiflora Roses*

株高0.8～1.5m，茎粗壮直立，分枝多，花多，花色多样，花大，多色，重瓣，多数品种具芳香。

丰花月季 *Floribunda Roses*

株高0.5～1.2m，茎粗壮直立，分枝多，花多，花色多样，花中型，多色，有单重瓣。

藤本月季 *Climbing Roses*

藤性灌木，干茎柔软细长呈藤木状或蔓状，可达3～4m，花单生或聚生，花型各异，花多，多色，花有大中小型，有单重瓣，部分品种具芳香。

微型月季 *Miniature Roses*

株型矮小，枝茎细密而坚韧，分枝多，叶小，花多，花小型，有单重瓣。

地被月季 *Ground Cover Roses*

植株藤状，呈匍匐扩张型，高度不超过30cm，覆盖面大，花多，花中型，有单重瓣。

【产地分布】原产我国；常见栽培。

【习性】耐寒，耐热，喜阳，耐旱，耐湿，萌蘖性强，适宜疏松肥沃排水良好的土壤。

【成株生长发育节律】北京地区3月下旬萌动，绿期至12月。花期5～10月，果期9～11月。

【繁殖栽培技术要点】秋季扦插或嫁接，在生长期适时浇水，栽培管理粗放。

【应用】花坛、花镜、丛植、片植（地被）、攀缘（藤本月季）和食用。

树状月季（园艺品种）

原始种月季

大花月季(园艺品种)

花魂

古龙

坦尼克

丹顶

绿云

香金

彩云

红双喜

我的选择

亚里克红

丰花月季（园艺品种）

冰山

金玛莉

橘红潮

仙境

曼海姆

杏花村

藤本月季

御用马车

金秀娃

蓝精灵

光谱

阿伯斯特

橘红女王

多特蒙德

地被月季（园艺品种）

微型月季（园艺品种）

小女孩（微型）

彩虹（微型）

玫瑰 *Rosa rugosa*

科属：蔷薇科蔷薇属

【植物学特征】落叶直立灌木，株高1～2m。枝干粗壮，丛生，有皮刺或针刺，密生短绒毛。羽状复叶，小叶5～9枚，椭圆形至椭圆状倒卵形，端尖或稍钝，基部圆形或广楔，上面有光泽，皱褶，下面灰绿色，有绒毛及腺毛，网脉较浅。花单生或数朵簇生；花紫红色，花径8～10cm，单瓣和重瓣，芳香。蔷薇果，扁球形。

白玫瑰 *R*. 'Alba'

花白色，单瓣。

四季玫瑰 *R*. 'Four Seasons'

花深紫红色，花期5～9月。

【产地分布】原产我国；分布东北、华北、西北和西南等地。

【习性】耐寒，耐热，喜阳，较耐旱，耐盐碱，耐湿，萌蘖性强，适应性强，对土壤要求不严。

【成株生长发育节律】北京地区3月下旬萌动，绿期至11月。花期5～7月，果期9～11月。

【繁殖栽培技术要点】秋季播种、扦插或压条，在生长期适时浇水，注意通风、排水。

【应用】丛植、片植、食用、香精、药用和香用。

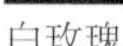

白玫瑰

四季玫瑰

欧李 *Prunus humilis*

科属：蔷薇科李属

【植物学特征】落叶灌木，株高0.8～1.5m。分枝多，呈丛生状，枝条细密，柔软。叶长圆状倒卵形至长圆状披针形，先端急尖，基部楔形，边缘有细密锯齿，两面无毛，网脉较浅。花与叶同时开放，1～2朵生于叶腋；花淡红、橘黄和白等色。核果，近圆形，鲜红色和紫色，味酸。

毛叶欧李 *P. dictyoneura*

与欧李的主要区别：叶椭圆形、长圆形或长圆状披针形，下面密被黄色短绒毛，网脉明显。

【产地分布】原产我国；分布东北、华北、西北和江南等地。

【习性】耐寒，耐热，喜阳，稍耐阴，耐旱，耐瘠薄，耐湿，耐修剪，适应性强，萌芽力强，对土壤要求不严。

【成株生长发育节律】北京地区在3月中旬萌动，绿期至12月。花期3月下旬至4月，果期7～8月。

【繁殖栽培技术要点】秋季播种或扦插，在生长期适时浇水，栽培管理粗放。

【应用】丛植、片植（地被）、疏林下、食用和药用。

毛叶欧李

棣棠花 *Kerria japonica*

科属：蔷薇科棣棠属

【植物学特征】落叶灌木，株高1～2m。小枝绿色，有棱，无毛。叶互生，三角状卵形或卵形，长2～8cm，先端渐尖，基部圆形或截形，边缘有锐重锯齿，上面无毛或有稀疏柔毛，下面沿脉或脉腋有柔毛。花单生于侧枝顶端；花黄色。瘦果，黑色。

重瓣棣棠 var. *pleniflora*

花黄色，重瓣。花期5～10月。

【产地分布】原产我国；分布华北以南地区，日本也有分布。

【习性】耐寒，喜阳，稍耐阴，耐热，耐旱，耐瘠薄，耐湿，萌蘖力强，对土壤要求不严。

【成株生长发育节律】北京地区4月上旬萌动，绿期至11月。花期5～6月，果期7～8月。

【繁殖栽培技术要点】秋季扦插，在生长期适时浇水，栽培管理粗放。

【应用】丛植、片植（地被）、坡地、林缘下和花篱。

重瓣棣棠

黄刺梅 *Rosa xanthina*

科属：蔷薇科蔷薇属

单瓣黄刺梅

【植物学特征】落叶灌木，株高 1～3m。枝常为拱形；小枝褐紫色，具直立皮刺，皮刺基部扁平。羽状复叶，小叶 7～13 枚，近圆形或广椭圆形，基部近圆形，稍偏斜，先端圆钝，边缘有重钝锯齿，表面无毛，背面幼时微被柔毛。花单生于短枝顶端；花瓣重瓣，广倒卵形，黄色。瘦果，近球形，红褐色，平滑。

单瓣黄刺梅 *f. normalis*

花单瓣。

【产地分布】原产我国；分布东北、华北、西北和西南等地。

【习性】耐寒，喜阳，稍耐阴，耐热，耐干旱，耐瘠薄，耐碱盐，忌涝，耐修剪，萌蘖性强，适应性强，对土壤要求不严，但宜土层深厚、肥沃土壤。

【成株生长发育节律】北京地区 3 月下旬萌动，绿期至 11 月。花期 5～7 月，果期 8～9 月。

【繁殖栽培技术要点】秋季播种扦插，在生长期适时浇水，栽培管理粗放。

【应用】丛植、片植（地被）和花篱。

风箱果 *Physocarpus amurensis*

科属：蔷薇科风箱果属

【植物学特征】落叶灌木，株高 2～3m。树皮成纵向剥裂，小枝圆柱形，稍弯曲。叶片三角卵形至宽卵形，先端急尖或渐尖，基部心形或近心形，稀截形，边缘有重锯齿，下面微被星状毛与短柔毛，沿叶脉较密。花序伞形总状；萼裂片三角形；花瓣倒卵形，先端圆钝，白色。蓇葖果，膨大，卵形。

【产地分布】原产我国；分布东北和华北等地，朝鲜和俄罗斯远东地区也有分布。

【习性】耐寒，喜阳，耐阴，耐热，耐旱，耐瘠薄，耐湿，适应性强，萌蘖性强，适宜疏松肥沃排水良好的土壤。

【成株生长发育节律】北京地区 3 月下旬萌动，生长期至 11 月。花期 6～7 月，果期 7～8 月。

【繁殖栽培技术要点】秋季扦插，在生长期适时浇水，栽培管理粗放。

【应用】丛植、片植、林缘和榨油。

金叶风箱果 *Physocarpus opulifolius* var.*luteus*

科属：蔷薇科风箱果属

【植物学特征】落叶灌木，株高 1～2m。小枝圆柱形，稍弯曲，幼时紫红色，老时灰褐色。叶三角卵形至宽卵形，先端急尖或渐尖，基部心形或近心形，稀截形，通常基部 3 裂，稀 5 裂，边缘有重锯齿。叶黄色。顶生伞形总状花序，总花梗和花梗密被星状柔毛；花白色。蓇葖果，膨大呈卵形，光滑。

紫叶风箱果 *P. amurensis* 'Summer Wine'

叶片生长期紫红色。

【产地分布】原产北美洲；常见栽培。

【习性】耐寒，喜阳，耐阴，耐热，耐干旱，耐瘠薄，耐湿，适应性强，萌蘖性强，适宜疏松肥沃排水良好的土壤。

【成株生长发育节律】北京地区 3 月下旬萌动，生长期至 11 月。花期 5 月，果期 6～7 月。

【繁殖栽培技术要点】秋季扦插，在生长期适时浇水，栽培管理粗放。

【应用】丛植、片植（地被）、林缘下。

秋季

紫叶风箱果

毛樱桃 *Cerasus tomentosa*

科属：蔷薇科李属

【植物学特征】落叶灌木，株高2～3m。嫩枝密被绒毛。叶倒卵形至椭圆形，先端急尖，锯齿常不整齐，表面有皱纹，被短绒毛，背面密生长绒毛。花1～3朵，先于叶或与叶同时开；花白色或略带浅粉色。核果，近球形，红色。

日本晚樱 var. *lannesiana* f. *hata-zakura*

叶缘具芒刺，尖甚长；花大型，粉红色，重瓣。

樱桃 *C. pseudocerasus*

叶缘具大小不等的重锯齿，锯齿上有腺体，上面无毛或微具毛，下面被稀疏柔毛。萼片卵圆形或长圆状三角形，花后反折；核果有红、紫、黄等色。

【产地分布】原产我国；分布东北、华北和西南等地。

【习性】耐寒，喜阳，稍耐阴，耐热，耐旱，耐瘠薄，适宜疏松肥沃排水良好的土壤。

【成株生长发育节律】北京地区3月下旬萌动，生长期至11月。花期4月，果期5～6月。

【繁殖栽培技术要点】秋季播种或扦插，在生长期适时浇水，栽培管理粗放。

【应用】孤植、丛植、片植、花篱和食用。

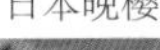

日本晚樱

樱桃

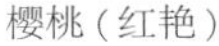

樱桃（红艳）

樱桃（红灯）

樱花 *Prunus serrulata* 又名山樱桃

科属：蔷薇科李属

【植物学特征】落叶小乔木，株高 2～7m。树皮暗褐色，具横纹，小枝无毛。叶卵形至卵状椭圆形，边缘具芒状单齿或重齿，两面无毛。叶表面深绿色，富有光泽，背面稍淡。伞房状总状花序，具花 3～5 朵；萼片水平开展，花瓣先端有缺刻，花白色或淡粉红色，花径 2.5～4cm。核果，球形，紫黑色。

【产地分布】原产北半球温带环喜马拉雅山地区；分布中国、日本、印度北部和朝鲜等地。

【习性】耐寒，喜光，耐热，忌涝，夏季高温高湿易发生流胶，对大气污染抗性差，宜肥沃透气性好的土壤。

【成株生长发育节律】北京地区 3 月下旬萌动，绿期至 11 月。花期 4 月，果期 6 月。

【繁殖栽培技术要点】秋季播种或扦插，在生长期适时浇水，栽培管理粗放。

【应用】孤植、丛植、片植和行道树。

李 *Prunus salicina* 又名李子

科属：蔷薇科李属

【植物学特征】落叶小乔木，株高 3～8m。枝条幼时灰绿色，后变为红褐色，无毛。叶倒卵形至椭圆状倒卵形，先端渐尖，基部楔形，边缘有圆钝重锯齿，上面深绿色，有光泽，两面均无毛，有时下面沿主脉有稀疏柔毛或脉腋有髯毛。花 3 朵簇生；萼片长卵形；花瓣长圆倒卵形，白色。核果，球形，有皱纹。

【产地分布】原产我国；全国南北各地广泛栽培。

【习性】耐寒，喜阳，稍耐阴，耐热，怕涝，适应性强，宜疏松肥沃排水良好的土壤。

【成株生长发育节律】北京地区 3 月下旬萌动，绿期至 11 月。花期 4～5 月，果期 7～8 月。

【繁殖栽培技术要点】秋季扦插，在生长期适时浇水，栽培管理粗放。

【应用】孤植、丛植、片植和食用。

麦李 *Prunus glandulosa*

科属：蔷薇科李属

【植物学特征】落叶灌木，株高 1.5～2m。叶披针状椭圆形至广披针形，长 3～6cm，先端急尖而常圆钝，基部广楔形，最宽处在中部，缘有细钝齿，两面无毛或背面中肋疏生柔毛。总状花序，花粉红或近白色，重瓣。核果，椭圆形。

【产地分布】原产我国；分布北部和中部等地。

【习性】耐寒，喜阳，稍耐阴，耐热，耐旱，耐湿，适宜疏松肥沃排水良好的土壤。

【成株生长发育节律】北京地区 4 月上旬萌动，绿期至 11 月。花期 4～5 月，果期 6～7 月。

【繁殖栽培技术要点】秋季扦插，在生长期适时浇水，栽培管理粗放。

【应用】孤植、丛植和片植。

秋季

紫叶李 *Prunus cerasifera* var. *atropurpurea*

科属：蔷薇科李属

【植物学特征】落叶小乔木，株高3～8m。树皮紫灰色，小枝淡红褐色，整株树杆光滑无毛。单叶互生，叶卵圆形或长圆状披针形，先端短尖，基部楔形，缘具尖细锯齿，羽状脉5～8对，两面无毛或背面脉腋有毛，色暗绿或紫红，叶柄光滑多无腺体，叶紫色。花单生或2朵簇生，淡粉白色，花叶同放。核果，近球形，熟时黄、红或紫色。

红叶李 *f. ceraifera atropurpurea*

叶常年紫红色，树皮紫灰色，小枝淡红褐色，整株树杆光滑无毛。

太阳李 *f. ceraifera* 'Prunus'

叶红色而光滑，叶自开春至深秋呈红色。

紫叶矮樱 *Prunus* × *cistena*

为紫叶李和矮樱杂交种，株高1.5～2.5m，冠幅1.5～2.8m，枝条幼时紫褐色，老枝有皮孔。树形紧凑，叶片稠密，紫红色在整个叶片生长周期中稳定，色感表现非常好。

【产地分布】原产中亚和我国；分布东北、华北、西北和西南等地。

【习性】耐寒，喜阳，耐阴，耐热，耐干旱，适应性强，适宜疏松肥沃排水良好的土壤。

【成株生长发育节律】北京地区3月下旬萌动，绿期至11月。花期4～5月，果期7～8月。

【繁殖栽培技术要点】秋季播种或扦插或嫁接，在生长期适时浇水，栽培管理粗放。

【应用】孤植、丛植、片植、林缘。

太阳李

红叶李

紫叶矮樱

重瓣郁李 *Prunus japonica* var. *kerii*

科属：蔷薇科李属

【植物学特征】落叶灌木，株高1～1.5m。小枝灰褐色，嫩枝绿色或绿褐色，无毛。叶片卵形或卵状披针形，长4～7cm，先端渐尖，基部圆形，最宽处在下部，边有缺刻状尖锐重锯齿，上面深绿色，下面淡绿色。花1～3朵，簇生，花叶同开或先叶开放；花粉红色，重瓣。核果，近球形，深红色。

【产地分布】原产我国；分布东北、华北、黄河和长江流域等地，朝鲜和日本也有分布。

【习性】耐寒，喜阳，耐热，耐干旱，耐瘠薄，耐湿，适应性强，对土壤要求不严。

【成株生长发育节律】北京地区3月下旬萌动，绿期至11月。花期5月，果期7～8月。

【繁殖栽培技术要点】秋季扦插，在生长期适时浇水，栽培管理粗放。

【应用】孤植、丛植和片植。

稠李 *Prunus padus*

科属：蔷薇科李属

【植物学特征】落叶乔木，也有灌木状。树干皮灰褐色或黑褐色，浅纵裂，小枝紫褐色，有棱。叶椭圆形，卵形至倒卵形，长6～16cm，宽3～6cm，先端急尖，基部宽楔形或圆形，缘具尖细锯齿，叶面绿色，叶背灰绿色，仅脉腋有毛。腋生总状花序，下垂，花瓣白色，略有异味。核果，近球形，黑色。

‘紫叶’稠李 *P. padus virginiana* ‘Red Selectshrub’

株高3～5m，树皮具鳞状裂片，小枝光滑。夏秋季叶紫色；花粉红色。原产北美洲，常见栽培。

【产地分布】原产我国；分布东北、华北、西北和黄河流域等地。

【习性】耐寒，喜阳，稍耐阴，耐热，耐旱，耐湿，适宜疏松肥沃排水良好的土壤。

【成株生长发育节律】北京地区4月上旬萌动，绿期至11月。花期5～6月，果期7～9月。

【繁殖栽培技术要点】秋季扦插，在生长期适时浇水，栽培管理粗放。

【应用】孤植、丛植和片植。

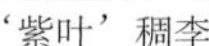

‘紫叶’稠李

山桃 *Prunus davidiana*

科属：蔷薇科李属

【植物学特征】落叶小乔木，株高4～10m。树皮暗紫色，光滑有光泽。叶片卵状披针形，长5～13cm，宽2～4cm，先端长渐尖，基部楔形，两面无毛，叶边具细锐锯齿。花单生，先于叶开放，直径2～3cm；花瓣倒卵形或近圆形，粉红色和白色。核果，近球形。

【产地分布】原产我国；分布东北南部、华北、西北和黄河流域等地。

【习性】耐寒，喜阳，耐热，耐干旱，耐瘠薄，怕涝，适应性强，对土壤要求不严。

【成株生长发育节律】北京地区3月上旬萌动，绿期至11月。花期3～4月，果期7～8月。

【繁殖栽培技术要点】秋季扦插，在生长期适时浇水，栽培管理粗放。

【应用】孤植、丛植、片植、坡地、林缘、作砧木（嫁接桃）、食用和蜜源。

桃 *Prunus persica*

科属：蔷薇科李属

【植物学特征】落叶小乔木，株高3～7m。嫩枝无毛，有光泽。老时粗糙呈鳞片状，暗红褐色，叶卵圆状披针形，先端长渐尖，基部楔形，上面无毛，下面在脉腋间具少数短柔毛或无毛，边缘有细齿，叶基具有腺点。花单生，先于叶开放；萼片卵形；花瓣长圆状椭圆形，粉红色或白色。核果球形。

‘白碧’桃 *P. persica* ‘Bai Bitao’

是桃花和山桃的天然杂交种。树体高大树皮光滑，深灰色或暗红褐色；小枝细长，黄褐色。花重瓣，白色。

‘红碧’桃 *P. persica* ‘Hong Bitao’

花重瓣，红色。

‘菊花’桃 *P. persica* ‘Kikoumomo’

因花形酷似菊花而得名，花重瓣，红色和粉色。

紫叶碧桃 *f. atropurpurea plena*

叶紫色；花单瓣，红色。

‘紫叶’桃 *P. persica* ‘Zi Ye Tao’

叶先紫红色后渐变绿；花重瓣深红色。

【产地分布】原产我国；全国南北各地广泛栽培。

【习性】耐寒，喜阳，稍耐阴，耐热，耐旱，怕涝，适应性强，适宜疏松肥沃排水良好的土壤。

【成株生长发育节律】北京地区3月下旬萌动，绿期至11月。花期4～5月，果期6～9月。

【繁殖栽培技术要点】秋季扦插，在生长期适时浇水，栽培管理粗放。

【应用】孤植、丛植、片植和食用。

‘白碧’桃

‘红碧’桃

‘紫叶’桃

紫叶碧桃

‘菊花’桃

梅花 *Prunus mume*

科属：蔷薇科李属

【植物学特征】落叶小乔木，株高 3～6m。树皮淡灰色，干呈褐紫色，多纵驳纹。小枝细长，呈绿色，无毛，先端刺状。单叶互生，叶片椭圆状宽卵形，边缘具细锯齿。1～3 朵簇生于二年生侧枝叶腋，先叶开花，具芳香；花瓣宽倒卵形，有白、红、粉红等色。核椭圆形，味酸。

杏梅 var. *bungo*

枝叶介于梅杏之间，花托肿大、梗短、花呈杏花形，多为复瓣，水红色，瓣爪细长，花不香，似杏，果味酸、果核表面具蜂窝状小凹点，又似梅。抗寒性和抗逆性强。

【产地分布】原产我国；分布黄河、长江流域和西南等地。

【习性】较耐寒，喜阳，喜湿润气候，耐热，忌涝，对土壤要求不严。

【成株生长发育节律】北京地区 3 月下旬萌动，绿期至 11 月。花期 4 月，果期 5～6 月。

【繁殖栽培技术要点】秋季嫩枝扦插或压条扦插，在生长期适时浇水，栽培管理粗放。

【应用】孤植、丛植、片植和药用。

杏梅

榆叶梅 *Prunus triloba*

科属：蔷薇科李属

【植物学特征】落叶灌木，株高 2～5m。枝细小光滑，红褐色，主干树皮剥裂。叶宽卵形至倒卵圆形，长 3～6cm，先端渐尖，常 3 裂，基部广楔形，边缘有粗锯齿，上面疏被毛或无毛。花单生或两朵并生，先叶开放；花粉红色、粉色和白色等，有单瓣、半重瓣和重瓣。核果。

鸾枝榆叶梅 *P. triloba atropurpurea*

花玫瑰紫红色，半重瓣或重瓣，花枝密集。

白花榆叶梅 *P.* 'White Flowering Plum'

花白色，半重瓣。

【产地分布】原产我国；全国南北各地均有分布。

【习性】耐寒，喜阳，耐阴，耐热，耐旱，耐湿，适应性强，适宜疏松肥沃排水良好的土壤。

【成株生长发育节律】北京地区 3 月下旬萌动，绿期至 11 月。花期 4～5 月，果期 6～7 月。

【繁殖栽培技术要点】秋季播种或嫁接，在生长期适时浇水，栽培管理粗放。

【应用】孤植、丛植、片植和林缘下。

白花榆叶梅

鸾枝榆叶梅

美人梅 *Prunus blireiane*

科属：蔷薇科李属

【植物学特征】落叶灌木或小乔木，株高2～6m。枝直上或斜伸，小枝细长紫红色。叶互生，广卵形至卵形，先端渐尖，基部广楔形，叶缘有细锯齿，叶被生有短柔毛。花色浅紫，重瓣，先叶开放。核果球形。

【产地分布】梅与紫叶李杂交品种。

【习性】耐寒，喜阳，耐热，耐瘠薄，宜肥沃的湿润土壤。

【成株生长发育节律】北京地区4月中旬萌动，绿期至11月。花期4～5月，果期6～7月。

【繁殖栽培技术要点】秋季扦插，在生长期适时浇水，栽培管理粗放。

【应用】孤植、丛植和片植。

杏 *Prunus armeniaca*

科属：蔷薇科李属

【植物学特征】落叶小乔木，株高3～7m。小枝褐色或红紫色，有光泽，无毛。叶卵圆形或近圆形，长5～9cm，宽4～5cm，先端具短尾尖，基部圆形或渐狭，边缘具钝锯齿，两面无毛或仅在脉腋处具毛。花单生，先叶开放；花白色或浅粉色。核果，黄白色至黄红色。

山杏 var. *ansu*

株高较矮小；叶卵圆形，边缘具细锯齿；花2朵并生，稀为3簇生；核果密被绒毛，果红色或橙红色。

【产地分布】原产我国；分布东北南部、华北、西北和黄河流域等地，俄罗斯西伯利亚地区也有分布。

【习性】耐寒，喜阳，耐热，耐干旱，耐瘠薄，耐盐碱，怕涝，适应性强，对土壤要求不严。

【成株生长发育节律】北京地区3月上旬萌动，绿期至11月。花期3～4月，果期6～7月。

【繁殖栽培技术要点】播种、扦插或嫁接，在生长期适时浇水，栽培管理粗放。

【应用】孤植、丛植、片植、食用、药用和蜜源。

山杏

珍珠梅 *Sorbaria kirilowii* 又名华北珍珠梅

科属：蔷薇科珍珠梅属

【植物学特征】落叶灌木，株高 2～3m。枝无毛。奇数羽状复叶，小叶 13～17，小叶无柄，披针形，先端渐尖，基部圆形或宽楔形，边缘具尖锐重锯齿，两面无毛；托叶线状披针形，全缘，边缘稍有毛。大圆锥花序，顶生，直长径 7～12cm；萼片圆卵形，先端钝；花瓣近圆形或宽卵形，白色。蓇葖果，长圆柱形。

【产地分布】原产亚洲北部；分布华北、西北、中原和西南等地。

【习性】耐寒，喜阳，耐阴，耐热，耐旱，耐瘠薄，耐湿，适应性强，萌蘖力强，适宜疏松肥沃排水良好的土壤。

【成株生长发育节律】北京地区常 3 月下旬萌动，绿期至 11 月。花期 6～8 月，果期 9～10 月。

【繁殖栽培技术要点】秋季播种、扦插，在生长期适时浇水，栽培管理粗放。

【应用】孤植、丛植、片植和林下。

火棘 *Pyracantha fortuneana* 又名火把果

科属：蔷薇科火棘属

【植物学特征】落叶灌木，株高 1～3m。枝拱形下垂，幼时有锈色绒毛，侧枝短刺状。叶倒卵状长椭圆形，先端圆或微凹，缘齿疏钝，基部渐狭而全缘，两面无毛。复伞房花序；花瓣近圆形，花白色。小梨果，近球形，红色。

【产地分布】原产我国；分布中国西北、黄河流域和西南等地。

【习性】较耐寒，喜阳，耐热，耐旱，耐贫瘠，耐碱盐，对土壤要求不严。

【成株生长发育节律】北京地区小气候条件下 4 月下旬萌动，绿期至 11 月。花期 4～5 月，果期 8～11 月。

【繁殖栽培技术要点】秋季播种、扦插，在生长期适时浇水，栽培管理粗放。

【应用】丛植、片植和岩石。

西府海棠 *Malus micromalus* 又名海棠花

科属：蔷薇科苹果属

【植物学特征】落叶小乔木，株高 3～6m。小枝圆柱形，幼时被短柔毛，老时脱落，紫褐色或暗褐色。叶片椭圆形至长椭圆形，长 5～10cm，宽 3～5cm，先端渐尖或急尖，基部宽楔形，边缘有尖锐锯齿，有时部分全缘，老时两面无毛。伞形总状花序，具花 4～6 朵；花初开放时粉红色至红色，后期变白色。梨果，近球形，黄色或红色。

白花西府海棠 *M. micromalus* 'White House'

花白色。

火焰海棠 *M. micromalus* 'Flame'

小枝紫红色；花单生于短枝端，花淡红色；果长椭圆体形，深黄色，具光泽。园艺品种。

绚丽海棠 *M. micromalus* 'Radicant'

树形紧密，干棕红色，小枝暗紫，树皮纵裂，多刺状短枝；新叶红色；花深粉红色，鲜艳；果实红艳如火，灯笼形果实。园艺品种。

北美海棠 *M. micromalus* 'American'

树型紧凑，分枝多变；叶色上由绿色到紫色；花有粉色、红色、紫红、桃红等，有香气；果大，果多，色泽鲜艳。园艺品种。

珍珠海棠 *M. micromalus spectabilis*

树皮灰褐色；叶表面深绿色而有光泽，背面灰绿色并有短柔毛；花未开时红色，开后渐变为粉红色，多为半重瓣；果黄绿色。园艺品种。

瓢虫海棠 *M. micromalus* 'Coccinella'

多分枝；花粉色。园艺品种。

【产地分布】原产我国；分布东北、华北、西北和西南等地。

【习性】耐寒，喜阳，耐阴，耐热，耐旱，耐湿，适应性强，适宜疏松肥沃排水良好的土壤。

【成株生长发育节律】北京地区 3 月下旬萌动，绿期至 11 月。花期 4～5 月，果期 9～10 月。

【繁殖栽培技术要点】秋季扦插，在生长期适时浇水，栽培管理粗放。

【应用】孤植、丛植、片植、疏林下和食用。

白花西府海棠

绚丽海棠

火焰海棠

瓢虫海棠

珍珠海棠

北美海棠

垂丝海棠 *Malus halliana*

科属：蔷薇科苹果属

【植物学特征】落叶小乔木，株高3～5m。树冠开展，小枝细弱，微弯曲，圆柱形，紫色或紫褐色。叶片卵形或椭圆形至长椭卵形，先端长渐尖，基部楔形至近圆形，边缘有圆钝细锯齿，中脉有时具短柔毛，其余部分均无毛，上面深绿色，有光泽并常带紫晕。伞房花序，花梗长而下垂；花开时浅玫瑰红色，开放后浅粉色。果实梨形或倒卵形，浅紫色。

【产地分布】原产我国；分布陕西西、西南和长江流域等地。

【习性】耐寒，喜阳，稍耐阴，耐热，耐干旱，适宜疏松肥沃排水良好的土壤。

【成株生长发育节律】北京地区3月下旬萌动，绿期至11月。花期4～5月，果期9～10月。

【繁殖栽培技术要点】秋季播种、扦插或嫁接，在生长期适时浇水，栽培管理粗放。

【应用】孤植、丛植、片植、林缘下和食用。

红宝石海棠 *Malus micromalus* cv. 'Ruby'

科属：蔷薇科苹果属

【植物学特征】落叶小乔木，株高 2～4m。树干直立，小枝纤细；树皮棕红色，树皮块状剥落。叶长椭圆形，锯齿尖，先端渐尖，密被柔毛，新生叶鲜红色，叶面光滑细腻，润泽鲜亮。伞形总状花序，花蕾粉红色，花瓣呈粉红色至玫瑰红色，半重瓣或重瓣，花瓣较小，初开绉缩。梨果，紫红色。

【产地分布】产自北美洲；栽培品种。

【习性】耐寒，喜阳，稍耐阴，耐热，耐旱，耐湿，适应性强，适宜疏松肥沃排水良好的土壤。

【成株生长发育节律】北京地区 3 月下旬萌动，绿期至 11 月。花期 4～5 月，果期 9～10 月。

【繁殖栽培技术要点】秋季扦插，在生长期适时浇水，栽培管理粗放。

【应用】孤植、丛植、片植、林缘和食用。

山荆子 *Malus baccata*

科属：蔷薇科苹果属

【植物学特征】落叶小乔木，树高 3～8m。嫩枝细弱，无毛，红褐色。叶椭圆形或卵形，长 3～8cm，宽 2～4cm，先端渐尖，基部楔形或近圆形，叶缘具细锯齿，两面无毛。伞形花序，有 4～6 朵花；花白色。果近球形，红色或黄色。

【产地分布】原产我国；分布东北、华北、西北和黄河流域等地，朝鲜和俄罗斯远东地区也有分布。

【习性】耐寒，喜阳，耐热，耐干旱，耐瘠薄，适应性强，对土壤要求不严。

【成株生长发育节律】北京地区 3 月下旬萌动，绿期至 11 月。花期 4～5 月，果期 8～9 月。

【繁殖栽培技术要点】秋季扦插，在生长期适时浇水，栽培管理粗放。

【应用】孤植、丛植、片植、坡地和作苹果嫁接砧木。

西藏木瓜 *Chaenomeles thibetica*

科属：蔷薇科木瓜属

【植物学特征】落叶灌木或小乔木，株高1.5～3m。通常多刺，刺锥形。小枝屈曲，圆柱形，有光泽，红褐色或紫褐色，多年生枝条黑褐色，散生长圆形皮孔。叶革质，卵状披针形或长圆披针形，先端急尖，基部楔形，全缘，上面深绿色，中脉与侧脉均微下陷，下面密被褐色绒毛，中脉及侧脉均显著突起。花3～4朵簇生。果实长圆形或梨形。

【产地分布】原产我国；分布于西藏波密，我国特有。

【习性】耐寒，喜阳，耐热，耐旱，耐瘠薄，适应性强，对土壤要求不严。

【成株生长发育节律】北京地区3月下旬萌动，绿期至11月。花期4～5月，果期6～8月。

【繁殖栽培技术要点】秋季扦插，在生长期适时浇水，栽培管理粗放。

【应用】丛植和片植。

贴梗海棠 *Chaenomeles speciosa* 又名皱皮木瓜

科属：蔷薇科木瓜属

【植物学特征】落叶灌木，株高1～2m。枝具枝刺，小枝紫褐色或暗褐色。叶片卵形至椭圆形，长3～8cm，宽2～5cm，先端急尖，稀圆钝，基部楔形，边缘具尖锐细锯齿，尖有腺，表面光亮深绿色，背面淡绿色。花先叶开放，花一般3朵簇生枝上；花瓣猩红色、淡红色和粉白色。梨果，球形或卵圆形，黄色或黄绿色，芳香。

【产地分布】原产我国；分布黄河以南地区，缅甸和日本也有分布。

【习性】耐寒，喜阳，耐阴，耐热，耐旱，耐湿，适应性强，适宜疏松肥沃排水良好的土壤。

【成株生长发育节律】北京地区3月下旬萌动，绿期至11月。花期4～5月，果期9～10月。

【繁殖栽培技术要点】秋季扦插可分株，在生长期适时浇水，栽培管理粗放。

【应用】丛植、片植、林缘、山石、食用和药用。

鸡麻 *Rhodotypos scandens*

科属：蔷薇科鸡麻属

【植物学特征】落叶灌木，株高0.5～2m。小枝紫褐色，嫩枝绿色，光滑。叶对生，卵形，先端渐尖，基部圆形至微心形，边缘有尖锐重锯齿，上面幼时被疏柔毛，后脱落几无毛，下面绢状柔毛，老时沿脉被疏柔毛。单花顶生于新梢上；萼片卵状椭圆形；花瓣倒卵形，白色。核果，倒卵形，亮黑色，光滑。

【产地分布】原产我国；分布东北南部、华北、西北、华中和华东等地，日本也有分布。

【习性】耐寒，喜阳，稍耐阴，耐热，耐干旱，耐瘠薄，怕涝，适应性强，适宜疏松肥沃排水良好的土壤。

【成株生长发育节律】北京地区3月下旬萌动，绿期至11月。花期4～5月，果期7～8月。

【繁殖栽培技术要点】播种、扦插或压条，在生长期适时浇水，栽培管理粗放。

【应用】丛植、片植、林缘和药用。

水栒子 *Cotoneaster multiflorus*

科属：蔷薇科栒子属

【植物学特征】落叶灌木，株高4m。小枝棕褐色或灰褐色，无毛。叶卵形或宽卵形，先端圆钝，基部宽楔形，上面无毛，下面或幼时被毛。花多数，5～20朵成疏散的聚伞花序；萼筒钟状；萼片三角形；花白色。果实，近球形，红色。

【产地分布】原产我国；分布东北、华北、西北和西南等地，俄罗斯和亚洲中部也有分布。

【习性】耐寒，喜阳，耐热，耐干旱，耐瘠薄，萌蘖性强，对土壤要求不严。

【成株生长发育节律】北京地区3月下旬萌动，绿期至11月。花期5～6月，果期9～10月。

【繁殖栽培技术要点】播种、扦插，在生长期适时浇水，栽培管理粗放。

【应用】孤植、丛植、片植和林缘。

毛叶水栒子 *Cotoneaster submultiflorus*

科属：蔷薇科栒子属

【植物学特征】落叶灌木，株高 2～4m。小枝细，圆柱形，棕褐色或灰褐色。叶卵形、菱状卵形至椭圆形，先端急尖，基部宽楔形，全缘，上面无毛或幼时微具柔毛，下面具短柔毛。聚伞花序花多数，花瓣平展，卵形或近圆形，白色。梨果，近球形，红色。

【产地分布】原产我国；分布华北、西北和西南等地，亚洲中部也有分布。

【习性】耐寒，喜阳，耐热，稍耐阴，耐干旱，耐瘠薄，萌蘖性强，对土壤要求不严。

【成株生长发育节律】北京地区 3 月下旬萌动，绿期至 11 月。花期 5～6 月，果期 9～10 月。

【繁殖栽培技术要点】秋季扦插，在生长期适时浇水，栽培管理粗放。

【应用】孤植、丛植和片植。

平枝栒子 *Cotoneaster horizontalis*

科属：蔷薇科栒子属

【植物学特征】半常绿或落叶灌木，株高 0.5～1m。枝水平开展成整齐 2 列，叶子在枝条上，一左一右错开排列。叶小，厚革质，近卵形或倒卵形，先端急尖，表面暗绿色，无毛，背面疏生平贴细毛；秋季叶子变红，分外绚丽。花小，无柄，粉红色，花瓣直立倒卵形。梨果，球形，鲜红色。

【产地分布】原产我国；分布西北、西南和华中等地，印度、缅甸、尼泊尔等地也有分布。

【习性】耐寒，喜阳，耐阴，耐热，耐旱，耐瘠薄，耐湿，对土壤要求不严，但喜气候湿润条件。

【成株生长发育节律】北京地区 3 月下旬萌动，绿期至 12 月。花期 5～6 月，果期 9～12 月。

【繁殖栽培技术要点】秋季播种或扦插，在生长期适时浇水，栽培管理粗放。

【应用】丛植、片植（地被）、林缘和岩石。

秋季

山楂 *Crataegus pinnatifida*

科属：蔷薇科山楂属

【植物学特征】落叶小乔木，株高 3～6m。枝密生，有刺，幼枝有柔毛。小枝紫褐色，老枝灰褐色。叶片三角状卵形至棱状卵形，长 6～10cm，宽 4～7cm，先端渐尖，基部截形或宽楔形，有 3～5 羽状深裂片，裂片卵形至卵状披针形，边缘有不规则重锯齿，上面无毛，下面沿中脉和脉腋处有毛。伞房花序，多花，花梗、花柄都有长柔毛；花白色，有独特气味。梨果，近球形，直径 1～1.5cm，深红色。

山里红 var. *major*

又名红果，枝刺少。叶片大，分裂较浅。果形较大，2～2.5cm，深红色，有浅斑。

【产地分布】原产我国；分布东北、华北、西北和黄河流域等地，朝鲜和俄罗斯远东地区也有分布。

【习性】耐寒，喜阳，耐热，耐干旱，耐瘠薄，忌涝，适应性强，在贫瘠土条件下易生萌蘖，宜肥沃、湿润排水良好的土壤。

【成株生长发育节律】北京地区 3 月下旬萌动，绿期至 11 月。花期 5～6 月，果期 9～10 月。

【繁殖栽培技术要点】播种、扦插或嫁接，在生长期适时浇水，栽培管理粗放。

【应用】孤植、丛植、片植、行道树、食用和药用。

山里红

甘肃山楂 *Crataegus kansuensis*

科属：蔷薇科山楂属

【植物学特征】落叶小乔木，株高3～8m。常有刺，小枝紫褐色，无毛。叶宽卵形，4～6cm，宽3～4cm，先端急尖，基部圆形或宽楔形，边缘有3～5对浅裂片和不规则的重锯齿，上面有稀疏柔毛，下面仅中脉有毛。伞房花序，花8～18朵，花梗无毛；花白色。梨果，近球形，直径0.8～1cm，红色或黄橘色。

【产地分布】原产我国；分布华北、西北、西南和黄河流域等地。

【习性】耐寒，喜阳，耐热，耐旱，忌涝，适应性强，对土壤要求不严，在贫瘠土条件下易生萌蘖。

【成株生长发育节律】北京地区3月下旬萌动，绿期至11月。花期5～6月，果期9～10月。

【繁殖栽培技术要点】秋季扦插，在生长期适时浇水，栽培管理粗放。

【应用】孤植、丛植、片植、食用和药用。

绿肉山楂 *Crataegus chlorosarca*

科属：蔷薇科山楂属

【植物学特征】落叶小乔木，株高3～6m。通常刺少，小枝圆柱形，稍有棱角；幼枝紫褐色，老枝黄褐色。叶三角卵形至宽卵形，长5～9cm，宽3～5cm，先端急尖，基部宽楔形，边缘有锐锯齿，通常具3～5对分裂不等的浅裂片，两面散生短柔毛，有时仅在下面或脉腋间有髯毛。伞房花序，少花；花白色。果实，近球形，黑色。

【产地分布】原产我国；分布东北等地，俄罗斯和日本也有分布。

【习性】耐寒，喜阳，耐热，耐旱，耐瘠薄，忌涝，适应性强，对土壤要求不严，在贫瘠土条件下易生萌蘖。

【成株生长发育节律】北京地区3月下旬萌动，绿期至11月。花期5～6月，果期8～10月。

【繁殖栽培技术要点】秋季扦插，在生长期适时浇水，栽培管理粗放。

【应用】孤植、丛植、片植、食用和药用。

白鹃梅 *Exochorda racemosa*

科属：蔷薇科白鹃梅属

【植物学特征】落叶灌木，株高 3～5m。老枝褐色。叶椭圆形、长椭圆形至椭圆状倒卵形，长 3.5～7cm，宽 1.5～4cm，先端圆钝或急尖，基部楔形，全缘，中部以上有疏钝锯齿，两面无毛。总状花序，有 6～10 朵花；花瓣倒卵形，白色。蒴果，倒圆锥形。

【产地分布】原产我国；分布黄河和长江流域等地。

【习性】耐寒，喜阳，稍耐阴，耐热，耐旱，耐瘠薄，好肥沃、湿润土壤。

【成株生长发育节律】北京地区 4 月上旬萌动，绿期至 11 月。花期 5 月，果期 6～8 月。

【繁殖栽培技术要点】秋季扦插，在生长期适时浇水，栽培管理粗放。

【应用】丛植、片植和林缘。

牛迭肚 *Rubus crataegifolius* 又名山楂叶悬钩子

科属：蔷薇科悬钩子属

【植物学特征】落叶灌木，株高 2～3m。茎直立，近顶部分枝，小枝红褐色，有棱，具钩状皮刺。叶宽卵形至近圆形，长 5～15cm，宽 4～13cm，3～5 掌状浅裂或中裂，基部心形或近截形，裂片卵形或长圆状卵形，先端渐尖，边缘有不整齐的粗锯齿，下面沿脉有柔毛和小皮刺。花聚生枝顶或成短伞房花序；花瓣椭圆形，白色。聚合果，近球形。

【产地分布】原产我国；分布东北、华北、西北和黄河流域等地，日本也有分布。

【习性】耐寒，喜阳，耐热，耐干旱，耐瘠薄，耐湿，适应性强，对土壤要求不严。

【成株生长发育节律】北京地区 3 月下旬萌动，绿期至 11 月。花期 5～7 月，果期 8～9 月。

【繁殖栽培技术要点】秋季扦插，在生长期适时浇水，栽培管理粗放。

【应用】丛植、片植、林缘、食用、药用和造纸。

山莓 *Rubus corchorifolius*

科属：蔷薇科悬钩子属

【植物学特征】落叶灌木，株高 1～2m。小枝红褐色，有皮刺，幼枝带绿色，有柔毛及皮刺。叶卵形或卵状披针形，顶端渐尖，基部圆形或略带心形，不分裂或有 3 浅裂，边缘有不整齐的重锯齿，两面脉上有柔毛，背面脉上有细钩刺。花通常单生在短枝上，白色。聚合果，球形。

【产地分布】原产我国；分布东北南部以南各地。

【习性】耐寒，喜阳，耐热，耐瘠薄，耐湿，适应性强，萌蘖性强，对土壤要求不严。

【成株生长发育节律】北京地区 4 月上旬萌动，绿期至 11 月。花期 4～5 月，果期 5～6 月。

【繁殖栽培技术要点】秋季扦插，在生长期适时浇水，栽培管理粗放。

【应用】丛植、片植、坡地、食用和药用。

扁核木 *Prinsepia sinensis* 又名扁胡子

科属：蔷薇科扁核木属

【植物学特征】落叶灌木，株高 1～2m。多分枝，枝、刺直立或弯曲。叶互生，长圆状披针形或长圆状卵形，长 4～7cm，宽 2～3cm，先端渐尖，基部楔形，全缘或疏锯齿，上面深绿色，下面淡绿色，两面无毛。花 1～4 朵，簇生于叶腋；花白黄色。核果，球形，红色。

【产地分布】原产我国；分布东北等地。

【习性】耐寒，喜阳，稍耐阴，耐热，耐干旱，耐瘠薄，耐盐碱，忌涝，适应性强，对土壤要求不严。

【成株生长发育节律】北京地区 4 月上旬萌动，绿期至 11 月。花期 5 月，果期 8～9 月。

【繁殖栽培技术要点】播种，在生长期适时浇水，栽培管理粗放。

【应用】丛植、片植和坡地。

野珠兰 *Stephanandra chinensis*

科属：蔷薇科野珠兰属

【植物学特征】落叶灌木，株高 1～2m。叶片卵形至长卵形，边缘端尖或尾尖，常浅裂并有重锯齿，两面无毛或下面沿叶脉稍有柔毛。圆锥花序顶生；花白色。蓇葖果，近球形。

【产地分布】原产我国；分布黄河和长江流域等地。

【习性】耐寒，喜阳，稍耐阴，耐热，喜湿润、肥沃、忌强光暴晒。

【成株生长发育节律】北京地区 4 月上旬萌动，绿期至 11 月。花期 5～6 月，果期 8～9 月。

【繁殖栽培技术要点】秋季播种或扦插，在生长期适时浇水，栽培管理粗放。

【应用】丛植、片植和林缘。

枸杞 *Lycium chinense*

科属：茄科枸杞属

【植物学特征】落叶灌木，株高 1～2m。枝条细弱，弓状弯曲或俯垂，淡灰色，有纵条纹，小枝顶端锐尖成棘刺状。单叶互生或簇生短枝上，叶片卵形、卵状菱形或卵状披针形，顶端急尖，基部楔形。花在长枝上单生或双生于叶腋，在短枝上则同叶簇生；花冠漏斗状，淡紫色。浆果，卵状，红色。

【产地分布】原产我国；分布华北和西北等地。

【习性】耐寒，喜阳，稍耐阴，耐热，耐旱，耐瘠薄，忌涝，耐盐碱，适宜疏松肥沃排水良好的土壤。

【成株生长发育节律】北京地区 4 月上旬萌动，生长期至 11 月。花期 6～8 月，果期 8～10 月。

【繁殖栽培技术要点】秋季播种或扦插可压条，在生长期适时浇水，栽培管理粗放。

【应用】丛植、片植、河滩、食用和药用。

海仙花 *Weigela poissonii*

科属：忍冬科锦带花属

【植物学特征】落叶灌木，株高 2～5m。小枝粗壮无毛，有时疏被柔毛。叶对生，阔椭圆形、椭圆形或倒卵状，长 7～12cm，宽 3～7cm，先端骤尖，稀尾尖，基部宽楔形，具钝锯齿缘，上表面绿色，中脉及叶柄两边有毛，背面淡绿色，脉间稍有毛。花数朵组成聚伞形花序，腋生；花萼裂片线状披针形；花冠漏斗状，初开时白色、淡红色，渐变成深红色或带紫色。蒴果，长圆形。

【产地分布】原产我国；常见栽培。

【习性】耐寒，喜阳，耐阴，耐热，忌涝，萌蘖性强，耐修剪，对土壤要求不严。

【成株生长发育节律】北京地区 4 月上旬萌动，绿期至 11 月。花期 5～6 月，果期 7～9 月。

【繁殖栽培技术要点】秋季播种、扦插，在生长期适时浇水，栽培管理粗放。

【应用】孤植、丛植、片植和林下。

锦带花 *Weigela florida*

科属：忍冬科锦带花属

【植物学特征】落叶灌木，株高1～3m。当年生枝绿色，被短柔毛；小枝细，紫红色，光滑具微棱。叶片椭圆形或卵状椭圆形，先端渐尖或骤尖，稀为钝圆，基部楔形，叶缘具浅锯齿，两面背短柔毛，沿脉尤密。花着生在枝梢顶端或叶腋，成聚伞花序；花冠漏斗状钟形，外面为粉红色，里面为灰白色。蒴果，柱状。

‘红王子’锦带 *W. florida* ‘Red Prince’

花深红色，极繁茂。

‘红花’锦带 *W. florida* ‘Bristol Ruby’

株冠大，花红色。

‘双色’锦带 *W. florida* ‘ Carnaval’

花呈红色与粉色两种花色并。

花叶锦带 *W. florida* var. *variegata*

叶面和叶缘有黄色白色斑。

‘金叶’锦带 *W. florida* var. ‘Golden’

是红王子锦带W. ‘Red Prince’的优良芽变品种，叶金黄色，花红色，花期6～10月。

‘紫叶’锦带 *W. florida* ‘Foliia Purpureis’

春季叶紫红色，花深粉红色。

奥博尔锦带 *W. coraeensis*

花非常浓密，花粉色。

【产地分布】原产我国；分布华北、西北、淮黄以南地区等，日本、朝鲜和俄罗斯也有分布。

【习性】耐寒，喜阳，稍耐阴，耐热，喜湿润，耐瘠薄，耐碱盐，忌涝，适应性强，萌蘖性强，宜深厚层土壤。

【成株生长发育节律】北京地区3月下旬萌动，绿期至11月。花期6～8月，果期9～10月。

【繁殖栽培技术要点】秋季播种、扦插或分株，在生长期适时浇水，栽培管理粗放。

【应用】丛植、片植（地被）、疏林下和花篱。

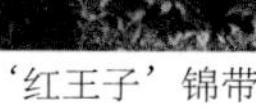

‘红王子’锦带

‘红花’锦带

奥博尔锦带

花叶锦带

‘双色’锦带

‘紫叶’锦带

‘金叶’锦带

猬实 *Kolkwitzia amabilis*

科属：忍冬科猬实属

【植物学特征】落叶灌木，株高2～3m。小枝幼时疏生柔毛，干皮薄状剥落。叶椭圆形至卵状椭圆形，长3～8cm，端渐尖，基部圆形，缘疏生浅齿或近全缘，两面疏生柔毛。伞房状聚伞花序，着花繁密。花冠钟状，粉红色，喉部黄色，非常艳丽。瘦果，果实密被毛刺，形如刺猬。

【产地分布】原产我国；分布华北、西北、华中和黄淮等地。

【习性】耐寒，喜阳，耐热，耐旱，忌涝、适宜疏松肥沃排水良好的土壤。

【成株生长发育节律】北京地区3月下旬萌动，绿期至11月。花期5～6月，果期8～9月。

【繁殖栽培技术要点】秋季播种或扦插，在生长期适时浇水，栽培管理粗放。

【应用】孤植、丛植、片植和林缘。

糯米条 *Abelia chinensis*

科属：忍冬科六道木属

【植物学特征】落叶灌木，株高 1.5 ～ 2m。嫩枝被微毛，红褐色，老枝树皮纵裂。叶对生，有时 3 枚轮生；叶片圆卵形至椭圆状卵形，长 2 ～ 5cm，宽 1 ～ 3.5cm，先端急尖或短渐尖，基部圆形或心形，边缘有稀疏圆锯齿，上面疏被短毛，下面沿中脉及侧脉的基部密生柔毛。聚伞花序生于小枝上部叶腋，由多数花序集合成圆锥花簇；花冠白色至粉红色，漏斗状，芳香。瘦果。

【产地分布】原产我国；分布长江以南地区。

【习性】耐寒，喜阳，稍耐阴，耐热，耐旱，耐瘠薄，适宜疏松肥沃排水良好的土壤。

【成株生长发育节律】北京地区 3 月下旬萌动，绿期至 11 月。花期 6 ～ 10 月，果期 9 ～ 11 月。

【繁殖栽培技术要点】秋季播种或扦插，在生长期适时浇水，栽培管理粗放。

【应用】孤植、丛植、片植（地被）、花篱、药用和蜜源。

鸡树条荚蒾 *Viburnum sargentii* 又名天目琼花

科属：忍冬科荚蒾属

【植物学特征】落叶灌木，株高 2～3m。灰色浅纵裂，略带木栓，小枝有明显皮孔。叶长圆状卵形至卵形，长 6～12cm，通常 3 裂，裂片边缘具不规则的齿；上部的叶常为长圆状披针形或椭圆形，叶柄基部具 2 托叶，顶端具 2～4 腺体。复聚伞形花序，直径 8～12cm，生于侧枝顶端，边缘有大型不孕花，中间为两性花；花冠乳白色，辐状。核果，近球形，红色。

【产地分布】原产我国；分布东北、华北和西北等地，朝鲜、日本和俄罗斯等地也有分布。

【习性】耐寒，喜阳，耐阴，耐热，耐旱，耐湿，适应性强，适宜疏松肥沃排水良好的土壤。

【成株生长发育节律】北京地区 4 月上旬萌动，绿期至 11 月。花期 5～6 月，果期 8～11 月。

【繁殖栽培技术要点】秋季扦插，在生长期适时浇水，栽培管理粗放。

【应用】孤植、丛植、片植（地被）、林下、药用和造纸。

夏秋

深秋

木本绣球 *Viburnum macrocephalum* 又名绣球花

科属：忍冬科荚蒾属

【植物学特征】落叶灌木，株高 2～4 m。枝开展，芽、幼枝、叶柄均被灰白或黄白色星状毛。叶对生，卵形至卵状长圆形，先端钝，基部圆形，边缘有细锯齿，下面疏生星状毛。聚伞花序，白色。浆果状核果，椭圆形。

欧洲绣球 *V. opulus*

株高 4m。枝浅灰色，光滑。叶近圆形，3 裂，有时 5 裂，裂片有不规则粗齿，背面有毛。聚伞花序，花白色，花大。果近球形，红色。常见栽培（原产欧洲）。

【产地分布】原产我国；常见栽培。

【习性】耐寒，喜阳，稍耐阴，耐热，耐旱，耐湿，适宜疏松肥沃排水良好的土壤。

【成株生长发育节律】北京地区 4 月上旬萌动，绿期至 11 月。花期 5～7 月，果期 8～9 月。

【繁殖栽培技术要点】秋季播种，扦插，在生长期适时浇水，栽培管理粗放。

【应用】孤植、丛植、片植和疏林下。

欧洲绣球

皱叶荚蒾 *Viburnum rhytidophyllum* 又名枇杷叶荚蒾

科属：忍冬科荚蒾属

【植物学特征】常绿灌木或小乔木，株高2～6m。枝褐色，幼时有柔毛。叶互生，叶椭圆形，长7～13cm，宽2～4cm，顶端尖，基阔楔形或楔形，缘具三角形锯齿，羽状脉明显，叶背侧脉间有簇毛。圆锥花序长3～5cm；花冠高脚碟状，蕾时粉红色，开放后白色，芳香。核果矩圆形，鲜红色。

【产地分布】原产我国；分布华北、黄河流域和西南等地。

【习性】较耐寒，喜阳，耐阴，耐热，耐干旱，适宜疏松肥沃排水良好的土壤。

【成株生长发育节律】北京地区常绿。花期4～5月，果期9～10月。

【繁殖栽培技术要点】秋季扦插，在生长期适时浇水，栽培管理粗放。

【应用】孤植、丛植、片植和疏林下

香荚蒾 *Viburnum farreri*

科属：忍冬科荚蒾属

【植物学特征】落叶灌木，株高2～3m。小枝褐色，疏生短柔毛。叶椭圆形，长4～7cm，顶端尖，基部楔形，边缘有锯齿，上面疏生短柔毛，下面脉腋间具簇毛，侧脉5～7对。圆锥花序，多花，颇似丁香；花冠高脚碟状，花冠筒长，含苞待放时粉红色，后为白色，具浓香，先叶开发。核果，长圆形，鲜红或紫红色。

【产地分布】原产我国；分布华北、西北和西南等地。

【习性】耐寒，喜阳，耐阴，耐热，耐干旱，萌蘖性强，宜疏松肥沃、排水良好的沙质土壤。

【成株生长发育节律】北京地区3月下旬萌动，绿期至11月。花期5～6月，果期8～10月。

【繁殖栽培技术要点】秋季扦插，在生长期适时浇水，栽培管理粗放。

【应用】孤植、丛植、片植、林缘和芳香油。

接骨木 *Sambucus williamsii*

科属：忍冬科接骨木属

【植物学特征】落叶灌木，株高2～4m。老枝有皮孔，具纵条棱。奇数羽状复叶，互生，小叶5～7，圆状卵形，长5～9cm，宽2～4cm，先端尖，渐尖至尾尖，基部楔形或圆形，边缘具不整齐锯齿。圆锥聚伞花序，顶生；花小而密；花蕾带粉红色，开后白色或淡黄色。浆果状核果，近球形，黑紫色。

‘花叶’接骨木 *S. nigra* ‘Aureo variegata’

叶金色上有绿色斑纹。园艺品种。

‘金叶’接骨木 *S. canadensis* ‘Aurea’

新叶金黄色，老黄绿色。园艺品种。

【产地分布】原产我国；分布东北、华北和西北等地，朝鲜和日本也有分布。

【习性】耐寒，喜阳，稍耐阴，耐热，耐旱，耐湿，耐瘠薄，萌蘖性强，适宜疏松肥沃排水良好的土壤。

【成株生长发育节律】北京地区3月下旬萌动，绿期至11月。花期5～6月，果期9～10月。

【繁殖栽培技术要点】秋季播种、扦插，在生长期适时浇水，栽培管理粗放。

【应用】孤植、丛植、片植、林缘和药用。

‘花叶’接骨木

‘金叶’接骨木

六道木 *Abelia biflora*

科属：忍冬科六道木属

【植物学特征】落叶灌木，株高1～3m。幼枝被倒生硬毛，老枝无毛。叶披针形或长圆形，顶端尖至渐尖，基部钝至渐狭成楔形，全缘或中部以上羽状浅裂而具粗齿，上面被短柔毛，下面光滑无毛或被柔毛，脉上密被长柔毛。花2朵生于枝顶端叶腋，花冠筒形；淡黄色或乳白色，香味。瘦果。

【产地分布】原产我国；分布东北、华北和西北等地。

【习性】耐寒，喜阳，耐阴，耐热，耐旱，耐瘠薄，耐湿，萌蘖性强，适应性强，对土壤要求不严。

【成株生长发育节律】北京地区4月上旬萌动，绿期至11月。花期6～7月，果期9～10月。

【繁殖栽培技术要点】秋季扦插，在生长期适时浇水，栽培管理粗放。

【应用】孤植、丛植、片植和林下。

郁香忍冬 *Lonicera fragrantissima*

科属：忍冬科忍冬属

【植物学特征】落叶灌木，株高1～2m。幼枝无毛或被疏刺刚毛。叶形态变异很大，倒卵状椭圆形、椭圆形、圆卵形、卵形至卵状矩圆形，顶端短尖或具凸尖，基部圆形或阔楔形，两面无毛或仅下面中脉有少数刚伏毛，有时上面中脉有伏毛，边缘多少有硬睫毛或几无毛。花先于叶或与叶同时开放，生于幼枝基部苞腋；花白色或淡红色，芳香。浆果，矩圆形，鲜红色。

【产地分布】原产我国，特有植物；分布全国南北各地。

【习性】耐寒，喜阳，耐阴，耐热，耐干旱，耐瘠薄，对土壤要求不严。

【成株生长发育节律】北京地区3月下旬萌动，绿期至11月。花期4月，果期5月。

【繁殖栽培技术要点】秋季扦插，在生长期适时浇水，栽培管理粗放。

【应用】丛植和片植（地被）。

金银木 *Lonicera maackii* 又名金银忍冬

科属：忍冬科忍冬属

【植物学特征】落叶灌木，株高 3～6m。小枝短而中空，嫩枝有柔毛。叶对生，卵状椭圆形至卵状披针形，长 4～12cm，顶端渐尖或长渐尖，基部宽楔形至圆形。全缘，两面脉上被毛。花成对生于幼枝叶腋；花冠先白色，后变黄色，芳香。浆果，球形，红色。

【产地分布】原产我国；南北各地均分布。

【习性】耐寒，喜阳，耐阴，耐热，耐干旱，耐瘠薄，萌发力强，耐修剪，对土壤要求不严。

【成株生长发育节律】北京地区 3 月下旬萌动，绿期至 11 月。花期 5～6 月，果期 8～12 月。

【繁殖栽培技术要点】秋季播种或扦插，在生长期适时浇水，栽培管理粗放。

【应用】孤植、丛植、片植、疏林下和工业原料。

秋季

蓝叶忍冬 *Lonicera korolkowi* 'Zabclii'

科属：忍冬科忍冬属

【植物学特征】落叶灌木，株高 60～100（150）cm。茎直立，丛生。叶对生，偶有三叶轮生，卵形或椭圆形，全缘，近革质，叶墨缘或泛蓝色。花粉红色，对生于叶腋处，形似蝴蝶。浆果，红色。

【产地分布】原产我国；分布东北、华北、西北和长江流域等地。

【习性】耐寒，耐热，喜阳，稍耐阴，耐旱，耐瘠薄，耐碱盐，耐湿，耐修剪，适应性强，萌芽力强，对土壤要求不严。

【成株生长发育节律】北京地区在 3 月下旬萌动，绿期至 12 月。花期 6～8 月，果期 9～11 月。

【繁殖栽培技术要点】秋季扦插，在生长期适时浇水，栽培管理粗放。

【应用】丛植和片植（地被）。

鞑靼忍冬 *Lonicera tatarica*

科属：忍冬科忍冬属

【植物学特征】落叶灌木，株高 2～3m。全体近无毛。叶卵形或卵状矩圆形，有时矩圆形，长 2～5cm，顶端尖，基部圆或近心形，边缘有短糙毛。总花梗纤细；苞片条状披针形，长与萼筒相近；花粉红色或白色。浆果黄色和红色，圆形。

繁果忍冬 *L.* 'Arnold 's Red'

株高 2～3m。小枝中空，老枝皮灰白色。叶卵形或卵状椭圆形，顶端尖，基部圆形或近心形，两面均无毛。花成对腋生，花冠唇形，玫红色。浆果红色。

【产地分布】原产中亚和我国西北部；常见栽培。

【习性】耐寒，喜阳，耐热，耐干旱，耐瘠薄，耐碱盐，对土壤要求不严。

【成株生长发育节律】北京地区 3 月下旬萌动，绿期至 11 月。花期 5 月，果期 6～7 月。

【繁殖栽培技术要点】秋季播种或扦插，在生长期适时浇水，栽培管理粗放。

【应用】丛植、片植和林缘。

繁果忍冬

金银花 *Lonicera japonica*

科属：忍冬科忍冬属（金银花属）

【植物学特征】落叶木质藤本。幼枝密生柔毛和腺毛。叶对生，宽披针形至卵状椭圆形，长3～8cm，幼时两面被毛，全缘。花成对生于叶腋；初花白色，后变黄色，具芳香。浆果，球形，黑色。

格来姆金银花 *L. percly menum* 'Grahm Thoms'

花冠黄色。园艺品种。

布朗忍冬 *L. brownii*

叶互生，无柄；花轮生，花冠筒细长，二唇形，上唇回裂，花扑面红色，内面橘红色或橘黄色。园艺品种。

【产地分布】原产我国；分布华北以南地区，日本也有分布。

【习性】耐寒，耐热，喜阳，耐阴，耐旱，忌涝，适应性强，对土壤要求不高。

【成株生长发育节律】北京地区在3月下旬萌动，生长期至12月，花期6～8月，果期9～11月。

【应用】坡地、攀缘、棚架、篱垣、林缘、食用、蜜源和药用。

布朗忍冬

格来姆金银花

贯月忍冬 *Lonicera sempervirens*

科属：忍冬科忍冬属

【植物学特征】落叶木质藤本，长达 6m，全体无毛。叶对生，卵形至椭圆形，先端钝或圆，表面深绿，背面灰绿色，有时有毛，全缘。花序下 1 ～ 2 对叶基部合生；花每 6 朵为 1 轮，数轮排成顶生穗状花序；花冠细长筒形，长约 4cm，橘红色至深红色。浆果。

哈里忍冬 *L. japonica* 'Halliana'

叶片黄绿色斑纹。

【产地分布】原产北美洲；常见栽培。

【习性】耐寒，耐热，喜阳，耐旱，耐瘠薄，忌涝，对土壤要求不严。

【成株生长发育节律】北京地区在 3 月下旬萌动，绿期至 12 月。花期 6 ～ 9 月，果期 10 ～ 11 月。

【应用】坡地、攀缘、棚架、篱垣和林下。

哈里忍冬

毛核木 *Symphoricarpos sinensis*

科属：忍冬科毛核木属

【植物学特征】落叶小灌木，株高 1 ～ 2.5m。幼枝红褐色，被短柔毛，老枝树皮细条状剥落。叶菱状卵形至卵形，顶端尖或钝，基部楔形或宽楔形，全缘，上面绿色，下面灰白色，两面无毛，近基部三出脉。花小，无梗，单生于短小、钻形苞片的腋内，组成一短小的顶生穗状花序；花白色。浆果，卵圆形。

【产地分布】原产我国；分布西北南部和西南等地。

【习性】耐寒，喜阳，耐阴，忌高温，耐干旱，耐瘠薄，适应性强，对土壤要求不严。

【成株生长发育节律】北京地区 3 月下旬萌动，绿期至 11 月。花期 7 ～ 8 月，果期 9 ～ 11 月。

【繁殖栽培技术要点】秋季播种或扦插，在生长期适时浇水，栽培管理粗放。

【应用】丛植、片植和疏林下。

白雪果 *Symphoricarpos albus*

科属：忍冬科雪果属（毛核木属）

【植物学特征】落叶小灌木，株高 1 ～ 2m。枝条纤细，幼枝有毛，老枝树皮细条状剥落。叶菱状卵形至卵形，顶端尖或钝，基部楔形，全缘，上面灰绿色，下面灰白色，两面无毛，近基部三出脉。花无梗，组成一短小的顶生穗状花序；花白色。浆果，卵圆形，白色。

【产地分布】原产北美洲；常见栽培。

【习性】耐寒，喜阳，稍耐阴，耐旱，对土壤要求不严，但好湿润气候肥沃深厚土壤。

【成株生长发育节律】北京地区 3 月下旬萌动，绿期至 11 月。花期 6 ～ 7 月，果期 8 ～ 11 月。

【繁殖栽培技术要点】秋季播种或扦插，在生长期适时浇水，栽培管理粗放。

【应用】丛植、片植和疏林下。

河朔荛花 *Wikstroemia chamaedaphne*

科属：瑞香科荛花属

【植物学特征】落叶灌木，株高 0.5 ～ 1.5m。枝多纤细，光滑，老枝棕黄色，嫩枝绿色。叶对生或近对生，叶柄短。叶片披针形，先端尖，基部楔形，上面绿色，下面灰绿色，光滑，无毛，全缘，边缘略向下翻卷。穗状花序，常数个集合成圆锥花序，顶生或腋生；花黄色。核果，卵形。

【产地分布】原产我国；分布华北、西北、黄淮、西南和长江流域等地。

【习性】耐寒，耐热，喜阳，稍耐阴，耐旱，耐瘠薄，耐湿，适应性强，对土壤要求不严。

【成株生长发育节律】北京地区 4 月上旬萌动，绿期至 11 月。花期 6 ～ 8 月，果期 9 ～ 10 月。

【繁殖栽培技术要点】秋季播种扦插，在生长期适时浇水，栽培管理粗放。

【应用】丛植、片植（地被）、坡地和造纸；植株有毒，可驱虫。

甘肃瑞香 *Daphne tangutica*

科属：瑞香科瑞香属

【植物学特征】常绿灌木，株高0.6～1m。枝粗壮，幼枝疏生黄色短柔毛，老枝无毛。叶革质，倒披针形或长椭圆形，长3～8cm，顶端钝形，基部楔形或渐狭，边缘反卷，两面无毛。常数朵成顶生头状花序；花外面浅紫色或紫红色，内白色，芳香。核果，肉质，卵状，红色。

【产地分布】原产我国；分布陕西、甘肃等地。

【习性】耐寒，耐热，喜阳，稍耐阴，耐旱，耐瘠薄，耐湿，适应性强，对土壤要求不严。

【成株生长发育节律】北京地区常绿。花期5月，果期7～8月。

【繁殖栽培技术要点】秋季扦插，在生长期适时浇水，栽培管理粗放。

【应用】丛植、片植（地被）和药用。

粗榧 *Cephalotaxus sinensis* 又名中华粗榧杉

科属：三尖杉科三尖杉属

【植物学特征】常绿灌木或小乔木，株高2～6m。树皮灰色或灰褐色。叶在小枝上排列紧密，线形。叶片条状披针形，先端有微急尖或渐尖的短尖头，基部近圆或广楔形，表面深绿色有光泽，背面有两条气孔带，蓝绿色。球果球形，带蓝色。

【产地分布】原产我国；分布热带和南亚热带等地。

【习性】耐寒，喜阳，耐阴，耐热，耐瘠薄，宜湿润气候和含有机质的湿润土壤。

【成株生长发育节律】北京地区常绿期，花期4～5月，果期翌年9～10月。

【繁殖栽培技术要点】夏秋季扦插，在生长期适时浇水，栽培管理粗放。

【应用】孤植、丛植、片植（地被）、林下和药用。

构树 *Broussonetia papyrifera*

科属：桑科构树属

【植物学特征】落叶灌木或小乔木，株高2～8m。树皮平滑，浅灰色，不易裂，全株含乳汁。小枝密生柔毛。单叶对生或轮生，叶螺旋状排列，宽卵形或长圆状卵形，不裂或不规则的3～5深裂，顶端锐尖，基部圆形或近心形，边缘有粗齿，上面具粗糙伏毛，下面被柔毛；叶长8～20cm，宽6～15cm；叶柄长3～8cm，密生绒毛。花雌雄异株；雄花序为柔荑花序，腋生，长3～8cm；雌花序球形头状。聚花果，球形，直径2～3cm，成熟时橙红色，肉质。

【产地分布】原产我国；东北南部以南均有分布，缅甸、泰国、越南、马来西亚、日本和朝鲜也有分布。

【习性】耐寒，喜阳，耐阴，耐热，耐干旱，耐瘠薄，耐水湿，耐盐碱，抗逆性极强，萌蘖性强，对土壤要求不严。

【成株生长发育节律】北京地区3月下旬萌动，绿期至11月。花期5～6月，果期7～9月。

【繁殖栽培技术要点】秋季播种、扦插或根插，在生长期适时浇水，栽培管理粗放。

【应用】选用雄株应用。孤植、丛植、片植（地被）、林下、药用、饲用和造纸。

林下

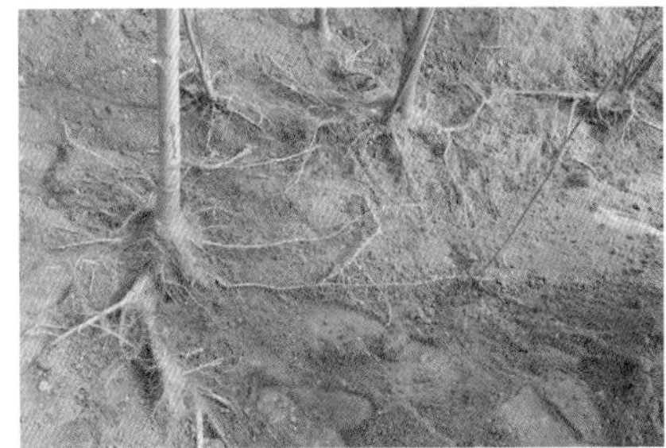
根系

红瑞木 *Cornuo alba*

科属：山茱萸科梾木属

【植物学特征】落叶灌木，株高2～3 m。枝紫红色，无毛；幼枝有淡白色短柔毛，后即秃净而被蜡状白粉。冬芽卵状披针形，被灰白色或淡褐色短柔毛。叶对生，椭圆形，先端突尖，基部楔形或阔楔形，边缘全缘或波状反卷，上面暗绿色，有极少的白色平贴短柔毛，下面粉绿色，被白色贴生短柔毛，有时脉腋有浅褐色髯毛，中脉在上面微凹陷，下面凸起。伞房状聚伞花序，顶生；花小，白色或淡黄白色。核果，斜卵圆形。

金叶红瑞木 *C. alba* 'Aurea'

春夏季叶片呈金黄色，秋季叶片变为鲜红色。

花叶红瑞木 *C. alba* 'Gonchanltii'

叶面有黄白斑块。

黄枝红瑞木 *C. sericea*

树皮金黄色。

【产地分布】原产我国；分布东北、华北、西北和江南等地，朝鲜、俄罗斯和欧洲也有分布。

【习性】耐寒，喜阳，耐阴，耐热，耐旱，耐湿，耐瘠薄，适应性强，萌蘖性强，对土壤要求不严，但喜肥沃土壤。

【成株生长发育节律】北京地区4月上旬萌动，生长期至11月。花期5～6月，果期7～9月。

【繁殖栽培技术要点】秋季播种、扦插、压条，在生长期适时浇水，栽培管理粗放。

【应用】孤植、丛植、片植（地被）、林下、绿篱和工业油。

春季

冬季

秋季

林下

金叶红瑞木

花叶红瑞木

黄枝红瑞木

四照花 *Dendrobenthamia japonica var. chinensis*

科属：山茱萸科四照花属

【植物学特征】落叶小乔木，株高 2 ～ 6m。小枝灰褐色。叶卵形、卵状椭圆形或椭圆形，先端急尖为尾状，基部圆形，表面绿色，背面粉绿色，叶脉羽状弧形上弯，侧脉 4 ～ 5 对。头状花序，顶生，有 4 枚白色总苞片，具花 20 ～ 30 朵；花黄色。聚花果，球形，红色。

【产地分布】原产我国；分布西北和黄河流域等地。

【习性】耐寒，喜阳，耐热，耐干旱，耐瘠薄，耐湿，适应性强，对土壤要求不严。

【成株生长发育节律】北京地区 4 月中旬萌动，绿期至 11 月。花期 5 ～ 6 月，果期 9 ～ 10 月。

【繁殖栽培技术要点】秋季扦插，栽培管理粗放。

【应用】孤植、丛植和片植。

山茱萸 *Macrocarpium officinalis* 又名山萸肉

科属：山茱萸科山茱萸属

【植物学特征】落叶灌木或小乔木，株高 4～10m；树皮灰褐色，成薄片剥裂。叶卵状披针形或卵状椭圆形，先端渐尖，基部宽楔形或近于圆形，全缘，上面绿色，无毛；下面浅绿色，脉腋密生淡褐色丛毛，中脉在上面明显，下面凸起，侧脉 6～8 对，弓形内弯。伞形花序，顶生或腋生；萼片阔三角形；花瓣舌状披针形，向外反卷，黄色。核果，长椭圆形，成熟时红色。

【产地分布】原产我国；分布黄河和长江流域等地。

【习性】耐寒，喜阳，耐阴，耐热，耐旱，耐湿，耐瘠薄，适应性强，萌生力强，对土壤要求不严，但喜湿润肥沃、排水良好的土壤。

【成株生长发育节律】北京地区 4 月上旬萌动，生长期至 11 月。花期 4～5 月，果期 9～10 月。

【繁殖栽培技术要点】秋季播种，在生长期适时浇水，栽培管理粗放。

【应用】孤植、丛植、片植和药用。

省沽油 *Staphylea bumalda*

科属：省沽油科省沽油属

【植物学特征】落叶灌木或小乔木，株高 3～5m。树皮暗紫红色，枝条淡绿色，有皮孔。三出复叶对生，小叶卵圆形或椭圆形，顶端渐尖，基部圆形或楔形，边缘有细锯齿，表面深绿色，背面苍白色，主脉及侧脉有短毛。圆锥花序顶生；萼片黄白色；花瓣白色，有香味。蒴果，膀胱状。

【产地分布】原产我国；分布东北、华北和淮河流域等地。

【习性】耐寒，喜阳，稍耐阴，耐热，耐旱，耐瘠薄，宜肥沃湿润、排水良好的土壤。

【成株生长发育节律】北京地区 4 月上旬萌动，生长期至 11 月。花期 5～6 月，果期 9～10 月。

【繁殖栽培技术要点】秋季播种或扦插，在生长期适时浇水，栽培管理粗放。

【应用】丛植、片植和工业原料(肥皂、油漆和纤维）。

石榴 *Punica granatum*

科属：石榴科石榴属

【植物学特征】落叶灌木或小乔木，株高 2～6m。树干呈灰褐色，上有瘤状突起，分枝多，小枝柔韧，具小刺。叶对生或簇生，倒卵形至长圆状披针形，长 2～8cm，宽 1～2cm，顶端尖，表面有光泽，背面中脉凸起；有短叶柄。花两性；花瓣倒卵形，与萼片同数而互生，覆瓦状排列。花有单瓣、重瓣之分。花有红、粉红、白、黄、玛瑙等色。浆果近球形，呈红色。外种皮肉质，淡红或白色，多汁，甜而带酸，即为可食用的部分；内种皮为角质，也有退化变软的，即软籽石榴。

【产地分布】原产亚洲南部；广泛栽培。

【习性】较耐寒，喜温暖，稍耐阴，耐热，耐干燥，耐瘠薄，忌涝，对土壤要求不严。

【成株生长发育节律】北京地区小气候条件下 4 月上旬萌动，绿期至 11 月。花期 6～7 月，果期 9～10 月。

【繁殖栽培技术要点】秋季扦插分株、压条，在生长期适时浇水，栽培管理粗放。

【应用】孤植、丛植、片植、食用和药用。

牡丹 *Paeonia suffruticosa* 又名国色天香

科属：芍药科芍药属

【植物学特征】落叶灌木，株高 1～2m。分枝短而粗。叶通常为二回三出复叶，偶尔近枝顶的叶为 3 小叶；顶生小叶宽卵形，长 7～8cm，宽 5～7cm，3 裂至中部，表面绿色，无毛，背面淡绿色，有时具白粉，沿叶脉疏生短柔毛或近无毛；侧生小叶狭卵形或长圆状卵形，不等 2 裂至 3 浅裂或不裂；叶柄长 5～11cm。花单生枝顶，直径 10～20cm；花单瓣和重瓣，有玫瑰色、红紫色、粉红色至白色，顶端呈不规则的波状。蓇葖果，长圆形。

【产地分布】原产我国；分布华北、西北和西南等地。

【习性】耐寒，喜温凉爽气候，耐阴，耐旱，怕涝，适应性强，适宜疏松肥沃排水良好的土壤。

【成株生长发育节律】北京地区 3 月下旬萌动，绿期至 11 月。花期 4～5 月，果期 6～8 月。

【繁殖栽培技术要点】秋季分株为主，播种或扦插，压条或嫁接，在生长期适时浇水，宜疏松肥沃排水良好的土壤，栽培管理粗放。

【应用】丛植、片植（地被）、林下和药用。

果实

酸枣 *Ziziphus jujuba* var.*spinosa* 又名野山枣

科属：鼠李科枣属

【植物学特征】落叶灌木或小乔木，株高1～3m。小枝呈之字形弯曲，枝上具刺，灰褐色，树皮条裂。叶片椭圆形至卵状披针形，先端钝尖，边缘有细锯齿，基生三出脉，叶面有光泽，两面无毛。聚伞花序腋生，花小，黄绿色。核果，近球形至长圆形，味酸。

龙爪枣 *Z. jujuba* 'Tortusa'

枝条扭曲盘旋生长。

【产地分布】原产我国；分布东北、华北、西北、黄河流域和西南等地，日本、朝鲜也有分布。

【习性】耐寒，喜阳，耐热，耐干旱，耐瘠薄，耐盐碱，适应性强，萌蘖性强，对土壤要求不严。

【成株生长发育节律】北京地区3月下旬萌动，绿期至11月。花期4～5月，果期8～10月。

【繁殖栽培技术要点】秋季播种、扦插、分株和根插，在生长期适时浇水，栽培管理粗放。

【应用】丛植、片植、坡地、食用和药用。

龙爪枣

大叶黄杨 *Euonymus japonicus* 又名冬青卫矛

科属：卫矛科卫矛属

【植物学特征】常绿灌木或小乔木，株高 0.8～5m。小枝四棱形，光滑、无毛。叶对生，革质，倒卵形至狭椭圆形，长 2～7cm，宽 1～4cm，先端钝或渐尖，基部楔形或急尖，边缘具钝锯齿，叶厚，有光泽，中脉在两面均凸出，侧脉多条，通常两面均明显。聚伞花序，腋生；花绿白色。蒴果，近球形，红色。

北海道黄杨 *E.* 'Hokkaido Boxwood'

茎挺拔，分枝性稍差；叶革质，边缘微向上反卷、叶脉明显；抗寒性强。

金边大叶黄杨 var. *aureo - marginatus*

叶具黄色边缘。

【产地分布】原产我国和日本；广泛栽培。

【习性】耐寒，喜阳，耐阴，耐热，耐干旱，耐瘠薄，耐湿，耐修剪，萌蘖性强，适应性强，对土壤要求不严。

【成株生长发育节律】北京地区常绿。花期 4～5 月，果期 6～11 月。

【繁殖栽培技术要点】四季均可扦插，最宜秋季扦插，在生长期适时浇水，栽培管理粗放。

【应用】孤植、丛植、片植（地被）、坡地、林下、绿篱和造型。

冬季

绿篱

造型（球）

北海道黄杨

绿篱

金边大叶黄杨

卫矛 *Euonymus alatus*

科属：卫矛科卫矛属

【植物学特征】落叶灌木或半常绿，株高1～3m。枝斜展，具2～4纵裂的栓质阔翅。叶对生，椭圆形或菱状倒卵形，长2～8cm，宽1.5～4.5cm，先端尖或短尖，基部宽楔形或圆形，边缘有细锯齿；霜后叶变紫红色。聚伞花序，腋生，常3～9朵集成；花黄绿色。蒴果，带紫色。

【产地分布】原产我国；分布黄河流域，日本和朝鲜也有分布。

【习性】耐寒，喜阳，耐阴，耐热，耐干旱，耐瘠薄，耐湿，耐盐碱，适应性强，萌蘖性强，对土壤要求不严。

【成株生长发育节律】北京地区半常绿，3月下旬萌动。花期5～6月，果期9～11月。

【繁殖栽培技术要点】四季均可扦插，最宜秋季扦插，在生长期适时浇水，栽培管理粗放。

【应用】孤植、丛植、片植（地被）、坡地、林下、绿篱、造型和药用。

绿篱

球（造型）

秋冬季

大花卫矛 *Euonymus grandiflorus*

科属：卫矛科卫矛属

【植物学特征】落叶灌木或小乔木，株高 2 ~ 6m。叶近革质，窄长椭圆形或窄倒卵形，先端圆形或急尖，基部常渐窄成楔形，边缘具细密极浅锯齿，侧脉细密。霜后叶变紫红色。疏松聚伞花序 3 ~ 9 花；花黄白色。蒴果，近球状。

【产地分布】原产我国；分布黄河以南和西南等地。

【习性】耐寒，喜阳，耐阴，耐热，耐干旱，耐瘠薄，耐湿，耐盐碱，适应性强，萌蘖性强，对土壤要求不严。

【成株生长发育节律】北京地区 3 月下旬萌动，绿期至 11 月。花期 6 ~ 7 月，果期 9 ~ 11 月。

【繁殖栽培技术要点】秋季扦插，在生长期适时浇水，栽培管理粗放。

【应用】孤植、丛植、片植和林下。

栓翅卫矛 *Euonymus phellomanus*

科属：卫矛科卫矛属

【植物学特征】落叶灌木，株高 2 ~ 4m。枝近四棱，具 2 ~ 4 软木质翅，灰褐色。叶对生，长椭圆形或略呈椭圆倒披针形，长 6 ~ 11cm，宽 2 ~ 4cm，先端窄长渐尖，基部楔形，边缘具细密锯齿；两面无毛。霜后叶变紫红色。聚伞花序，2 ~ 3 次分枝，有花 7 ~ 15 朵；花紫色。蒴果，倒圆心状，粉红色。

【产地分布】原产我国；分布黄河以南和西南等地。

【习性】耐寒，喜阳，耐阴，耐热，耐干旱，耐瘠薄，耐湿，耐盐碱，适应性强，萌蘖性强，对土壤要求不严。

【成株生长发育节律】北京地区 3 月下旬萌动，绿期至 11 月。花期 6 ~ 7 月，果期 9 ~ 11 月。

【繁殖栽培技术要点】秋季扦插，在生长期适时浇水，栽培管理粗放。

【应用】孤植、丛植、片植和林下。

丝棉木 *Euonymus bungeanus*

科属：卫矛科卫矛属

【植物学特征】落叶小乔木，株高4～8m。幼时树皮灰褐色、平滑，老树纵状沟裂。叶卵状至卵状椭圆形，先端长渐尖，基部近圆形，缘有细锯齿。伞形花序，腋生；淡绿色。蒴果，粉红色，假种皮红色。

【产地分布】原产我国；分布东北南部以南地区。

【习性】耐寒，喜阳，耐阴，耐热，耐干旱，耐瘠薄，耐湿，耐盐碱，适应性强，对土壤要求不严。

【成株生长发育节律】北京地区3月下旬萌动，绿期至11月。花期5～6月，果期9～11月。

【繁殖栽培技术要点】秋季播种或扦插，在生长期适时浇水，栽培管理粗放。

【应用】孤植、丛植、片植和林下。

冬季

小叶扶芳藤 *Euonymus fortunei var.radicans*

科属：卫矛科卫矛属

【植物学特征】常绿或半常绿灌木藤本，茎匍匐或攀缘，不定根多。叶对生，较小而厚，薄革质，椭圆形，边缘有锯齿，背面叶脉不如原种明显。霜后叶变暗绿色或暗红色。聚伞花序；花绿白色。蒴果近球形，黄红色，种子有橘红色假种皮。

【产地分布】原产我国；分布黄河流域以南各地，日本也有分布。

【习性】耐寒，喜阳，喜湿润环境，耐阴，耐干旱，耐瘠薄，耐湿，耐盐碱，适应性强，萌蘖性强，对土壤要求不严。

【成株生长发育节律】北京地区常绿，在3月下旬萌动。花期6～7月，果期8～11月。

【应用】地被、攀缘、林下和附生。

扶芳藤 *Euonymus fortunei* 又名爬行卫矛

科属：卫矛科卫矛属

【植物学特征】半常绿或落叶木质藤本，匍匐或攀缘。枝上通常生长细根，并具小瘤状突起。叶对生，椭圆形或长圆状倒卵形，长3～8cm，宽1～4cm，先端尖或渐尖，基部阔楔形，边缘具锯齿，稍带革质，上面叶脉稍突起，下面叶脉甚明显。霜后叶变紫红色。聚伞花序，腋生；花绿白色。蒴果，球形。

'金边'扶芳藤 *E. fortunei* 'Emerald Gold'

匍匐攀缘状，叶镶有宽的金黄色边（新叶鲜黄色，老叶呈金黄色），秋季为红色，蒴果黄红色。栽培品种。

'花叶'扶芳藤 *E. fortunei* 'Emerald Gaiety'

叶片边缘为银白色斑带。栽培品种。

【产地分布】原产我国；分布华北、西南和长江流域等地。

【习性】耐寒，喜阳，喜湿润环境，耐阴，耐干旱，耐瘠薄，耐湿，耐盐碱，适应性强，萌蘖性强，对土壤要求不严。

【成株生长发育节律】北京地区3月下旬萌动，绿期至11月。花期6～7月，果期9～11月。

【应用】地被、攀缘、林下和附生。

'花叶'扶芳藤

秋季

'金边'扶芳藤

南蛇藤 *Celastrus orbiculatus*

科属：卫矛科南蛇藤属

【植物学特征】落叶灌木藤本，茎匍匐或攀缘。小枝圆柱形，灰褐色或暗揭色，有多数皮孔。单叶互生；叶柄长1～2cm；叶片近圆形、宽倒卵形或长椭圆状倒卵形，长5～10cm，宽3～7cm，先端渐尖或短尖，基部宽楔形，偶为截形，边缘具钝锯齿。聚伞花序，腋生，有花5～7朵，花淡黄绿色。蒴果，球形，假种皮鲜红色。

【产地分布】原产我国；分布于东北、华北、西北、华东、华中和西南等地。

【习性】耐寒，喜阳，稍耐阴，耐旱，耐瘠薄，耐湿，适应性强，对土壤要求不严，但要求肥沃深厚土壤。

【成株生长发育节律】北京地区在3月下旬萌动，生长期至12月，花期5～6月，果期7～11月。

【应用】地被、攀缘、棚架、墙垣、药用和造纸。

紫叶小檗 *Berberis thunbergii f. atropurpurea*

科属：小檗科小檗属

【植物学特征】落叶灌木，株高1～2m。叶深紫色或红色，幼枝紫红色，老枝灰褐色或紫褐色，有槽，具刺。叶全缘，菱形或倒卵形，在短枝上簇生。花单生或2～5朵成短总状花序，黄色，下垂，花瓣边缘有红色纹晕。浆果，红色。

金叶小檗 *B. thunbergii* 'Aurea'

枝幼时黄色，叶倒卵形或匙形，金黄色。

【产地分布】原产日本；我国秦岭地区有分布。广泛栽培。

【习性】耐寒，耐热，喜阳，稍耐阴，耐旱，耐瘠薄，耐湿，耐盐碱，萌蘖性强，适应性强，对土壤要求不严。

【成株生长发育节律】北京地区3月中旬萌动，绿期至11月。花期4～5月，果期9～11月。

【繁殖栽培技术要点】秋季扦插，在生长期适时浇水，栽培管理粗放。

【应用】孤植、丛植、片植（地被）、山石、疏林下、绿篱和造型。

金叶小檗

细叶小檗 *Berberis poiretii*

科属：小檗科小檗属

【植物学特征】落叶灌木，株高 1～2m。幼枝紫褐色，老枝灰黄色，生黑色疣点，具条棱。叶倒披针形至狭倒披针形，先端渐尖，具小尖头，基部渐狭，上面深绿色，中脉凹陷，背面淡绿色或灰绿色，中脉隆起，侧脉和网脉明显，两面无毛，偶中上部边缘具数枚细小刺齿。穗状总状花序，具 8～15 朵花；花乳黄色。浆果，长圆形，红色。

【产地分布】原产我国；分布东北、华北、西北和西南等地，朝鲜、蒙古、俄罗斯也有分布。

【习性】耐寒，耐热，喜阳，稍耐阴，耐旱，耐瘠薄，耐湿，萌蘖性强，适应性强，对土壤要求不严。

【成株生长发育节律】北京地区 3 月中旬萌动，绿期至 11 月。花期 5～6 月，果期 8～11 月。

【繁殖栽培技术要点】秋季播种、扦插，在生长期适时浇水，栽培管理粗放。

【应用】孤植、丛植、片植、疏林下、绿篱、造型和药用。

匙叶小檗 *Berberis vernae*

科属：小檗科小檗属

【植物学特征】落叶灌木，株高 0.5～1.5m。具粗壮单生茎刺。叶倒披针形或匙状倒披针形，长 1～5cm，叶缘平展，全缘，偶具 1～3 刺齿。穗状总状花序，具 15～35 朵花；花黄色。浆果，长圆形，淡红色。

【产地分布】原产我国；分布西北和西南等地。

【习性】耐寒，耐热，喜阳，稍耐阴，耐旱，耐瘠薄，耐湿，萌蘖性强，适应性强，对土壤要求不严。

【成株生长发育节律】北京地区 3 月中旬萌动，绿期至 11 月。花期 5～6 月，果期 9～11 月。

【繁殖栽培技术要点】秋季扦插，在生长期适时浇水，栽培管理粗放。

【应用】孤植、丛植、片植（地被）、疏林下、绿篱和造型。

沙柳 *Salix cheilophila*

科属：杨柳科柳属

【植物学特征】落叶灌木或小乔木，株高 2～6m。幼枝具毛，后脱落。叶条形或条状倒披针形，上面绿色，下面灰白色，密被柔毛，叶脉显著突起，边缘外卷，上端具腺细齿，下端全缘，有丝毛。花序与叶同时开放，花序轴密生长柔毛；苞片倒卵状矩圆形，基部有疏柔毛。蒴果 2 裂。

【产地分布】原产我国；分布华北、西北和西南等地。

【习性】耐寒，喜阳，耐热，耐干旱，耐瘠薄，耐湿，耐盐碱，抗逆性强，萌蘖性强，对土壤要求不严。

【成株生长发育节律】北京地区 3 月下旬萌动，绿期至 11 月。花期 4～5 月，果期 5～6 月。

【繁殖栽培技术要点】秋季扦插，在生长期干旱时适当浇水，栽培管理粗放。

【应用】孤植、丛植、片植、河滩、护堤。

花椒 *Zanthoxylum bungeanum*

科属：芸香科花椒属

【植物学特征】落叶灌木或小乔木，株高 2～6m。有香气，茎干通常有增大皮刺，枝灰色或褐灰色，有细小的皮孔及略斜向上生的皮刺；当年生小枝被短柔毛。奇数羽状复叶，叶轴边缘有狭翅；小叶 5～11 个，卵形或卵状披针形，长 2～7cm，宽 1～3cm，先端尖或微凹，基部近圆形，边缘有细锯齿，表面中脉基部两侧常被一簇褐色长柔毛。聚伞圆锥花序，顶生，花被片 4～8 个。蓇葖果，球形，红色或紫红色。

【产地分布】原产我国；全国南北各地均有分布。

【习性】耐寒，喜阳，耐热，耐旱，忌涝，耐瘠薄，耐盐碱，萌蘖性强，适应性强，对土壤要求不严。

【成株生长发育节律】北京地区 3 月下旬萌动，绿期至 11 月。花期 5～6 月，果期 7～9 月。

【繁殖栽培技术要点】秋季播种或扦插，在生长期适时浇水，栽培管理粗放。

【应用】孤植、丛植、片植、山坡和食用。

枸橘 *Poncirus trifoliata*

科属：芸香科枸桔属

【植物学特征】落叶灌木或小乔木，株高 1.5～4m。全株无毛，分枝多，稍扁平，有棱角，密生粗壮棘刺，刺长 1～7cm，基部扁平。三出复叶，互生；叶柄有翅；小叶椭圆形或倒卵形，先端圆而凹缺，基部楔形，具钝齿或近全缘，近于无毛。花单生或成对腋生，常先叶开放；花白色，具香气。果扁圆形，或蒂部隆起呈短颈状的阔圆锥形，顶部平而宽，中央凹，有浅放射沟，橙黄至橙红色。

【产地分布】原产我国；分布华北以南地区。

【习性】耐寒，喜阳，稍耐阴，耐热，耐旱，耐瘠薄，耐湿，萌蘖性强，耐修剪，对土壤要求不严。

【成株生长发育节律】北京地区 4 月上旬萌动，绿期至 12 月。花期 5～6 月，果期 9～12 月。

【繁殖栽培技术要点】秋季扦插，在生长期适时浇水，栽培管理粗放。

【应用】丛植、片植、绿篱、屏障和药用。

山胡椒 *Lindera glauca*

科属：樟科山胡椒属

【植物学特征】落叶灌木或小乔木，株高 2～6m。树皮灰白色，嫩枝带红色。叶簇生于枝端，长卵形或倒长卵形，上面深绿色，下面淡绿色，羽状脉。雌雄异株；伞形花序，腋生；花先于叶开放，黄色。核果，球形。

【产地分布】原产我国；分布黄河以南和西南等地。

【习性】耐寒，喜阳，耐热，耐干旱，耐瘠薄，耐盐碱，适应性强，要求肥沃、排水良好的沙壤土。

【成株生长发育节律】北京地区 3 月下旬萌动，绿期至 11 月。花期 5 月，果期 7～8 月。

【繁殖栽培技术要点】秋季播种或扦插，在生长期适时浇水，栽培管理粗放。

【应用】孤植、丛植、片植（地被）和食用。

榆树 *U. pumila* 又名家榆

科属：榆科榆属

【植物学特征】落叶乔木，常作灌木栽培应用。树皮暗灰色，纵裂，粗糙；小枝黄褐色，常被短柔毛。叶椭圆状卵形、椭圆状披针形，先端渐尖或长渐尖，基部圆形或楔形，两边近对称，边缘多为单锯齿，侧脉每边9～16条；脉腋常簇生毛。花先叶开放，多数为簇生的聚伞花序，生于上一年枝条的叶腋。翅果，近圆形。

垂榆（龙爪榆）*U. pumila* 'Pendula'

枝条柔软、细长下垂、自然造型好、树冠丰满，是以榆为砧木嫁接繁殖。

金叶垂榆 *U. pumila.* 'Flaves'

是用金叶榆嫁接的，叶金黄鲜亮，枝条柔软、细长下垂，是以榆为砧木嫁接繁殖。

金叶榆 *U. pumila* var. 'jiny'

系白榆变种，比白榆叶片稍短，叶卵圆形，渐尖，金黄色，色泽艳丽，枝条萌生力很强，比白榆枝条更密集，树冠更丰满，造型更丰富，是以榆为砧木嫁接繁殖。

大叶垂榆 *U. pumila* 'Laevis'

是榆树和大叶榆嫁接而成，叶片大，长5～16cm，是榆树或垂榆的3～5倍，叶缘具锐尖锯齿或重锯，叶基偏斜形。

【产地分布】原产我国；全国南北各地均有分布。

【习性】耐寒，喜阳，耐热，耐干旱，耐瘠薄，耐盐碱，耐湿，适应性强，萌蘖性强，对土壤要求不严。

【成株生长发育节律】北京地区3月下旬萌动，绿期至11月。花期4月，果期5月。

【繁殖栽培技术要点】播种扦插，在生长期适时浇水，栽培管理粗放。

【应用】孤植、丛植、片植、绿篱、造型、坡地和药用。

垂榆（龙爪榆）

地被

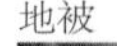

造型

绿篱

大叶垂榆

金叶榆

金叶垂榆

地被

美国凌霄 *Campsis radicans*

科属：紫葳科凌霄属

【植物学特征】落叶木质藤本，长达10m，借气生根攀缘附于它物上。羽状复叶，对生，小叶7～11片，比凌霄稍小，叶背具毛。花朵紧密，花冠较小，花筒长于花冠，内面橙红色至深红色。小叶7～11片。花冠唇状漏斗形，内面橙红色，外面橙黄色。蒴果，长如豆荚，顶端钝。

【产地分布】原产北美洲；常见栽培。

【习性】耐寒，喜阳，喜温暖湿润气候，稍耐阴，耐旱，耐瘠薄，耐盐碱，宜肥沃排水良好的土壤。

【成株生长发育节律】北京地区3月中旬萌动，绿期至11月。花期6～9月，果期10～11月。

【应用】攀缘、棚架、墙垣和药用。

附　录

中文名索引

（按拼音排序）

H

J

K

L

M

N

O

P

Q

R

S

Z

拉丁名索引

T

U

V

W

Y

Z

参考文献

1. 熊佑清．晚秋园林植物引种栽培应用研究 [J]. 中国花卉盆景，1994，12.
2. 熊佑清，李同明，李崇涛．野生植物的选优栽培研究 [J]. 中国园林，2006，5.
3. 熊佑清．夏季切花菊 (夏切 1 号) 杂交选育研究 [J]. 中国园林，1997，2.
4. 熊佑清，李崇涛，张凤霞，王益熙，彭燕艳．耐寒月季新优品种选育研究 [J]. 中国园林，2002，3.
5. 熊佑清，杨守国．大叶黄杨在首钢引种栽培的试验与应用 [J]. 中国园林，1992，8.
6. 熊佑清，李崇涛，刘晓辉，张风霞．大叶黄杨抗寒性及其应用的研究 [J]. 中国园林，2004，4.
7. 熊佑清．冰凉花的繁殖与栽培 [J]. 中国花卉盆景杂志，1988，7.
8. 李春玲，蒋仲仁，熊佑清．早春野生花卉组织培养研究初报 [N]. 园艺学报，1992，3.
9. 张军民，刘兰英，李春玲．8 种阴生地被植物的耐阴性研究 [J]. 中国园林，2009，6.
10. 熊佑清，李崇涛，王俊美，李同明．构树在绿化中的应用研究 [J]. 中国园林，2004，8.
11. 刘兰英，张军民，李春玲．3 种园林植物的耐热性研究 [J]. 中国农学通报，2009，12.
12. 中国科学院中国植物志编辑委员会．中国植物志 [M]. 北京：科学出版社，1991-2004.
13. 中国科学院植物研究所．中国高等植物图鉴 [M]. 北京：科学出版社，1987.
14. 中国植物编辑委员会．中国植被 [M]. 北京：科学出版社，1995.
15. 邢其华，尹祖棠．北京植物志 [M]. 北京：北京出版社，1993.
16. 河北植物志编辑委员会．河北植物志 [M]. 河北：河北科技出版社，1986-1991.
17. 龙雅宜．园林植物栽培手册 [M]. 北京：中国林业出版社，2004.
18. 李时珍．本草纲目 [M]. 北京：中国档案出版社，1999.